21 世纪高等学校计算机规划教材

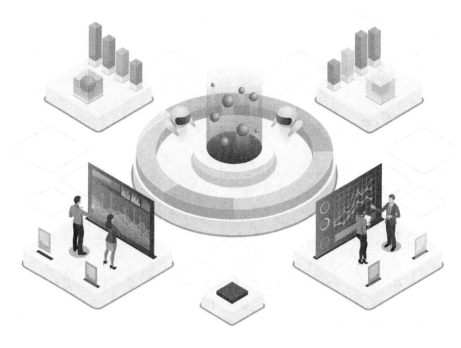

# Basic of Computer

# 计算机应用基础教程

## （Windows 10 + Office 2016）

宋俊骥 欧阳潘｜主编

杨子燕 吴凡 陈军民 周善国｜副主编

人民邮电出版社

北 京

**图书在版编目（ＣＩＰ）数据**

计算机应用基础教程：Windows 10+Office 2016 /
宋俊骥，欧阳潘主编. -- 北京：人民邮电出版社，
2021.3（2024.1重印）
21世纪高等学校计算机规划教材
ISBN 978-7-115-55700-1

Ⅰ．①计… Ⅱ．①宋… ②欧… Ⅲ．①Windows操作系
统－高等学校－教材②办公自动化－应用软件－高等学校
－教材 Ⅳ．①TP316.7②TP317.1

中国版本图书馆CIP数据核字(2020)第257814号

## 内 容 提 要

本书共分 6 章，包括计算机基础知识、Windows 10 操作系统、文字处理软件 Word 2016、电子表格处理软件 Excel 2016、演示文稿软件 PowerPoint 2016、计算机网络等内容。本书以日常学习、工作中的实际案例为引导展开教学内容，详细讲解与案例相关的知识点及其操作技巧，旨在提高学生的计算机操作水平。

本书每章后提供了大量的习题供学生巩固课堂知识，帮助学生将理论知识转换为应用技巧。

本书既可作为职业院校及各类培训学校的计算机基础课程的教材，也可作为全国计算机等级考试的参考用书。

◆ 主　编　宋俊骥　欧阳潘
　　副主编　杨子燕　吴　凡　陈军民　周善国
　　责任编辑　王亚娜
　　责任印制　王　郁　彭志环

◆ 人民邮电出版社出版发行　北京市丰台区成寿寺路 11 号
　　邮编　100164　电子邮件　315@ptpress.com.cn
　　网址　https://www.ptpress.com.cn
　　固安县铭成印刷有限公司印刷

◆ 开本：787×1092　1/16
　　印张：17.75　　　　　　2021 年 3 月第 1 版
　　字数：482 千字　　　　2024 年 1 月河北第 7 次印刷

定价：49.80 元

读者服务热线：(010)81055256　印装质量热线：(010)81055316
反盗版热线：(010)81055315
广告经营许可证：京东市监广登字 20170147 号

前 言 PREFACE

随着信息技术的高速发展，计算机已经广泛应用于我们的工作、学习和生活，成为社会各行各业都离不开的信息化工具。对于当代大学生而言，熟练掌握计算机的基础操作方法及应用技能，可以帮助他们顺利学习专业知识并进行理论实践。信息技能也是他们今后步入社会的必备技能。党的二十大报告指出："培养造就大批德才兼备的高素质人才，是国家和民族长远发展大计"，基于此，本书根据新版全国计算机等级考试大纲编写，着重培养高职学生坚定社会主义核心价值观和精益求精的精神，增强学生的职业素养，提高学生的计算机理论和实践操作水平，以综合案例的形式将理论与实践相结合，以任务驱动等教学方法帮助学生提升计算机操作能力。

本书共分 6 章。第 1 章主要介绍计算机的基础知识，包括计算机的发展简史、计算机系统组成、计算机中的进位计数制、计算机病毒以及信息安全等知识。第 2 章主要介绍操作系统的基础知识及应用，通过以 Windows 10 为例，介绍操作系统的基本概念及功能、Windows 10 操作系统的新特性、Windows 10 操作系统的升级及安装、文件和文件夹的管理、以及 Windows 10 系统的配置管理等应用操作技能。第 3 至 5 章都是介绍的 Microsoft Office 2016 软件的应用。第 3 章主要介绍 Office 软件中文字处理软件 Word 2016 的基础知识及应用，包括文档编辑的方法、格式的设置等，并通过案例的形式介绍了在 Word 2016 中实现各种正式公文、信函的方法和技巧。第 4 章主要介绍 Office 软件中电子表格处理软件 Excel 2016 的基础知识及应用，包括表格的基本操作、格式的设置、计算公式、数据排序等，并通过案例的形式演示了现实应用中对数据综合处理的方法和技巧。第 5 章主要介绍 Office 软件中演示文稿软件 PowerPoint 2016 的基础知识及应用，包括基本概念、幻灯片的编辑、动画设置、放映设置等，并以综合案例的形式展示了演示文稿制作的全过程。第 6 章主要介绍计算机网络相关知识，包括计算机网络基本概念、功能、拓扑结构、传输介质、通讯协议和网络模型等基础知识，还介绍了 Internet 的相关知识及 E-mail 电子邮件收发软件 Outlook 2016 的使用。

本书由江西外语外贸职业学院电子商务学院组织编写完成，宋俊骥、欧阳潘老师担任主编，杨子燕、吴凡、陈军民老师担任副主编，宋俊骥老师担任主审。其中，第 1 章由宋俊骥老师编写，第 2、6 两章由欧阳潘老师编写，第 3、4 两章由杨子燕老师编写，第 5 章由吴凡老师编写，全书由欧阳潘老师负责内容统筹、结构设计和统稿。

本书编写者均为从事多年高等职业教育的一线教师，在编写过程中得到了有关高校、科研院所的计算机专家以及出版社的大力支持与鼓励，也参阅了同行的有关著作，在此一并致谢！

由于时间仓促，加之编者水平有限，书中难免存在疏漏和不足之处，敬请广大读者批评指正。

编者

2023 年 5 月

# 目 录 CONTENTS

# 第 ❶ 章　计算机基础知识

## 本章思维导图

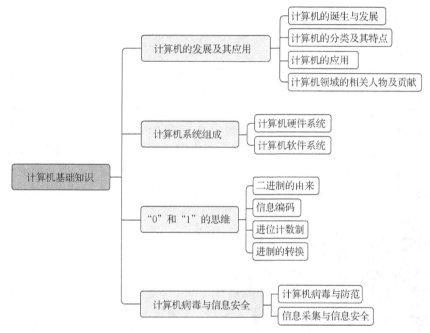

## 本章导学

21 世纪的今天，我们生活在一个科技与信息高度发展的社会。人们借助计算机和网络快速地完成各项工作，足不出户就可以了解国内外的新闻。利用计算机和网络，我们不仅可以高效地完成工作和学习，还可以观看网络视频、玩游戏或与亲朋好友进行语音、视频聊天。计算机和网络极大地改变了我们的工作和生活方式，已经成为当前社会经济生产活动中不可或缺的一部分。大学生应该掌握好这些信息化工具，以便更好地适应今后的学习、工作和生活。

## 学习目标

- 了解计算机技术的发展历程。
- 理解计算机的分类及其特点。
- 熟练掌握计算机系统的组成。
- 熟练掌握计算机数据存储及进制的转换方法。
- 了解计算机病毒及信息安全相关知识。

## 1.1 计算机的发展及其应用

电子数字计算机简称计算机，俗称"电脑"，是 20 世纪最伟大的发明之一。20 世纪 40 年代以来，以计算机为代表的信息技术革命对人类社会的发展进程产生了重大影响。30 年前，计算机在工厂、实验室里被视为贵重仪器设备，需要由专业技术人员操作；而今天，个人计算机、平板电脑、手机等电子设备，已成为人们离不开的日常生活工具。计算机使人们摆脱了烦琐的计算，使信息的存储不再仅仅依赖于纸张，人们的生活和工作变得高效、便捷。

### 1.1.1 计算机的诞生与发展

#### 1. 计算机的诞生

1946 年 2 月，电子数字积分计算机（Electronic Numerical Integrator and Calculator，ENIAC）诞生于美国宾夕法尼亚大学，如图 1-1 所示。

计算机的发明并不是一蹴而就的，在此之前已有无数的科学家为之辛劳付出。在春秋战国时期，我国古人发明的计数工具——算筹，被认为是世界上最早的计算工具。后来，人们又发明了一种非常简便的计算工具——算盘。算盘因其灵便、准确、快速等优点，成为我国古代劳动人民普遍使用的计算工具，如图 1-2 所示。算盘被认为是世界上最早的数字计算机，而珠算口诀则被认为是最早的体系化算法。时至今日，算盘仍有一定的应用价值。

图 1-1　第一台电子数字积分计算机

图 1-2　算盘

16 世纪，英国数学家甘特将有对数刻度的尺子和常规直尺配合使用来计算乘除法，并在此基础上发明了计算尺。1642 年，法国数学家帕斯卡利用齿轮的工作原理发明了加法机。当拨动加法机上代表"加数"的齿轮时，代表"和"的齿轮也会跟着转动，其进位的原理和钟表类似，如图 1-3 所示。加法机的工作原理对后来的计算机械产生了一定的影响，被认为是世界上第一台机械式计算机。1673 年，德国数学家莱布尼兹发明的乘法机被认为是世界上第一台可以运行完整四则运算的机械计算机。

1822 年，英国数学家巴贝奇发明的差分机首度采用寄存器来存储数据，可用于航海和天文计算，如图 1-4 所示。这台机器历经十年才制作完成，可以处理 3 个 5 位数，计算精度达到 6 位小数。

1888 年，美国人霍勒斯发明了制表机，解决了人口普查时间过长的难题。制表机采用电气控制技术，通过穿孔卡片记录数据。这一方法后来被应用于第一代电子计算机。

图 1-3　帕斯卡发明的加法机原型

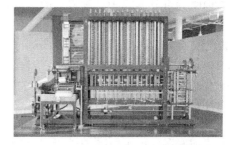

图 1-4　巴贝奇发明的差分机原型

1946 年，宾夕法尼亚大学的研制小组以真空电子管取代继电器，耗时 3 年终于研制完成 ENIAC。ENIAC 身形庞大，能耗极高。但它的诞生标志着人类进入信息时代。

### 2. 计算机的发展

随着计算机技术的发展，真空电子管因其体积大、耗电量大、速度慢、容量小、维护困难等缺点，逐步被晶体管替代。集成电路的发展和应用使计算机历经几次更新换代，计算机的体积和耗电量逐渐减小，功能逐渐增强。一般将计算机的发展过程分成以下 4 个阶段。

（1）第一代计算机——电子管计算机（1946—1957 年）

第一代计算机的主要特征是采用电子管元件作为基本器件，采用光屏管或汞延电路作为存储器，输入与输出主要采用穿孔卡片或纸带，体积大，耗电量大，速度慢，存储容量小，可靠性差，维护困难且价格昂贵。它通常使用机器语言或汇编语言来编写应用程序。第一代计算机主要用于科学计算。

（2）第二代计算机——晶体管计算机（1958—1964 年）

第二代计算机由晶体管代替电子管作为基本器件，用磁芯或磁带作为存储器，在整体性能上，比第一代计算机有了很大的提高。FORTRAN、COBOL 等程序设计语言也相应出现。第二代计算机在被用于科学计算的同时，也开始在数据处理、过程控制等方面得到应用。

（3）第三代计算机——中、小规模集成电路计算机（1965—1970 年）

随着硅晶片半导体工艺的发展，人们成功制造出集成电路。中、小规模集成电路成为计算机的主要部件，主存储器也逐渐过渡到半导体存储器，使计算机的体积更小，大大降低了计算机计算时的功耗。由于减少了焊点和接插件，计算机的可靠性进一步提高。依托标准化的程序设计语言和人机会话式的 Basic 语言，第三代计算机的应用领域也进一步扩大。

（4）第四代计算机——大规模、超大规模集成电路计算机（1971 年至今）

随着大规模集成电路被应用于计算机硬件生产，计算机的体积进一步缩小，性能进一步提高。这一阶段，集成度更高的大容量半导体存储器作为内存储器，发展出了并行技术和多机系统，出现了精简指令集计算机（Reduced Instruction Set Computer，RISC），实现了软件系统工程化、理论化，程序设计自动化。计算机应用进一步普及，其应用领域几乎涵盖社会所有行业。

21 世纪是信息技术的时代，以物联网、云计算、大数据、人工智能等为代表的高新技术正在推动社会各行业加速发展、变革，而这些技术都是基于计算机技术发展起来的。

## 1.1.2　计算机的分类及其特点

### 1. 计算机的分类

计算机及相关技术的迅速发展推动了计算机的不断分化，使计算机形成了不同的类型。

计算机按结构原理可分为模拟计算机、数字计算机和混合式计算机，按用途可分为专用计算机和通用计算机。还可按照计算机的运算速度、字长、存储容量等综合性能指标来进行分类。

计算机的类型划分很难有一个精确的标准。在此根据计算机的综合性能指标，结合计算机应用领域将其分为 5 类。

（1）高性能计算机

高性能计算机也就是俗称的超级计算机或巨型机。2019 年，我国生产的"神威·太湖之光"和"天河二号"都进入了全球超级计算机 500 强排行榜的前五名，这标志着我国高性能计算机的研究和发展取得了可喜的成绩。"神威·太湖之光"超级计算机是由国家并行计算机工程技术研究中心研制的，安装在国家超级计算无锡中心的超级计算机。在 2020 年 6 月公布的全球超级计算机 500 强排行榜中，"神威·太湖之光"超级计算机排名第四，其峰值性能为 12.54 亿亿次/秒，持续性能为 9.3 亿亿次/秒。我国已成为继美国、日本之后少数几个能够全部采用自主知识产权芯片研发超级计算机的国家之一。

（2）微型计算机

大规模集成电路及超大规模集成电路的发展是微型计算机得以产生的前提。通过集成电路技术将计算机的核心部件运算器和控制器集成在一块大规模集成电路芯片上，就是计算机最核心的部件——中央处理器（Central Processing Unit，CPU）。目前微型计算机已广泛应用于办公、学习、娱乐等社会生活的方方面面。我们日常使用的台式计算机、笔记本电脑、掌上电脑等都是微型计算机。

（3）工作站

工作站是一种高档的微型计算机，一般情况下都配有高性能的中央处理器和图形处理器、高分辨率的大屏幕显示器及大容量的内存储器和外部存储器，具备强大的数据运算与图形、图像处理能力。工作站主要服务于工程设计、动画制作、科学研究、软件开发、金融管理、信息服务、模拟仿真等专业领域。

需要指出的是，这里所说的工作站不同于计算机网络系统中的工作站，计算机网络系统中的工作站仅是网络中的任何一台普通微型计算机或终端，是网络中的任一用户节点。

（4）服务器

服务器是指在网络环境下为网上多个用户提供共享信息资源和服务的一种高性能计算机。在服务器上需要安装网络操作系统、网络协议和各种网络服务软件。服务器主要为网络用户提供文件、数据库及通信等方面的服务。根据提供服务类型的不同，服务器又分为 Web 服务器、文件服务器、存储服务器等。

（5）嵌入式计算机

嵌入式计算机是指嵌入对象体系中，实现对象体系智能化控制的专用计算机系统。嵌入式计算机系统以应用为中心，以计算机技术为基础，并且可以定制软硬件，适用于对计算机的功能、可靠性、成本、体积、功耗有严格要求的情况。它一般由嵌入式微处理器、外部硬件设备、嵌入式操作系统和用户的应用程序 4 部分组成，用于对其他设备进行控制、监视或管理。例如，我们日常生活中使用的冰箱、全自动洗衣机、空调、电饭煲、数码产品等都采用了嵌入式计算机技术，部分中、高端汽车也使用了嵌入式计算机来管理车载系统。

**2．计算机的特点**

（1）运算速度快

运算速度是计算机的一个重要性能指标。计算机的运算速度通常用每秒执行定点加法的次数或平均每秒执行指令的条数来衡量。随着计算机技术的发展，计算机的运算速度已由早期的每秒几千次（如 ENIAC 每秒仅可完成 5 000 次定点加法计算）提高到每秒几万亿次、几亿亿次。即使是个人计算机的运算速度，目前也可达每秒亿次以上。计算机高速运算的能力极大地提高了人们的工作效率。在计算机出现之前，卫星轨道的计算、大型水坝排洪设计容量的计算可能需要几年甚至几十年，而现在使用计算机只需几分钟就可以完成。

（2）计算精度高

科学研究和工程设计对计算结果的精度有很高的要求。一般的计算工具只能达到几位有效数字的精度，而计算机的计算精度可达到十几位、几十位有效数字，这大大提高了计算精度和设计质量。

（3）超大存储容量

计算机的"记忆"功能是它与传统计算工具的一个重要区别。计算机的存储器类似于人类的大脑，具有记忆功能，可以存储大量的数据和计算机程序。随着科技的不断进步发展，计算机的存储容量越来越大，单个存储器的存储容量已达到太字节（TB）、拍字节（PB）数量级。利用计算机存储的海量数据通过一系列大数据处理和分析工具就可以更准确地揭示社会和自然的发展规律，并预测其发展和变化的趋势。

（4）自动化程度高

由于计算机的工作方式是将程序和数据先存放在存储器内，工作时按规定的流程操作，一步一步地自动完成，一般无须人工干预，因此其自动化程度高。这一特点是一般计算工具所不具备的。

（5）通用性强

计算机几乎能用于计算自然科学和社会科学中一切类型的问题和模型，而且已经广泛地应用到了社会的各个领域中。

（6）具备可靠的逻辑判断能力

具备可靠的逻辑判断能力是计算机能实现信息处理自动化的重要原因。计算机不仅能对数值数据进行计算，还能对非数值数据进行处理，能广泛应用于非数值数据处理领域，如信息检索、图形识别及各种多媒体应用等。

## 1.1.3 计算机的应用

计算机的应用十分广泛，目前已渗透到人类活动的各个领域，各行各业都在广泛地应用计算机解决各种实际问题。归纳起来，目前计算机主要应用在以下几个方面。

### 1. 数值计算

科学研究和工程技术的计算是计算机应用的一个基本方面，也是计算机最早应用的领域。数值计算解决的大多是一些十分复杂的数学问题。数值计算的特点是计算公式复杂、计算量大、数值变化范围大、原始数据相对较少。这类问题只有具有高速、高精度运算能力和存储容量大的计算机系统才能解决。例如航天飞船设计、建筑设计、水利水电、天气预报、地质探矿等方面的大量计算都可以使用计算机来完成。

### 2. 数据处理

数据处理是指对数值、文字、图表等数据及时地加以记录、整理、检索、分类、统计、综合和传递，得出人们所需要的有关信息，是目前计算机应用最广泛的领域。数据处理的特点是原始数据多、时效性强，计算公式相对比较简单。例如交通运输、石油勘探、计划统计、财务管理、物资管理、人事管理、市场预测等工作。目前，计算机在数据处理方面已进一步细分出事务处理系统（Transaction Processing System，TPS）、办公自动化系统（Office Automation

System，OAS）、电子数据交换系统（Electronic Data Interchange，EDI）、管理信息系统（Management Information System，MIS）、决策支持系统（Decision Support System，DSS）等应用系统。

### 3. 过程控制

过程控制是指利用计算机进行生产过程的实时监控，以提高产量、质量和生产效率，改善劳动条件，节约原料消耗，降低成本，达到过程的最优控制。例如，计算机被广泛应用于石油化工、水电、冶金、机械加工、交通运输及其他生产过程的控制，以及导弹、火箭和航天飞船等的自动控制。

### 4. 计算机辅助技术

计算机辅助技术是指使用计算机作为辅助工具，帮助人们在产品的设计、制造和测试等特定应用领域内完成任务的一系列理论、方法和技术。常见的计算机辅助技术有计算机辅助设计（Computer Aided Design，CAD）、计算机辅助制造（Computer Aided Manufacturing，CAM）、计算机辅助测试（Computer Aided Test，CAT）和计算机辅助教学（Computer Aided Instruction，CAI）等。计算机辅助技术强调人起主导作用，计算机和用户构成一个密切交互的人机系统。

计算机辅助技术在高科技及制造业的应用范围不断扩大。利用计算机快速的数值计算能力、强大的数据处理及模拟能力，可以帮助飞机、船舶、汽车工程师提高设计效率，提高模型测试的自动化程度，大大缩短设计周期，降低生产成本，节省人力、物力。目前，计算机辅助技术已被广泛应用在大规模集成电路、建筑、机械及服装的设计上。

### 5. 人工智能

人工智能（Artificial Intelligence，AI）是指使计算机能模拟人类的感知、推理、学习和理解等智能行为，用于实现自然语言的理解与生成、自动程序设计、图像识别、声音识别、疾病诊断等。近年来人工智能的研究开始走向实用化。

### 6. 计算机网络

计算机网络是指利用通信设备和线路将地理位置不同的、功能独立的多个计算机系统连接起来形成的"网"。计算机网络可以使一个地区、一个国家，甚至世界范围内的计算机与计算机之间实现软件、硬件和信息资源的共享，这样大大促进了地区间、国际间的通信与数据的传递与处理。计算机网络的应用已渗透到社会生活的各个方面，同时也改变了人们的时空概念。

## 1.1.4 计算机领域的相关人物及贡献

### 1. 图灵与图灵奖

图灵是英国的数学家、逻辑学家、计算机理论先驱，被称为"人工智能之父"。图灵提出了一种用于判定机器是否具有智能的试验方法，即图灵试验，对于人工智能的发展有很大贡献。此外，图灵提出的图灵机模型为现代计算机的逻辑工作方式奠定了基础。在 ENIAC 被发明出来的十年前，即 1936 年，图灵就发表了题为《论可计算数及其在判定问题中的应用》的论文。该论文为电子计算机的理论和模型奠定了基础。1966 年，美国计算机协会（Association for Computing Machinery，ACM）将计算机界的第一个奖项命名为"图灵奖"，以纪念这位计算机科学理论的奠基人。

### 2. 冯·诺依曼与存储程序

冯·诺依曼是 20 世纪的数学家，是在现代计算机、博弈论等诸多领域有杰出建树的伟大的科学全才之一，被后人称为"计算机之父"和"博弈论之父"。存储程序是 1945 年由冯·诺依曼提出的现代计算机的理论基础。存储程序和程序控制原理的要点是将程序输入计算机，存储在内存储器中；在运行时，控制器按地址顺序取出存放在内存储器中的指令，然后分析指令，执行指令的功能；若遇到转移指令，则转移到转移地址，再按地址顺序访问指令。现代计算机仍遵循这个原理。

## 1.2　计算机系统组成

计算机系统由硬件系统和软件系统两大部分组成。硬件系统（简称硬件）是计算机进行工作的物质基础；软件系统（简称软件）是建立在硬件基础之上的，为能充分发挥硬件各部件的功能和方便用户使用而编制的各种程序。这两者相互依存、相互渗透，组成一个完整的计算机系统。计算机系统组成结构如图 1-5 所示。

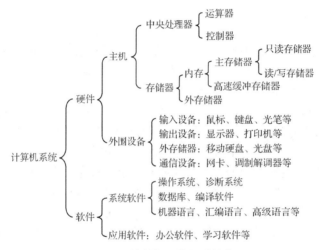

图 1-5　计算机系统组成结构

### 1.2.1　计算机硬件系统

#### 1. 冯·诺依曼体系结构

1946 年，冯·诺依曼提出计算机存储程序原理，即把程序本身当作数据来对待，用同样的方式存储程序和该程序处理的数据，计算机依靠存储的程序自动处理数据，得到计算结果。该原理被称为冯·诺依曼体系结构。该体系结构的要点：计算机由运算器、控制器、存储器、输入设备、输出设备 5 部分组成。此外，数制采用二进制，计算机按照程序顺序执行。计算机五大部件之间的逻辑关系如图 1-6 所示。其中单线箭头表示由控制器发出的控制信息流向，双线箭头为数据信息流向。

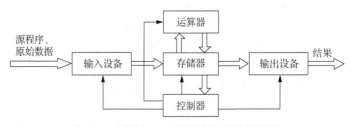

图 1-6　计算机五大部件之间的逻辑关系

（1）运算器

运算器是算术逻辑运算单元的简称，是执行算术运算和逻辑运算的功能部件，负责进行加、减、乘、除等算术运算及与、或、非等逻辑运算，并负责计算数据和结果数据的传输、移位等操作。运算器是计算机硬件中最重要的部件之一。

（2）控制器

控制器是计算机硬件系统的控制中心，指挥计算机各部分协调工作，保证计算机按照程序预先规定的指令和步骤有条不紊地进行处理。控制器从内存中逐条取出指令，分析每条指令的规定，以及进行该操作的数据在存储器中的位置（地址码）；然后根据分析结果，向计算机的其他各部分发出控制信号。控制过程是指系统根据地址码从存储器中取出数据，对这些数据进行操作码规定的操作。根据操作的结果，运算器及其他部件要向控制器回报信息，以便控制器开展下一步工作。

因此，计算机执行程序就是执行一系列有序的指令。计算机自动工作的过程，实质上是自动执行程序的过程。

（3）存储器

存储器的主要功能是存储程序和各种数据信息，它能在计算机运行过程中高速、自动地完成指令和数据的存取。存储器是具有"记忆"功能的设备。它用具有两种稳定状态的物理器件来储放数据，这些器件又被称为记忆元件。

存储器按其作用可分为主存储器（Main Memory，简称主存）、高速缓冲存储器（Cache，简称高速缓存）和辅助存储器（简称辅存，由于辅助存储器一般被放置于主机外部，故又称外存储器或外存）。高速缓存是为了解决 CPU 和主存之间的速度匹配问题而设置的，如图 1-7 所示。它是介于 CPU 与主存之间的小容量存储器，但存取速度比主存快。有了高速缓存，主存就能高速地向 CPU 提供指令和数据，从而加快程序执行的速度。高速缓存可以看作主存的缓冲存储器，它通常由高速的双极型半导体存储器或静态随机存取存储器（Static Random Access Memory，SRAM）组成，其功能全部由硬件实现，并对用户是全透明的。

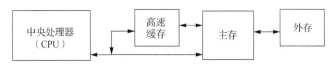

图 1-7　CPU 与存储系统间的逻辑关系

主存可分为两类。一类是随机存取存储器（Random Access Memory，RAM），又称为读/写存储器，其特点是存储器中的信息能读能写，其中的信息在关机后即消失。因此，用户在退出计算机系统前，应把当前内存中产生的有用数据转存到可永久性保存数据的外存中去，以便以后再次使用。另一类是只读存储器（Read Only Memory，ROM），其特点是用户在使用时只能进行读操作，不能进行写操作。其存储单元中的信息由 ROM 制造厂在生产时或用户根据需要一次性写入，ROM 中的信息关机后不会消失。

外存储器简称外存，也称辅存，是内存的延伸，其主要作用是长期存放计算机工作所需要的系统文件、应用程序、用户程序、文档和数据等。当 CPU 需要执行某些程序和数据时，这些程序和数据由外存调入内存以供 CPU 访问，可见外存的作用是扩大存储系统容量。外存的特点是存储容量大，价格低，但存取速度较慢。

（4）输入设备

输入设备是用来输入计算机所需数据信息的设备总称。针对不同类型的数据信息，输入设备有所不同，常用的输入设备有键盘、鼠标、手写板、摄像头、扫描仪等。

（5）输出设备

输出设备是用来输出和显示数据处理结果的设备总称。常用的输出设备有显示器、打印机、投影仪等。在其他专业领域中还有很多特殊的输出设备，例如在医疗卫生、地质勘探等领域。

### 2. PC 的主要硬件及性能指标

个人计算机（Personal Computer，PC）的体系结构沿用的是冯·诺依曼体系结构。但是因芯片制造工艺等因素的影响，运算器和控制器被集成在同一个芯片组件中，即 CPU。CPU、存储器和连接器件的集成电路主板合称为主机，输入、输出设备及部分外存储器合称为外部设备。

（1）CPU

CPU 是 PC 最重要的器件，它负责 PC 的算术、逻辑运算，并协调 CPU 与其他设备的协同工作。CPU 由运算单元、控制单元、存储单元存 3 个部件组成。其性能指标主要有字长、主频、高速缓存。

① 字长是 CPU 一次能处理的二进制数据的位数。字长越长，计算机的处理能力就越强。在计算机的发展史上，CPU 的字长最早是从 4 位微处理器开始的，经历了 8 位处理器、16 位处理器、32 位处理器，目前主流 CPU 全部采用的是 64 位字长。对于数据而言，字长越长则运算精度越高；对于指令而言，字长越长则可寻址的存储空间就越大。

② 主频又称时钟频率，是指 CPU 工作时的频率。主频是衡量 CPU 运行速度的主要参数，主频越高，CPU 执行一条指令的时间就越短，处理速度就越快。在其他条件相同的情况下，主频越高，CPU 的运算处理能力就越强。当然主频的大小并不能完全反映 CPU 运算速度的快慢，其运算速度还要看 CPU 的流水线、总线、指令集等其他各方面的性能指标。

③ 在 CPU 中加入高速缓存的目的在于减小 CPU 运算器和主存之间的计算频率差，让不同运算速度的器件之间能够更好地协同工作。目前主流的 CPU 高速缓存都分为 3 级：一级缓存 L1、二级缓存 L2、三级缓存 L3。一般而言，同一型号的 CPU，高速缓存的容量越大，CPU 的性能越好。

（2）内存储器

CPU 能直接访问的存储器称为内存储器（简称内存），包括主存和高速缓存。内存的性能直接影响计算机系统的处理能力。内存的存储容量和工作频率是衡量其性能的参数。

① 所谓存储容量，指的是存储器中能够存储最大数据的总字节数。在计算机的存储单位中，字节（Byte）是基本单位，通常单位有千字节（KB）、兆字节（MB）、吉字节（GB）、太字节（TB）等。一个 Byte 包含 8 个二进制位 bit，即 1B = 8bit。这里的 bit 指的是二进制数的一位，又称比特，是计算机存储数据的最小单位。

常见的存储单位及其换算关系如表 1-1 所示。

表 1-1　存储单位及其换算关系

| 表示符号 | 单位名称 | 换算关系 |
|---|---|---|
| bit | 位 | 一个二进制数 0 或者二进制数 1 |
| Byte | 字节 | 1B = 8bit |
| KB | 千字节 | $1KB = 1\ 024B = 2^{10}B$ |
| MB | 兆字节 | $1MB = 1\ 024KB = 2^{20}B$ |

| 表示符号 | 单位名称 | 换算关系 |
|---|---|---|
| GB | 吉字节 | $1GB = 1\ 024MB = 2^{30}B$ |
| TB | 太字节 | $1TB = 1\ 024GB = 2^{40}B$ |
| PB | 拍字节 | $1PB = 1\ 024TB = 2^{50}B$ |
| EB | 艾字节 | $1EB = 1\ 024PB = 2^{60}B$ |
| ZB | 泽字节 | $1ZB = 1\ 024EB = 2^{70}B$ |
| YB | 尧字节 | $1YB = 1\ 024ZB = 2^{80}B$ |

② 所谓工作频率，即内存的存取速度，一般用存储器存取时间和存储周期表示。存储器存取时间（Memory Access Time）又称存储器访问时间，是指从启动存储器开始操作到完成该操作所经历的时间。存储周期（Memory Cycle Time）是指连续启动两次独立的存储器操作（如连续两次读操作）所需间隔的最小时间。通常存储周期略大于存取时间，它们间的差别与主存的物理实现细节有关。

存取时间指的是 CPU 读、写内存数据所消耗的时间。以读取为例，CPU 发出指令给内存时，便会要求内存取用特定地址的数据，内存响应 CPU 后便会将 CPU 所需要的数据送给 CPU，一直到 CPU 收到数据为止，这便是一个读取的流程。人们用存取时间的倒数来表示内存的工作频率，如存取时间为 6ns 的内存的工作频率为 1/6ns=166MHz。所以内存的工作频率是衡量内存的关键性能指标之一。

（3）主板

主板又叫母板，分为商用主板和工业主板两种。主板安装在机箱内，是 PC 最基本、最重要的部件之一。主板一般为矩形电路板，上面安装有大规模集成电路系统，如 BIOS 芯片、I/O 控制芯片、键盘和面板控制开关接口、指示灯插接件、扩充插槽、主板及插卡的直流电源供电接插件等元件。主板采用开放式结构，大都有 6 到 15 个扩展插槽，供计算机外部输入、输出设备的适配器插接。更换这些插卡，可以对 PC 的性能进行局部升级，使厂家和用户在配置 PC 时有更大的灵活性。所以，主板在 PC 系统中扮演着举足轻重的角色。主板的类型和档次决定着 PC 系统的类型和档次，主板的性能影响着 PC 系统的性能。

主板的性能指标主要包括主板的南、北桥芯片组类型，主板支持的 CPU 插座类型（不同 CPU 的针脚数不同），是否集成显卡，是否支持最高的前端总线，是否支持最高的内存容量和频率等。

（4）显卡

显卡的用途是将 PC 系统需要的显示信息进行转换，驱动显示器并向显示器提供逐行或隔行扫描信号，控制显示器的正确显示。显卡中最重要的核心处理单元是图形处理器（Graphics Processing Vnit，GPU），也称显示芯片，其性能是衡量一块显卡的基本标准。

### 1.2.2　计算机软件系统

计算机软件系统是为了方便用户操作计算机和充分发挥计算机功能解决各类应用问题的各种程序的总称。计算机软件系统分为系统软件和应用软件两大类。

#### 1. 系统软件

系统软件是为提高计算机工作效率和方便用户使用而设计的各种软件的总称，如操作系统、编译软件系统和数据库管理系统等。

（1）操作系统

操作系统是对计算机系统的硬件资源和软件资源进行统一管理、统一调度及统一分配的系统软件。操作系统是系统软件的核心，它把硬件资源潜在的功能用一系列命令的形式提供给用户，成为用户与计算机硬件的接口，同时又是其他软件开发的基础。其他软件都必须在操作系统的支持下才能安装并运行。

（2）编译软件系统

控制计算机处理具体任务的计算操作序列称为计算机程序，编写程序的过程称为程序设计。编译软件系统就是将由非机器语言编写的程序翻译成指令的平台，所以也有人将编译软件系统称为程序"翻译"软件。计算机能够识别的语言一般分为机器语言、汇编语言和高级语言。但是计算机能够直接识别的只有机器语言，也就是二进制代码。

① 机器语言是指由 0 和 1 构成的二进制代码，是计算机硬件能够直接识别的代码，是 CPU 可直接读取并执行的数据。

② 汇编语言是一种低级语言，采用方便记忆的简单字母、符号组合表示机器语言，例如 AND 代表加法。

③ 高级语言在低级语言的基础上，采用接近人类自然语言的单词和符号来表示低级语言，它使编程变得更加简单、易学，且写出的程序可读性强。高级语言又分为面向过程的编程语言和面向对象的编程语言。面向过程的编程语言侧重于用程序解决问题的过程，不适用于大型的、跨度比较大的项目，代码的重用主要依赖函数的调用来实现，重用性较差，如 C 语言。面向对象的编程语言中引入了类的概念，实现同样的方法只需编写一次代码，用到时调用相关的类即可，代码重用性高，适用于大型的项目，是目前流行的编程方式，如 C++、Java 等。

由于计算机只能识别机器语言，因此用汇编语言和高级语言编写的程序计算机无法执行，必须经过"翻译"程序将它们"翻译"成由 0 和 1 组成的代码，计算机才能执行。高级语言一般分为编译型高级语言和解释型高级语言。编译型高级语言是先由编译程序把高级语言源程序翻译成目标程序，执行时运行目标程序；解释型高级语言是在运行高级语言源程序时，由解释程序对源程序边解释边执行。

经过翻译之后，计算机所能接受的代码称为机器指令。一条机器指令控制计算机进行一项具体的操作如告诉计算机应进行什么运算，哪些数参加运算，这些数存放在哪里，计算结果将送到哪里去等。机器指令一般包括操作码和地址码（操作数）两部分。操作码和地址码都由二进制代码组成，它们的结构与组合形式构成了指令格式，最基本的形态可表示为

| 操作码 | 地址码 |
|---|---|

（3）数据库管理系统

数据库是以一定的组织方式存储起来且具有相关性的数据的集合。其数据冗余度小，而且独立于任何应用程序存在，可以为多种不同的应用程序共享。数据库中的数据是结构化了的，用户进行输入、输出及修改均可按一种公用的可控制的方式进行，使用十分方便，大大提高了数据的利用率和灵活性。数据库管理系统（Database Management System，DBMS）是对数据库中的资源进行统一管理和控制的软件。数据库管理系统是数据库系统的核心，是进行数据处理的有利工具。目前，被广泛使用的数据库管理系统有 SQL Server、Oracle、MySQL、DB2 等。

2. 应用软件

应用软件是指为实现某种特殊功能而编制的计算机程序。例如，图形处理软件 Photoshop、文字处理软件 Word、表格处理软件 Excel、财会软件、计划报表软件、计算机辅助教学软件、

计算机辅助设计软件、计算机辅助制造软件、杀毒软件、娱乐软件等都是应用软件。我们在生活中用到的更多是应用软件，但它们必须在系统软件的支持下使用。

## 1.3　"0"和"1"的思维

计算机的基本功能是对信息数据进行计算处理。数据在计算机中是以电子器件的物理状态来表示的，而组成计算机的基本逻辑电路通常有两个不同的稳定状态，即低电平和高电平。为了数据计算及表示的方便和可靠，计算机中主要采用二进制数字系统。在计算机中存储和处理字母、符号、图形、声音等信息数据，都使用二进制数编码。

### 1.3.1　二进制的由来

世界上最早提出二进制的是德国的数学家和哲学家莱布尼兹。他对法国人帕斯卡设计的世界上第一台机械式数字计算加法机很感兴趣，于是也开始了对计算加法机的研究。1666—1667 年，莱布尼兹在纽伦堡学习时接触到我国古典哲学中的易经图，如图 1-8 所示。通过对易经八卦图中的"阴爻"和"阳爻"图形的思考，莱布尼兹开始对二进制进行研究。八卦中的两根短横线表示"阴爻"，一根长横线表示"阳爻"。1679 年他撰写了名为《二进算术》的论文，对二进制进行了充分的讨论，并建立了二进制的表示及运算规则。1703 年他将有关二进制的论文送给法国科学院，并要求公开发表，这是西方第一篇关于二进制的文章，标题为《二进制算术的解说》。自此，二进制开始公之于众。但那个时候的二进制只是莱布尼兹出于对数学和哲学的思考而提出的一种运算规则，与现代计算机并无直接联系。

在 20 世纪现代计算机诞生的过程中，有两位科学家为二进制成为计算机的基础数制做出了重要贡献，他们是美国科学家香农和冯·诺依曼。

1938 年，香农在其论文《继电器与开关电路的符号分析》中，比较了开关电路与二进制编码之间的相似性，提出了把二进制符号中的"0"和"1"与电路系统的"开"和"关"对应起来的设计方向。这奠定了数字电路的理论基础。

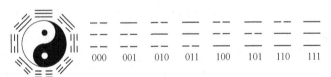

图 1-8　八卦图中的"阴爻"和"阳爻"

1945 年，冯·诺依曼在其主持编写的 EDVAC 设计方案中首次提出将二进制作为计算机的计算基础数制这一设计思想。他根据电子元器件双稳工作的特点，建议在电子计算机中采用二进制。EDVAC 设计方案中提到了二进制的优点，并预言二进制的采用将大大简化计算机的逻辑线路。

### 1.3.2　信息编码

世界上用于信息传递和通信的编码方式有很多，如由点和线组成的摩斯密码、由黑白条纹构成的条形码，以及现在常用于移动支付的二维码等。那么在计算机技术领域，常见的信息编码有哪些呢？下面进行讲解。

#### 1．ASCII

由于计算机只能直接存储和处理二进制数，因此对于数值信息可以采用二进制代码表示，对于非数值信息可以采用二进制代码编码表示。编码是指将少量基本符号根据一定的规则组合起来以表示大量复杂多样的信息。一般来说，需要用二进制代码表示哪些文字、符号取决于我们要求计算机能够"识别"哪些文字、符号。为了能将文字、符号存储在计算机中，必须将文字、符号按照规定的编码规则转换成二进制代码。

目前，计算机中一般都采用国际标准化组织规定的美国标准信息交换码（American Standard Code for Information Interchange，ASCII）来表示英文字母和符号。

ASCII 的最高位为 0，其范围用二进制表示为 00000000～01111111，用十进制表示为 0～127，共 128 种。基本 ASCII 表如表 1-2 所示。

表 1-2　基本 ASCII 表

| 字符 | ASCII | 字符 | ASCII | 字符 | ASCII | 字符 | ASCII |
| --- | --- | --- | --- | --- | --- | --- | --- |
| NUL | 0 | （Space） | 32 | @ | 64 | ` | 96 |
| SOH | 1 | ! | 33 | A | 65 | a | 97 |
| STX | 2 | " | 34 | B | 66 | b | 98 |
| ETX | 3 | # | 35 | C | 67 | c | 99 |
| EOT | 4 | $ | 36 | D | 68 | d | 100 |
| ENQ | 5 | % | 37 | E | 69 | e | 101 |
| ACK | 6 | & | 38 | F | 70 | f | 102 |
| BEL | 7 | ' | 39 | G | 71 | g | 103 |
| BS | 8 | ( | 40 | H | 72 | h | 104 |
| HT | 9 | ) | 41 | I | 73 | i | 105 |
| LF/NL | 10 | * | 42 | J | 74 | j | 106 |
| VT | 11 | + | 43 | K | 75 | k | 107 |
| FF/NP | 12 | , | 44 | L | 76 | l | 108 |
| CR | 13 | – | 45 | M | 77 | m | 109 |
| SO | 14 | . | 46 | N | 78 | n | 110 |
| SI | 15 | / | 47 | O | 79 | o | 111 |
| DLE | 16 | 0 | 48 | P | 80 | p | 112 |
| DC1/XON | 17 | 1 | 49 | Q | 81 | q | 113 |
| DC2 | 18 | 2 | 50 | R | 82 | r | 114 |
| DC3/XOFF | 19 | 3 | 51 | S | 83 | s | 115 |
| DC4 | 20 | 4 | 52 | T | 84 | t | 116 |
| NAK | 21 | 5 | 53 | U | 85 | u | 117 |
| SYN | 22 | 6 | 54 | V | 86 | v | 118 |
| ETB | 23 | 7 | 55 | W | 87 | w | 119 |
| CAN | 24 | 8 | 56 | X | 88 | x | 120 |
| EM | 25 | 9 | 57 | Y | 89 | y | 121 |
| SUB | 26 | : | 58 | Z | 90 | z | 122 |
| ESC | 27 | ; | 59 | [ | 91 | { | 123 |
| FS | 28 | < | 60 | \ | 92 | \| | 124 |
| GS | 29 | = | 61 | ] | 93 | } | 125 |
| RS | 30 | > | 62 | ^ | 94 | ～ | 126 |
| US | 31 | ? | 63 | _ | 95 | DEL | 127 |

ASCII 的大小规律：由于基本 ASCII 表按代码值的大小排列，因此数字的 ASCII 值小于字母。在数字中，"0"的 ASCII 最小，"9"的 ASCII 最大。在字母中，大写字母的 ASCII 比小写字母小，ASCII 的大小按字母顺序递增，即"A"的 ASCII 最小，"z"的 ASCII 最大。

【例 1-1】已知大写字母 H 的 ASCII 为 72，那么大写字母 Q 的 ASCII 是多少呢？

**解：**因为在 26 个英文字母中，Q 与 H 相隔 9 个位置，那么 Q 的 ASCII 为 81。

### 2．BCD 码

BCD 码是 Binary Code Decimal 的简称，是一种简单、直观的编码方式。它用一个 4 位的二进制数来表示一个十进制数，可以快速实现二进制与十进制的转换。由于其 4 位二进制数均为 2 的幂次方，故 BCD 码也被称为 8421 码。十进制数与 BCD 码的转换关系如表 1-3 所示。

表 1-3  十进制数与 BCD 码的转换关系

| 十进制数 | BCD 码 | 十进制数 | BCD 码 |
| --- | --- | --- | --- |
| 0 | 0000 | 8 | 1000 |
| 1 | 0001 | 9 | 1001 |
| 2 | 0010 | 10 | 1010 |
| 3 | 0011 | 11 | 1011 |
| 4 | 0100 | 12 | 1100 |
| 5 | 0101 | 13 | 1101 |
| 6 | 0110 | 14 | 1110 |
| 7 | 0111 | 15 | 1111 |

### 3．Unicode 码

在 Unicode 码出现之前，每个国家都为自己的语言在 ASCII 表的后半部分定义了扩展和字符集，从而导致计算机使用不同语言时会发生各种冲突。为此，科学家编制了一种新的编码——Unicode 码，也被称为万国码。Unicode 标准定义了目前所有主流的书写语言中用到的字符，还包含标点符号、声调符号、数学符号、科技符号、箭头、图形符号、表情符号等。它支持的书写体系包括世界各地的多种语系。它可以满足跨语言、跨平台进行文本转换、处理的要求。

Unicode 码于 1994 年正式公布。目前的 Unicode 码分为 17 组编排，即 0x0000 至 0x10FFFF，每组称为一个平面（Plane），每个平面拥有 65 536 个码位，共 1 114 112 个码位。目前只使用了部分平面。常见的 UTF-8、UTF-16、UTF-32 都是将数字转换为程序数据的编码方案。

## 1.3.3  进位计数制

### 1．进位计数制的概念

进位计数制简称进制，是一种数的表示方法，它按进位的方法来进行计数，也被称为进位制。

进位计数制有两个要点：基数和位权。所谓进位制的基数，就是在该进位计数制中可以使用的数字符号的个数。$R$ 进制的基数为 $R$，能用到的数字符号个数为 $R$ 个，即 0、1、2、…、$R$-1。$R$ 进制数中能使用的最小数字符号是 0。

#### 2. 生活中的进制

下面是日常生活中经常用到的进制。例如我们在记录日期、时间的过程中，会经常用到七进制、十二进制、二十四进制、六十进制等，如表 1-4 所示。

表 1-4　日常生活中使用的进位计数制

| 进制 | 计数原则 | 计数使用的基本符号 |
| --- | --- | --- |
| 七进制 | 逢七进一 | 周一、周二、周三、周四、周五、周六、周日 |
| 十二进制 | 逢十二进一 | 一月、二月……十二月 |
| 二十四进制 | 逢二十四进一 | 表示时间中的小时数：0～23（例如 23：59：59） |
| 六十进制 | 逢六十进一 | 表示时间中的分、秒数（0～59） |

#### 3. 计算机使用的进制

表 1-5 中列出了计算机中常用的几种进位计数制。

表 1-5　计算机中常用的几种进位计数制

| 进制 | 计数原则 | 计数使用的基本符号 |
| --- | --- | --- |
| 二进制 | 逢二进一 | 0、1 |
| 八进制 | 逢八进一 | 0、1、2、3、4、5、6、7 |
| 十进制 | 逢十进一 | 0、1、2、3、4、5、6、7、8、9 |
| 十六进制 | 逢十六进一 | 0、1、2、3、4、5、6、7、8、9、A、B、C、D、E、F |

注：十六进制中的字符 A～F 分别对应十进制中的 10～15。

（1）十进制

十进制是人们十分熟悉的进制，用 0、1、2、3、4、5、6、7、8、9 这 10 个数字符号按照一定规律排列起来表示数值的大小。

十进制数有多种表示方法，如 527 可表示为（527）$_{10}$、[527]$_{10}$ 或 527$_D$。有时表示十进制数的下标 10 或 D 也可以省略。

【例 1-2】写出十进制数 6 486 的表达式。

4 位十进制数 6 486，可以写成：

$6\ 486=6\times10^3+4\times10^2+8\times10^1+6\times10^0$

从这个十进制数的表达式中，可以看出十进制数的特点如下。

① 每一个位置（数位）只能出现 10 个数字符号（0～9 中的一个）。十进制数的基数为 10。

② 同一个数字符号在不同的位置代表的数值是不同的。例如，6 486 中左右两边的数字都是 6，但右边第一位数的数值为 6，而左边第一位数的数值为 6 000。

③ 十进制的基本运算规则是"逢十进一"。6 486 从右起第一位为个位，记作 $10^0$；第二位为十位，记作 $10^1$；第三位为百位，记作 $10^2$；第四位为千位，记作 $10^3$。通常把 $10^0$、$10^1$、$10^2$、$10^3$ 等称为对应数位的权，各数位的权都是基数的幂。每个数位对应的数字符号称为系数。显然，某数位的数值等于该位的系数和权的乘积。

一般来说，$n$ 位十进制正整数 $[X]_{10}=D_{n-1}D_{n-2}\cdots D_1D_0$ 可表示为以下形式：

$[X]_{10}=D_{n-1}\times10^{n-1}+D_{n-2}\times10^{n-2}+\cdots+D_1\times10^1+D_0\times10^0$

其中，$D_0$、$D_1$、$\cdots$、$D_{n-1}$ 为各数位的系数（$D_i$ 是第 $i$ 位的系数，$i=0$，1，$\cdots$，$n-1$），可以取 0～

9 这 10 个数字符号中的任意一个；$10^0$、$10^1$、…、$10^{n-1}$ 为各数位的权；$[X]_{10}$ 中的下标 10 表示 $X$ 是十进制数，十进制数的括号经常被省略。

（2）二进制

与十进制类似，二进制的基数为 2，即二进制中只有两个数字符号（0 和 1）。二进制的基本运算规则是"逢二进一"，各数位的权为 2 的幂。

任意一个二进制数，如 110 可表示为（110）$_2$、$[110]_2$ 或 $110_B$。

一般来说，$n$ 位二进制正整数 $[X]_2$ 表达式可以写成：

$$[X]_2 = D_{n-1} \times 2^{n-1} + D_{n-2} \times 2^{n-2} + \cdots + D_1 \times 2^1 + D_0 \times 2^0$$

其中，$D_0$、$D_1$、…、$D_{n-1}$ 为各数位的系数，可取 0 或 1 两种值；$2^0$、$2^1$、…、$2^{n-1}$ 为各数位的权。

【例 1-3】$[X]_2 = 00101001$，写出各位权的表达式，以及对应的十进制数。

$[X]_2 = [00101001]_2$

$\quad = 0 \times 2^7 + 0 \times 2^6 + 1 \times 2^5 + 0 \times 2^4 + 1 \times 2^3 + 0 \times 2^2 + 0 \times 2^1 + 1 \times 2^0$

$\quad = 0 \times 128 + 0 \times 64 + 1 \times 32 + 0 \times 16 + 1 \times 8 + 0 \times 4 + 0 \times 2 + 1 \times 1$

$\quad = 41$

所以，$[00101001]_2 = [41]_{10}$。

从上面的例子可以看出，用二进制数进行算术运算时较为简单。但也可以看出，两位的十进制数 41，就用了 6 位二进制数表示。如果数值再大，位数会更多，既难记忆，又不便读写，还容易出错。因此，在计算机的实际应用中，又经常使用八进制和十六进制。

（3）八进制

八进制的基数为 8，有 0、1、2、3、4、5、6、7 这 8 个数字符号。八进制的基本运算规则是"逢八进一"，各数位的权是 8 的幂。

任意一个八进制数，如 425 可表示为 $[425]_8$、（425）$_8$ 或 $425_Q$（注：为了区分 O 与 0，把 O 用 Q 来表示）。

$n$ 位八进制正整数的表达式可写成：

$$[X]_8 = D_{n-1} \times 8^{n-1} + D_{n-2} \times 8^{n-2} + \cdots + D_1 \times 8^1 + D_0 \times 8^0$$

【例 1-4】求 3 位八进制数 $[212]_8$ 所对应的十进制数。

$[X]_8 = [212]_8 = [2 \times 8_2 + 1 \times 8_1 + 2 \times 8_0]_{10} = [128 + 8 + 2]_{10} = [138]_{10}$

所以，$[212]_8 = [138]_{10}$。

（4）十六进制

十六进制的基数为 16，有 0、1、2、3、4、5、6、7、8、9、A、B、C、D、E、F 这 16 个数字符号。十六进制的基本运算规则是"逢十六进一"，各数位的权为 16 的幂。

任意一个十六进制数，如 7B5 可表示为（7B5）$_{16}$、$[7B5]_{16}$ 或 $7B5_H$。

$n$ 位十六进制正整数的一般表达式为

$$[X]_{16} = D_{n-1} \times 16^{n-1} + D_{n-2} \times 16^{n-2} + \cdots + D_1 \times 16^1 + D_0 \times 16^0$$

【例 1-5】求十六进制正整数 $[2BF]_{16}$ 所对应的十进制数。

$[2BF]_{16} = 2 \times 16^2 + 11 \times 16^1 + 15 \times 16^0 = [703]_{10}$

### 1.3.4 进制的转换

#### 1. 十进制数与其他进制数之间的转换

（1）十进制数转任意进制数

下面以十进制数转二进制数为例，来介绍十进制数转任意进制数的通用方法。

将十进制整数转换为二进制整数，可采用除 2 取余数的方法，即将十进制数的商反复整除以 2，直到商为 0 为止，再把各次整除所得的余数从后到前逆序连接起来，得到的二进制数即为结果。

【例 1-6】求（241）$_{10}$=（?）$_2$。

```
2 | 241      ......余数=0
  2 | 120    ......余数=0
    2 | 60    ......余数=0
      2 | 30    ......余数=0
        2 | 15    ......余数=1
          2 | 7    ......余数=1
            2 | 3    ......余数=1
              2 | 1    ......余数=1
                  0
```

即（241）$_{10}$=（11110001）$_2$。

将十进制小数转换为二进制小数，可采用乘 2 取整法，即将十进制数的小数部分反复乘以 2，直到没有小数或达到指定的精度为止，再把各次乘 2 得到的整数（包含 0）从前到后顺序连接起来，即可得到对应的二进制小数。

【例 1-7】求（0.812 5）$_{10}$=（?）$_2$（要求精确到小数点后第 5 位）。

```
  0.8125
×     2
  1.6250  ...... 整数部分=1
  0.6250
×     2
  1.2500  ...... 整数部分=1
  0.2500
×     2
  0.5000  ...... 整数部分=0
×     2
  1.0000  ...... 整数部分=1
```

即（0.812 5）$_{10}$=（0.1101）$_2$。

依上述方法对十进制数转任意 R 进制数的通用方法进行归纳：整数部分，用十进制整数除以 R 取余数，逆序读数；小数部分，用十进制小数乘以 R 取整，顺序读数。

（2）任意进制数转十进制数

非十进制数转十进制数的方法：用基数乘以位权再进行求和即可。

【例 1-8】求（10111.11）$_2$=（?）$_{10}$。

$$（10111.11）_2 =1×2^4+1×2^2+1×2+1×2^0+1×2^{-1}+1×2^{-2}$$
$$=16+4+2+1+0.5+0.25$$
$$=23.75$$

即（10111.11）$_2$=（23.75）$_{10}$。

所以，任意 R 进制数转十进制数的通用方法为

$$[X]_R= R_{n-1} × R^{n-1} + R_{n-2} × R^{n-2} + \cdots + R_1 × R^1 + R_0 × R^0$$

上式中的 $R_{n-1}$、$R_{n-2}$、$\cdots$、$R_1$、$R_0$ 为$[X]_R$ 每一位上的数字，其取值应小于基数 $R$；$R^{n-1}$、

$R^{n-2}$、…、$R^1$、$R^0$ 为对应位上的位权。

### 2. 二进制数与八进制数、十六进制数之间的转换

由于二进制的基数与八进制、十六进制的基数有着 2 的倍数关系，所以每 3 位二进制数可对应一位八进制数；每 4 位二进制数可对应一位十六进制数。在转换时，以小数点为分界线，将整数部分和小数部分分别进行转换即可。

八进制数和十六进制数之间的转换可以借助二进制数。表 1-6 所示为二进制数与八进制数、十六进制数之间的对照表。

表 1-6　二进制数与八进制数、十六进制数对照表

| 二进制数 | 八进制数 | 二进制数 | 十六进制数 | 二进制数 | 十六进制数 |
| --- | --- | --- | --- | --- | --- |
| 000 | 0 | 0000 | 0 | 1000 | 8 |
| 001 | 1 | 0001 | 1 | 1001 | 9 |
| 010 | 2 | 0010 | 2 | 1010 | A |
| 011 | 3 | 0011 | 3 | 1011 | B |
| 100 | 4 | 0100 | 4 | 1100 | C |
| 101 | 5 | 0101 | 5 | 1101 | D |
| 110 | 6 | 0110 | 6 | 1110 | E |
| 111 | 7 | 0111 | 7 | 1111 | F |

（1）二进制数转换为八进制数、十六进制数

二进制数转换为八进制数的方法：将二进制数从小数点开始，整数部分从右向左，小数部分从左向右，每 3 位一组，不足 3 位用 0 补足，每组用一位八进制数代替。二进制数转换成十六进制数与此类似，只是以 4 位二进制数为一组求出对应的十六进制数。

【例 1-9】求 $(1101011.11001)_2=(?)_8$。

```
001  101  011.  110  010
 ↓    ↓    ↓     ↓    ↓
 1    5    3.    6    2
```

即 $(1101011.11001)_2=(153.62)_8$。

（2）八进制数、十六进制数转换为二进制数

八进制数转换为二进制数的方法：以小数点为界，向左或向右将每一位八进制数用对应的 3 位二进制数代替。十六进制数转换为二进制数与此类似，只是将每一位十六进制数用对应的 4 位二进制数代替。

【例 1-10】求 $(345.67)_8=(?)_2$。

```
 3    4    5.    6    7
 ↓    ↓    ↓     ↓    ↓
011  100  101.  110  111
```

即 $(345.67)_8=(11100101.110111)_2$。

## 1.4　计算机病毒与信息安全

本节主要介绍计算机病毒与防范、信息采集与信息安全等与计算机安全相关的知识。

### 1.4.1 计算机病毒与防范

在《中华人民共和国计算机信息系统安全保护条例》中明确定义，计算机病毒，是指"编制或者在计算机程序中插入的破坏计算机功能或者毁坏数据，影响计算机使用，并能自我复制的一组计算机指令或者程序代码"。与医学、生物学上的"病毒"不同，计算机病毒不是天然存在的，而是某些人利用计算机软件和硬件设计上的漏洞而编制的一组恶意代码，它们能把自身伪装并附着在文件上，当文件被复制或从一台计算机传递到另一台计算机时，它们会随文件传播，"感染"其他计算机。因此计算机病毒具有攻击性、传染性、破坏性、隐蔽性等诸多特点。

#### 1．计算机病毒的生命周期

计算机病毒的本质是计算机程序，其生存周期一般符合以下过程：开发期→传染期→潜伏期→发作期→发现期→消化期→消亡期。

#### 2．计算机病毒的特点

计算机病毒主要具有以下特点。

（1）破坏性

计算机病毒最大的特点是破坏性，计算机病毒能降低计算机的运算速度，影响计算机的正常运行，严重的将会导致计算机瘫痪。

（2）传播性

计算机病毒能够通过多种途径进行传播，如一个感染了计算机病毒的文件被通过网络或存储介质传递给其他用户时，计算机病毒会随着该文件一起复制到其他用户的计算机中，感染其他用户的计算机，并迅速蔓延开来。

（3）潜伏性

计算机病毒很难被发现，具有一定的潜伏性。一个编制精巧的计算机病毒，进入系统之后一般不会马上发作，它能在合法的文件之中隐藏几周、几个月甚至几年，如常见的 Word文档，然后再感染系统。计算机病毒的潜伏性越好，其在系统中的存在时间就越长，感染的范围就越大。

（4）寄生性

寄生性是指计算机病毒能嵌入宿主程序中，依赖宿主程序的执行而生存。计算机病毒在侵入宿主程序中后，可以对宿主程序进行一定的修改，一旦用户执行宿主程序，计算机病毒就被激活，从而可以进行自我复制和繁衍。

（5）隐蔽性

计算机病毒具有很强的隐蔽性，有的病毒能伪装成正常的应用程序文件，甚至替换掉原来正常的文件来躲避杀毒软件的检查，这类病毒处理起来通常很困难。

#### 3．计算机病毒的分类

计算机病毒有不同的分类方法：根据病毒存在的媒体和传输的方式可分为网络病毒、文件病毒、引导型病毒、宏病毒等；根据病毒创建的算法可分为伴随型病毒、蠕虫型病毒、寄生型病毒等；根据病毒的破坏能力可分为有无害病毒、危险病毒、非常危险病毒等。

#### 4．计算机感染病毒后的症状

在感染病毒后，计算机常会表现出一些非正常的运行状态，主要如下。

（1）计算机无故变慢，CPU 使用率、已使用内存一直处于很高的状态。

（2）系统出现异常动作，经常死机、自动重启或蓝屏。

（3）计算机文件无法正常读取，出现丢失数据和程序的情况。

（4）计算机的软件设置被修改，在运行过程中不停地弹出窗口或广告。

（5）系统内存或硬盘的容量突然大幅度地非正常性减少。

（6）计算机网络或打印服务异常。

除以上列举的症状外，计算机在感染病毒后还会出现其他很多的非正常状况，需要用户根据经验或借助杀毒软件去辨别、防治。

**5．计算机病毒的防治**

在信息化时代，要保证计算机完全不被病毒侵害是很难的事情，但是只要我们能够做好防范，就可以将计算机病毒带来的危害减少到最低。一般来说，我们可以通过防范和治理相结合来保护计算机及其信息的安全。

"防毒"应该是主动的，而"杀毒"是被动的，被动杀毒只能治标，只有主动预防病毒才是防治计算机病毒的根本。我们在进行计算机病毒的防治时应该做到以下 6 点。

（1）定期使用正版杀毒软件对系统进行检查和清除病毒，定时对杀毒软件病毒库进行更新，获取最新的计算机病毒信息，以便查杀。

（2）实时运行病毒防火墙软件，监视病毒的入侵和感染。

（3）不安装、不使用来历不明的软件，不使用非法复制或解密的软件，特别要警惕各种游戏软件。

（4）对外来数据文件及在其他设备中使用过的移动硬盘、U 盘等都要进行必要的杀毒软件病毒检测。

（5）养成良好的上网习惯，不进入或点击一些非法网站和链接，不要打开来历不明的邮件等。

（6）对硬盘引导区和主引导扇区进行备份，并对重要数据进行定期备份，一旦计算机遭到病毒破坏，可以迅速恢复备份文件，将损失减到最小。

## 1.4.2　信息采集与信息安全

目前我们已经进入互联网大数据时代，通过对采集的信息进行数据分析，企业能够了解用户的需求动态，从而实现精准化营销，降低运营成本，促进企业发展。

目前常见的信息采集工具是网络"爬虫"，又称为网络机器人。它是程序设计人员按照一定的规则设计的，能够自动地抓取网络中信息的程序或脚本。随着互联网不断发展，数据形式日益丰富使用搜索引擎对这些信息含量密集且具有一定结构的数据进行采集往往效果不够理想。这个时候使用网络"爬虫"对特定信息数据进行采集就更为方便。

互联网技术的发展在为我们的生活创造便利的同时，也产生了海量数据，如何妥善处理好"信息收集与个人信息安全"问题成为当前的一个热点话题。信息收集者通过强大的数据采集程序和专业化、多样化的数据处理技术在为用户提供即时、便捷服务的同时，也削弱了个人信息的安全问题。

为了保护信息安全，我国设立了多部相关法律法规来保障我国公民和企业的信息安全，如《中华人民共和国计算机信息系统安全保护条例》。《中华人民共和国刑法》第二百八十五条规定，违反国家规定，侵入国家事务、国防建设、尖端科学技术领域的计算机信息系统的，处三年以下有期徒刑或者拘役。第二百八十六条规定，违反国家规定，对计算机信息系统功能进行删除、修改、增加、干扰，造成计算机信息系统不能正常运行，后果严重的，处五年以下有期徒刑或者拘役；后果特别严重的，处五年以上有期徒刑。违反国家规定，对计算机信息系统中存储、处理或者传输的数据和应用程序进行删除、修改、增加的操作，后果严重的，依照前款的规定处罚。故意制作、传播计算机病毒等破坏性程序，影响计算机系统正常运行，后果严重的，依照第一款的规定处罚。

2020 年修订的《信息安全技术　个人信息安全规范》中对个人信息、个人敏感信息、明示同意、用户画像、信息共享等多个方面进行了界定，新增和修订了许多受社会关注的内容。随着网络信息技术和数字经济的快速发展，因个人信息不当收集，公民权益受到侵害的事件有所增多，通过立法加强个人信息保护已成为保护用户隐私和规范网络健康有序发展的必然要求。

## 课后习题

以下选择题皆为单选题。

1. 下列不属于计算机特点的是（　　）。
   A. 速度快，精度高　　　　　　　　B. 自动化程度高
   C. 能够进行逻辑判断　　　　　　　D. 具有人一样的思维，可以代替人类
2. 计算机最早采用的电子元器件是（　　）。
   A. 电子管　　　　　　　　　　　　B. 晶体管
   C. 小规模集成电路　　　　　　　　D. 大规模和超大规模集成电路
3. 当代微机中采用的电子元器件是（　　）。
   A. 电子管　　　　　　　　　　　　B. 晶体管
   C. 小规模集成电路　　　　　　　　D. 大规模和超大规模集成电路
4. 电子计算机早的应用领域是（　　）。
   A. 数据处理　　　B. 数值计算　　　C. 工业控制　　　D. 文字处理
5. 下列的英文缩写和中文名词的对照中，错误的是（　　）。
   A. CAD——计算机辅助设计　　　　B. CAM——计算机辅助制造
   C. CAT——计算机辅助调试　　　　D. CAI——计算机辅助教学
6. 就工作原理而言，目前大多数计算机采用的是（　　）提出的"存储程序和程序控制"原理。
   A. 阿兰·图灵　　B. 冯·诺依曼　　C. 香农　　　　D. 比尔·盖茨
7. 计算机能直接识别、执行的语言是（　　）。
   A. 汇编语言　　　B. 机器语言　　　C. 高级程序语言　　D. C++语言
8. 计算机软件系统包括（　　）。
   A. 程序、数据和相应的文档　　　　B. 系统软件和应用软件
   C. 数据库管理系统和数据库　　　　D. 编译系统和办公软件
9. 计算机系统由（　　）两部分组成。
   A. 硬件系统和软件系统　　　　　　B. 主机和外部设备
   C. 系统软件和应用软件　　　　　　D. 输入设备和输出设备
10. 计算机的硬件主要包括 CPU、存储器、输出设备和（　　）。
    A. 键盘　　　　　　B. 鼠标　　　　　C. 输入设备　　　D. 显示器
11. 在计算机中，条码阅读器属于（　　）。
    A. 输入设备　　　B. 存储设备　　　C. 输出设备　　　D. 计算设备

12. 下列设备中属于输出设备的是（　　　）。
    A. 麦克风　　　　　B. 鼠标　　　　　C. 键盘　　　　　D. 投影仪

13. 控制器的主要功能是（　　　）。
    A. 指挥计算机各部件自动协调地工作　　B. 对数据进行算术运算
    C. 进行逻辑判断　　　　　　　　　　　D. 控制数据的输入和输出

14. 用来存储当前正在运行的应用程序及其相应数据的存储器是（　　　）。
    A. RAM　　　　　　B. 硬盘　　　　　C. ROM　　　　　D. CD-ROM

15. 计算机软件可以分为（　　　）。
    A. 程序、数据与相应的文档　　　　　B. 系统软件与应用软件
    C. 操作系统与应用软件　　　　　　　D. 操作系统和办公软件

16. 计算机内部信息的表示及存储采用二进制形式的最主要原因有（　　　）。
    A. 产品的成本低　　　　　　　　　　B. 避免与十进制混淆
    C. 与逻辑电路的硬件相适应　　　　　D. 容易记忆和计算

17. 我国自行设计研制的"神威·太湖之光"计算机是（　　　）。
    A. 微型计算机　　B. 小型计算机　　C. 中型计算机　　D. 巨型计算机

18. 下列不是存储器容量度量单位的是（　　　）。
    A. KB　　　　　　B. MB　　　　　　C. GB　　　　　　D. GHz

19. 微型计算机中存储数据的最小单位是（　　　）。
    A. 字节　　　　　B. 字　　　　　　C. 位　　　　　　D. KB

20. 在表示存储器的容量时，1MB 的准确含义是（　　　）。
    A. 1 024KB　　　　B. 1 024B　　　　C. 1 000KB　　　D. 1 000B

21. 下列不能用作存储容量单位的是（　　　）。
    A. Byte　　　　　B. MIPS　　　　　C. KB　　　　　　D. GB

22. 微机中 1KB 等于（　　　）位的二进制位。
    A. 1 000　　　　　B. 8×1 000　　　C. 1 024　　　　　D. 8×1 024

23. Cache 的中文译名是（　　　）。
    A. 缓冲器　　　　　　　　　　　　　B. 只读存储器
    C. 高速缓冲存储器　　　　　　　　　D. 可编程只读存储器

24. 下列各存储器中，存取速度最快的是（　　　）。
    A. CD-ROM　　　　B. 内存储器　　　C. 软盘　　　　　D. 硬盘

25. 下列数值中，属于十进制数的是（　　　）。
    A. 10B　　　　　　B. 01016　　　　　C. 128D　　　　　D. 72.0

26. 下列 4 个不同数制表示的数中，数值最大的是（　　　）。
    A. $11011101_B$　　B. $334_Q$　　　　C. $219_D$　　　　D. $4D_H$

27. 下列进制数中，最大的数是（　　　）。
    A. $15_D$　　　　　B. $1011000_B$　　C. $D3_H$　　　　D. $330_Q$

28. 计算机中，西文字符所采用的编码是（　　　）。
    A. EBCDIC 码　　B. ASCII　　　　　C. 国标码　　　　D. BCD 码

29. 假设某台式计算机的内存储器容量为 256MB，硬盘容量为 20GB。硬盘的容量是内存容量的（　　　）倍。
    A. 40　　　　　　　B. 60　　　　　　C. 80　　　　　　D. 100

30. 标准 ASCII 用 7 位二进制位表示一个字符的编码，其不同的编码共有（　　）个。

　　A. 127　　　　　　　B. 128　　　　　　　C. 256　　　　　　　D. 254

31. 在计算机中，应用最普遍的字符编码是（　　）。

　　A. BCD 码　　　　　B. 汉字编码　　　　　C. 机器码　　　　　D. ASCII

32. 数字字符"1"的 ASCII 的十进制表示为 49，那么数字字符"8"的 ASCII 的十进制表示为（　　）。

　　A. 56　　　　　　　B. 58　　　　　　　　C. 60　　　　　　　D. 54

33. 下列字符中，ASCII 值最小的是（　　）。

　　A. a　　　　　　　B. A　　　　　　　　C. x　　　　　　　　D. Y

34. 在 BCD 码中，1011 对应的是十进制数中的（　　）。

　　A. 7　　　　　　　B. 9　　　　　　　　C. 11　　　　　　　D. 13

35. 一个字长为 8 位的无符号二进制整数能表示的十进制数值范围是（　　）。

　　A. 0～256　　　　　B. 0～255　　　　　　C. 1～256　　　　　D. 1～255

36. 如果在一个非 0 无符号二进制整数之后添加一个 0，则此数的值为原数的（　　）。

　　A. 4 倍　　　　　　B. 2 倍　　　　　　　C. 1/2　　　　　　　D. 1/4

37. 传播计算机病毒的途径有（　　）。

　　A. 通过键盘输入数据时传入　　　　　　B. 通过电源线传播

　　C. 通过使用表面不干净的光盘传播　　　D. 通过网络传播

38. 操作系统是计算机系统中的（　　）。

　　A. 主要硬件　　　　B. 系统软件　　　　　C. 工具软件　　　　D. 应用软件

39. 在 ASCII 表中，英文字母 D 的 ASCII 是 01000100，英文字母 A 的 ASCII 是（　　）。

　　A. 01000001　　　 B. 01000010　　　　　C. 01000011　　　 D. 01000000

40. 将十进制整数 100 转换成无符号二进制整数，结果是（　　）。

　　A. 01100110　　　 B. 01101000　　　　　C. 01100010　　　 D. 11001000

41. 将十进制数 59 转换成无符号二进制整数，结果是（　　）。

　　A. 0101101　　　　B. 0111011　　　　　 C. 0111101　　　　D. 0111111

42. 关于计算机病毒，正确的说法是（　　）。

　　A. 计算机病毒可以烧毁计算机的电子器件

　　B. 计算机病毒是一种传染力极强的生物细菌

　　C. 计算机病毒是一种人为特制的具有破坏性的程序

　　D. 计算机病毒一旦产生，便无法清除

43. 计算机病毒的危害性表现在（　　）。

　　A. 造成计算机部分配置永久性失效

　　B. 影响程序的执行或破坏用户数据与程序

　　C. 不影响计算机的运行速度

　　D. 不影响计算机的运行结果

44. 下列 4 项中，不属于计算机病毒特征的是（　　）。

　　A. 潜伏性　　　　　B. 传染性　　　　　　C. 激发性　　　　　D. 免疫性

45. 计算机病毒具有（　　）。

　　A. 传播性、潜伏性、破坏性　　　　　　B. 传播性、破坏性、易读性

　　C. 潜伏性、破坏性、易读性　　　　　　D. 传播性、潜伏性、安全性

46. 防杀病毒软件的作用是（　　　）。
    A. 检查计算机是否感染病毒，并清除已感染的任何病毒
    B. 杜绝病毒对计算机的侵害
    C. 检查计算机是否感染病毒，并清除部分已感染的病毒
    D. 查出已感染的任何病毒，并清除部分已感染的病毒

47. 计算机病毒会造成（　　　）。
    A. CPU 的烧毁　　　　　　　　　　B. 磁盘驱动器的损坏
    C. 程序和数据的破坏　　　　　　　D. 磁盘的物理损坏

48. 网络"爬虫"是（　　　）。
    A. 网络中的蠕虫病毒　　　　　　　B. 网络数据采集机器人
    C. 一种杀毒软件　　　　　　　　　D. 用于网络数据交换的工具

49. 当收到来历不明的文件时，我们应该（　　　）。
    A. 直拉打开　　　　　　　　　　　B. 直接删除
    C. 用杀毒软件查杀　　　　　　　　D. 转发给其他人

50. 违反国家规定，侵入国家事务、国防建设、尖端科学技术领域计算机系统的行为，将处以（　　　）。
    A. 口头警告　　　　　　　　　　　B. 五年以下有期徒刑或者拘役
    C. 行政拘留　　　　　　　　　　　D. 三年以下有期徒刑或者拘役

# 第2章 Windows 10 操作系统

## 本章思维导图

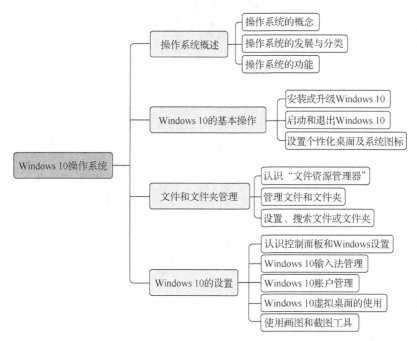

## 本章导学

在日常的工作、生活和学习中，计算机可以帮助我们提高效率、节约时间。操作系统作为用户与计算机之间沟通的桥梁，是计算机必不可少的一部分。计算机中的各个部件只有在操作系统的管理与控制下，相互协调、相互配合，才能有条不紊地工作。其他应用软件的良好运行，如 Office 办公软件等，都必须依赖操作系统。可以说操作系统是计算机运行的基石。

Windows 10 是微软公司继 Windows 8 之后发布的一款操作系统，与其他操作系统相比，具有任务视图和多虚拟桌面，可设置系统安全等特色，受到广大用户的喜爱。

## 学习目标

- 了解操作系统的基础知识。
- 熟悉 Windows 10 的基本操作。
- 熟练掌握 Windows 10 中文件及文件夹的基本操作。
- 熟练掌握 Windows 10 控制面板的操作。

- 熟练掌握 Windows 10 常用附件的使用。

## 2.1　操作系统概述

### 2.1.1　操作系统的概念

操作系统（Operation System，OS）是用于管理计算机全部硬件资源和软件资源，控制计算机程序运行，改善人机交互界面，为其他系统软件和应用软件提供支持的、最重要的系统软件。

操作系统通常是最靠近硬件的一层系统软件，它通过图形、图像及命令的方式，使计算机系统的使用和管理更加方便，计算机资源的利用效率更高，上层的应用程序可以获得更多的支持。

### 2.1.2　操作系统的发展与分类

#### 1. 操作系统的发展

从 1946 年第一台电子数字计算机诞生以来，操作系统的每一代更迭都以减少成本、缩小体积、降低功耗、增大容量和提高性能为目标。计算机硬件的发展加速了操作系统的形成和发展。

最初计算机没有操作系统，人们通过各种按钮来控制计算机，后来出现了汇编语言，制作人员通过有孔的纸带将程序输入计算机进行编译。这些将语言内置的计算机只能由制作人员自己编写程序并运行，不利于程序、设备的共用。为了解决这种问题，人们开发出操作系统，这样就实现了程序的共用，以及对计算机硬件资源的管理。

1976 年，美国 DIGITALRESEARCH 软件公司研制出了 8 位 CP/M 操作系统。这个操作系统允许用户通过控制台上的键盘对系统进行控制和管理，其主要功能是对文件信息进行管理，以实现其他设备文件或硬盘文件的自动存取。1981 年，微软公司在个人计算机领域推出了磁盘操作系统（Disk Operating System，DOS），可以直接管理硬盘的文件。

经过几十年的发展，操作系统被广泛应用于计算机和各种电子设备中。个人计算机中常见的操作系统有 DOS、Linux、Mac OS、Windows 等。

（1）DOS

在 1981—1995 年，DOS 在 IBM PC 兼容机市场中占有举足轻重的地位。DOS 是 1979 年由微软公司为 IBM 个人计算机开发的，它是一个单用户、单任务的操作系统。常见的 DOS 有 PC-DOS、DR-DOS，以及一些其他的 DOS 兼容产品。

DOS 非常实用，受到人们的普遍喜爱。1995 年微软公司正式推出 Windows 95 视窗操作系统后，DOS 才逐步淡出个人计算机操作系统市场。DOS 的界面如图 2-1 所示。

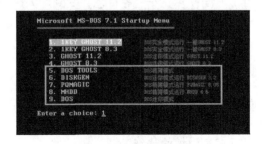

图 2-1　DOS 的界面

（2）Linux 操作系统

Linux 操作系统的功能可与 UNIX 和 Windows 相媲美，并且免费。林纳斯·托瓦兹被称为 "Linux 之父"。Linux 操作系统最初由托瓦兹开发，他将其源代码在网络上公开发布，激发了全球计算机爱好者的开发热情，许多人下载该源程序并按自己的想法完善某一方面的功能后再在网络上发布。经过不断的修改与完善，Linux 操作系统更加稳定，受众更广。Linux 操作系统的模块化设计结构，使其能够在服务器、工作站、个人计算机上运行，它还具有高效性、灵活性、多任务、多用户的特点。

由于 Linux 操作系统是开源的，因此市面上商用的版本很多，如 Debian、Redhat、Ubuntu、Open Suse、Mandriva、CentOS 等。CentOS 的图形化界面如图 2-2 所示。

图 2-2　CentOS 的图形化界面

（3）Mac OS

Mac OS 是由苹果公司研发的，专门运行于苹果公司 Macintosh 系列计算机上的操作系统。Mac OS 是基于 UNIX 内核的图形化操作系统，一般情况下在普通 PC 上无法安装，只能安装在 Mac 计算机上。近些年，随着苹果公司的不断发展壮大，使用 Mac OS 的用户也越来越多。图 2-3 所示为 Mac OS 的桌面。

图 2-3　Mac OS 的桌面

（4）Windows 操作系统

1985 年微软公司首次发布 Windows 操作系统——Windows 1.0。这个操作系统基本上就是 MS-DOS 的一个简单的图层。基于字符的 MS-DOS 是那时候大多数计算机使用的操作系统，因此 Windows 1.0 并没有得到广泛应用。

1995 年 8 月，微软公司正式发布了 Windows 95 视窗操作系统，这是一款在微软公司历史上具有里程碑式意义的操作系统。相对之前的版本，Windows 95 专注于桌面，并几乎对所有元素都引入图形按钮，可以说 Windows 95 开启了真正的图形界面时代。

进入 21 世纪，微软公司陆续推出 Windows XP、Windows 7、Windows 8 等多款操作系统。Windows XP 以 Windows 2000 的源代码为基础，具有稳定性、安全性、可管理性等优点。Windows 7 是继 Windows XP 之后推出的版本。Windows 7 使用了 Windows Server 2003 的底层核心编码，继续保留了 Windows XP 整体优良的特性，受到了广大用户的青睐。与其他操作系统相比，Windows 7 在安全性、可靠性及互动体验性三大功能方面也更为突出和完善。经典的 Windows XP 界面如图 2-4 所示。

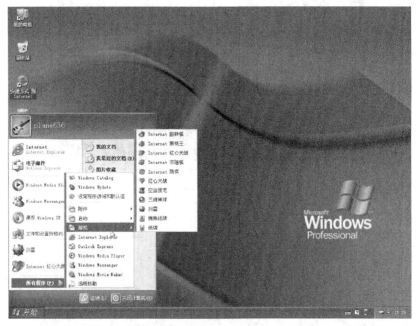

图 2-4　Windows XP 界面

2015 年 7 月，Windows 10 正式发布。与之前的操作系统相比，Windows 10 最大的特点是具有任务视图和多虚拟桌面。除此之外，它还具有自己的新增功能，例如可与附近的设备共享图片、连接移动设备等。

（5）移动终端操作系统

移动终端操作系统的运算能力及功能都比传统移动设备操作系统更强。移动设备使用较多的操作系统有 Android、iOS、Symbian、Windows Phone 和 Black Berry OS。它们之间的应用软件互不兼容。移动设备上的浏览器软件能够显示与个人计算机一致的正常网页，可以进行像在计算机网页上一样的操作。此外，移动终端操作系统具有良好的用户界面，还拥有很强的应用扩展性，能方便地安装和删除应用程序。下面简单介绍一下 Android 和 iOS 操作系统。

Android 操作系统是由谷歌公司开发的一款操作系统，主要应用于移动设备。2007 年 11 月 5 日，谷歌公司正式对外展示了 Android 操作系统。Android 操作系统最大的优势在于它基于开源的 Linux 语言，构建了一个开放式的系统生态圈，所以应用软件十分丰富；其缺点在于开源的环境会产生安全性问题，Android 操作系统也是手机病毒的主要攻击对象。

iOS 是由苹果公司开发的移动操作系统。苹果公司最早于 2007 年 1 月 9 日发布这个系统。该系统最初是设计给 iPhone 使用的，后来陆续套用到 iPod touch、iPad 及 Apple TV 等产品上。iOS 操作系统的特点在于操作流畅、应用程序丰富、用户界面精美等。

### 2．操作系统的分类

操作系统按功能分类，可以分为批处理操作系统、分时操作系统、实时操作系统、网络操作系统等、分布式操作系统、个人操作系统；按能否同时运行多个任务为标准，又可以分为单任务操作系统和多任务操作系统。下面按功能分类介绍操作系统。

（1）批处理操作系统

批处理操作系统的工作方式是用户将作业交给系统操作员，系统操作员将许多用户的作业组成一批作业输入计算机中，在系统中形成一个自动转接的连续的作业流，然后启动操作系统，系统自动、依次执行每批作业。最后由操作员将作业结果交给用户。批处理操作系统的特点是多通道和成批处理。

（2）分时操作系统

分时操作系统采用时间片轮转的方式，使一台计算机为多台终端机服务，保证每个终端机有足够的响应时间，并提供用于交互的会话功能。目前使用较广泛的多用户交互式操作系统是 Unix。

（3）实时操作系统

实时操作系统是随着将计算机应用于实时控制和实时信息处理领域而发展起来的，往往具有一定的专用性。它提供即时响应功能并具有较高的可靠性，如武器实时控制操作系统、银行业务操作系统等。

（4）网络操作系统

网络操作系统是基于网络体系结构协议标准开发的操作系统，其主要功能包括网络管理、通信、安全、资源共享和各种网络应用。在其支持下，网络中的各台计算机能互相通信和共享资源。

（5）分布式操作系统

简单地说，分布式操作系统与网络操作系统没有很大的区别。分布式操作系统也具有信息交换、资源共享、相互操作和协作处理的功能。二者的主要区别是网络操作系统有标准的网络协议，而分布式操作系统没有标准的网络协议。

（6）个人操作系统

个人计算机操作系统是个人计算机上的交互式单用户操作系统。它具有友好的用户操作界面，同时提供了较强的多媒体处理功能。此类操作系统主要是 Windows、Mac OS 等。

## 2.1.3　操作系统的功能

为了使操作系统能协调、高效和可靠地工作，同时给用户提供一种方便友好的使用环境，操作系统中通常都设有处理器管理、作业管理、存储器管理、文件管理、设备管理等功能模块。它们相互配合，共同完成操作系统各项功能。

### 1．处理器管理

处理器管理即 CPU 管理，主要解决的是如何将 CPU 运算时间合理地分配给各个程序的问题，使各种程序都能够高效运行。处理器管理最基本的功能是处理中断事件。处理器只能发现中断事件并产生中断而不能进行处理。配置了操作系统后，它就可对各种中断事件进行处理。处理器管理的另一个功能是处理器调度。处理器可能是一个，也可能是多个，不同类型的操作系统将针对不同情况采取不同的调度策略。

### 2．作业管理

在操作系统中，每个用户请求计算机系统完成的一个独立的操作称为作业。作业管理包括作业的输入、输出、调度与控制。当有多个用户同时要求使用计算机时，允许哪些作业进入，不允许哪些进入，对于已经进入的作业应当怎样安排其执行顺序，这些都是由作业管理功能模块来完成的。作业管理包括任务、界面、人机交互、语音控制和虚拟现实等方面的管理。

### 3．存储器管理

存储器管理主要是指针对内存储器的管理。其主要任务是分配内存空间，保证各作业占用的存储空间不产生矛盾，并使各作业在自己所属存储空间中不互相干扰。计算机要运行程序就必须有一定的存储空间。当多个程序都在运行时，如何分配存储空间才能最大限度地利用有限的存储空间为多个程序服务；当内存的存储空间不够用时，如何将暂时用不到的程序和数据转存到外存上去，而将急需使用的程序和数据调入内存中来，这些都是存储器管理要解决的问题。

### 4．文件管理

文件管理是指操作系统对信息资源的管理，解决如何管理以文件形式存储在磁盘、磁带等外存上的数据的问题。在操作系统中，负责存取管理信息的部分称为文件系统。文件是在逻辑上具有完整意义的一组相关信息的有序集合，每个文件都有一个文件名。文件管理支持文件的存储、检索和修改等操作，以及文件的保护功能。操作系统一般都提供功能较强的文件系统，有的还提供数据库系统来实现文件的管理工作。

### 5．设备管理

设备管理主要是对计算机中的输入、输出设备进行管理，保障操作系统的各项扩展功能得以正常使用。

## **2.2** Windows 10 的基本操作

在 Windows 10 中，"开始"菜单重新回归。因为"开始"菜单更符合大部分用户的使用习惯，所以现在越来越多的 Windows 7、Windows 8 用户都选择更新至 Windows 10。

### 2.2.1 安装或升级 Windows 10

当需要安装 Windows 10 时，可以考虑通过重新安装或升级的方式来实现。微软公司对存量的 Windows 7 和 Windows 8 用户提供了免费升级到 Windows 10 的服务。Windows 10 的桌面及系统信息如图 2-5 所示。

图 2-5　Windows 10 的桌面及系统信息

## 1．基本知识

（1）Windows 10 的新功能

与之前的 Windows 相比，Windows 10 具有以下特点。

① 生物识别功能。借助新的 3D 红外摄像头用户能够获取到 Windows 10 的新功能。例如，Windows 10 新增加的 Windows Hello 功能一般应用于指纹、面部或虹膜扫描登录系统等，具有一定的生物识别功能。有了 Windows Hello，用户只需要露一下脸，动动手指，就能立刻被运行 Windows 10 的设备所识别。这样进入系统不仅比传统使用输入密码的方式更加方便，也更加安全。

② 强大的 Cortana 和 Microsoft Edge 组合。Cortana 被称为微软小娜，是微软公司发布的一款个人智能助理，其功能类似苹果公司 iOS 中的 Siri。除了能够帮助用户搜索计算机中的文件资料，它还能够根据用户的喜好和习惯，帮助用户进行日程安排等。Cortana 的人机交互界面如图 2-6 所示。

图 2-6　人工智能助手 Cortana 的人机交换界面

Microsoft Edge 是微软公司为 Windows 10 配置的一款浏览器。与传统的 Internet Explorer 浏览器不同的是，Microsoft Edge 浏览器已经覆盖了桌面平台和移动平台。2020 年 1 月微软公司发布的 Microsoft Edge 放弃了原有的自身开发的 EdgeHTML 内核，转而使用了谷歌公司的 Chromium 内核，其使用的流畅程度和同步扩展功能都可以与 Google Chrome 相媲美。当 Microsoft Edge 内置了 Cortana 后，Cortana 将实时显示在地址栏中，在用户用 Microsoft Edge 浏览网页时，Cortana 会给出相关搜索建议，用户在需要的时候单击它提供的消息，就能够获取相应帮助。

③ 平板模式。Windows 10 不但提供了优化触控屏幕设备的功能，而且有传统桌面模式和平板电脑模式两个选择。用户可以根据自己的需求，将系统设置在平板电脑模式与桌面模式间自由切换。

④ 虚拟桌面。Windows 10 虚拟桌面的出现，使用户可以将不同的任务窗口放到不同的虚拟桌面之中，按"Win + Tab"组合键可进行自由切换。在单个显示的情况下，用户可以模拟多显示器分屏的效果，将工作、学习、娱乐等应用分隔开来，方便对桌面应用及其窗口进行操作处理。

⑤ "开始"菜单回归。Windows 10 将"开始"菜单与 Windows 8 的开始屏幕有机结合。当用户单击屏幕左下角的"Windows"按钮打开"开始"菜单之后，在左侧会显示系统关键设置按钮和应用列表，在右侧会出现标志性的动态图标和快捷方式。"开始"菜单的颜色还会随桌面背景改变。

⑥ 多任务视图按钮。在 Windows 10 的任务栏中，新增了 Cortana 和多任务视图按钮。在系统托盘内标准工具上，用户可以查看可用的无线 Wi-Fi 网络，也可以对系统音量和屏幕亮度进行调节。

⑦ 便利的通知中心。通知中心功能源自微软公司的移动操作系统 Windows Phone，此功能现已加入 Windows 10 中。用户可以通过通知中心方便地查看来自不同应用的通知，并可以使用通知中心底部提供的一些系统功能，如平板模式、便签和定位等功能。

⑧ 文件资源管理器升级。Windows 10 的文件资源管理器会在主界面左侧栏目中显示出用户常用的文件和文件夹，用户可以根据需求快速获取相关内容，也可以通过设置将该功能隐藏。

⑨ 兼容性与安全性增强。Windows 10 可以由 Windows 7、Windows 8 免费升级得到。在升级过程中，操作系统对固态硬盘、生物识别、高分辨率屏幕等部件进行了优化支持与完善，兼容性增强。Windows 10 除了继承之前版本操作系统的安全功能之外，还增加了 Windows Hello、Microsoft Passport、Device Guard 等安全功能。

⑩ 新技术的融合。Windows 10 对新技术进行了融合，如应用了 One Drive 云存储服务、人工智能 Cortana 等技术，深入地改进与优化了其易用性与安全性。

（2）BIOS

在个人计算机的兼容系统上，基本输入输出系统（Basic InputOutput System，BIOS）是一种业界标准的固件接口。BIOS 最早出现于 1975 年的微机操作系统 CP/M 中。BIOS 是个人计算机启动时加载的第一个软件，它可以对计算机中的 CPU 等硬件的参数进行设置，对 CPU 的虚拟化功能、磁盘启动顺序等进行相关配置。常见 BIOS 的界面如图 2-7 所示。

重新安装计算机的操作系统时，需要根据外部设备的不同对计算机的 BIOS 进行相应设置。例如，安装操作系统时使用的是光盘，则需要设置第一启动设备（First Boot Device）为"CD-ROM"，表示计算机从光驱启动；如果安装操作系统时使用的是 U 盘或移动硬盘，则应设置第一启动设备为"USB-HDD"。

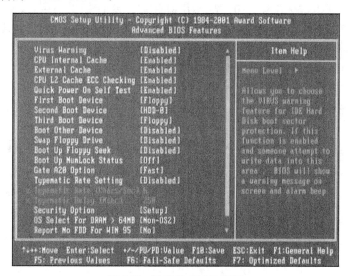

图 2-7　常见的 BIOS 界面

## 2．操作步骤

（1）全新安装 Windows 10

① 准备安装文件

无论使用什么方法全新安装 Windows 10，都必须准备好安装文件。如果是使用光盘来安装，需要准备好通过正规渠道购买的 Windows 10 安装光盘；如果是通过 U 盘来安装，则可以到微软公司的官方网站下载 Windows 10 的安装文件，如图 2-8 所示。

图 2-8　Windows 10 官网下载界面

② 制作操作系统启动盘

如果使用光盘安装 Windows 10，则不用制作启动盘；如果使用 U 盘等外置设备安装 Windows 10，则需要将外置 U 盘先制作为操作系统启动盘。制作启动盘的步骤如下。

- 将 U 盘插入 USB 接口。在格式化 U 盘之前，备份好 U 盘中的文件。
- 下载安装 UltraISO 软件后双击打开，找到并选择计算机中已经准备好的 Windows 10 镜像 ISO 文件，如图 2-9 所示。

图 2-9　加载 Windows 10 安装文件界面

- 选择"启动"→"写入硬盘映像…"命令，弹出"写入硬盘映像"对话框，如图 2-10 所示。单击"写入"按钮后格式化 U 盘并制作系统启动盘，如图 2-11 所示。

图 2-10　准备制作启动 U 盘界面

图 2-11　启动 U 盘写入映像文件进行中

● 待 Windows 10 镜像文件成功写入 U 盘后，操作自行停止，如图 2-12 所示。至此，一个带有引导启动安装盘制作成功，并且 U 盘内已经写入了 Windows 10 的安装文件。

图 2-12　启动 U 盘制作完成

③ 修改计算机 BIOS 的启动设置

启动并进入计算机的 BIOS，选择 boot device priority，即驱动引导顺序（注意：不同版本的 BIOS 菜单项可能不一样，请仔细查看英文选项）。将 USB-HDD 设为第一引导顺序，即可将 U 盘设置为计算机的启动盘，如图 2-13 所示。保存设置后退出 BIOS，重启计算机即可开始安装 Windows 10。

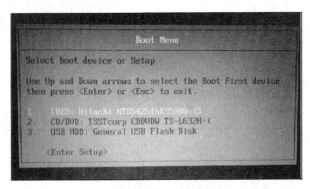

图 2-13　修改计算机 BIOS 的启动项

④ 安装 Windows 10

● 重新启动计算机后，BIOS 将自动寻找具有引导功能的 USB-HDD，优先从该设备启动计算机，并直接加载启动盘中写入的 Windows 10 安装引导程序，如图 2-14 所示。

● 安装引导程序加载完成后进入 Windows 10 安装配置界面，如图 2-15 所示。手动选择好"要安装的语言""时间和货币格式""键盘和输入方法"3 个选项的参数后，单击"下一步"按钮进入 Windows 10 开始安装界面，如图 2-16 所示。

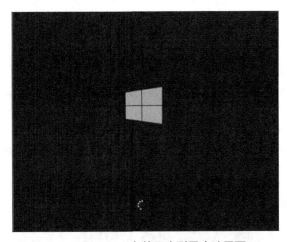

图 2-14　安装程序引导启动界面

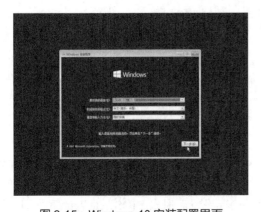

图 2-15　Windows 10 安装配置界面

图 2-16　Windows 10 开始安装界面

- 单击"现在安装"按钮后，启动 Windows 10 安装程序，如图 2-17 所示。
- 安装程序启动后，首先需要输入正版 Windows 的产品密钥以激活 Windows。该密钥可以在购买的 Windows 光盘的包装盒或者官方邮件中找到。

图 2-17　Windows 10 安装程序启动界面

- 输入产品密钥后单击"下一步"按钮，或者选择"我没有产品密钥"选项跳过激活 Windows 环节后，安装程序进入 Windows 操作系统的软件许可条款及声明界面。阅读条款后，勾选"我接受许可条款"复选框，单击"下一步"按钮继续 Windows 10 的安装。
- 随后进入安装类型选择界面。有"升级"和"自定义"两种安装类型。"升级"选项是指将原有操作系统升级到较新的版本，"自定义"选项是指安装新的 Windows 操作系统。此处选择"自定义：仅安装 Windows（高级）"选项进入下一个安装界面。
- 接下来要选择 Windows 安装的磁盘分区。当前计算机的磁盘并没有进行分区，大小只有 60GB，可以直接选择该分区，单击"下一步"按钮直接进行操作系统的安装。但是为了后续使用的方便，建议安装 Windows 10 的磁盘分区空间尽量分配得大一些。
- 接下来安装程序开始复制 Windows 文件到计算机的磁盘分区中，完成操作系统文件和功能的安装。安装过程中会显示其安装进度。
- 等待操作系统复制文件、展开文件、安装功能及安装更新后，计算机会在 10 秒后自动重启。
- 计算机重启后自动进入 Windows 10 第一次启动的准备阶段，如图 2-18 所示。这个阶段会出现一系列的提示，可按提示根据自己的习惯对相应选项进行设置。设置完成后，将停留在 Windows 用户登录界面，如图 2-19 所示。

图 2-18　Windows 10 启动准备阶段界面

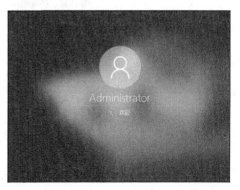

图 2-19　Windows 10 用户登录界面

● 输入用户登录密码后，单击"->"按钮或按"Enter"键，即可登录 Windows 10，进入桌面进行操作，如图 2-20 所示。

● 最后，建议操作系统安装成功后，重新进入 BIOS，将计算机的启动设备顺序改为本地硬盘为第一启动项，这样可以提高计算机的启动速度。

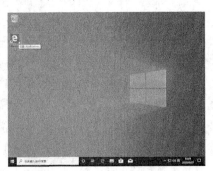

图 2-20　Windows 10 登录后的桌面

（2）升级安装 Windows 10

如果正在使用的操作系统是 Windows 7 或者 Windows 8，那么可以通过直接升级的方式，将操作系统更新为 Windows 10。微软公司会通过计算机控制面板中的 Windows Update 进行更新推送，用户可以选择相应选项进行更新。如果没有收到推送的更新提示，那么可以到 Windows 10 官方主页下载"Media Creation Tool.exe"工具。使用该工具可以在线升级到 Windows 10，也可以用它制作操作系统安装启动盘。

① 升级更新前检查

安装 Windows 10 对计算机的硬件系统有一定要求，其最低配置不得低于以下条件。

● CPU 处理器：双核以上处理器。

● 内存 RAM：2GB 以上（32 位），4GB 以上（64 位）。

● 系统盘分区可用空间：20GB 以上（32 位），40GB 以上（64 位）。

● 显卡：DirectX 9 或更高版本。

● 显示器（Display）：分辨率为 800 像素×600 像素或更高。

② 下载更新工具

进入微软公司官方网站的 Windows 10 更新主页，可看到图 2-21 所示的页面。单击"立即下载工具"按钮，下载名为"Media Creation Tool.exe"的操作系统升级更新工具。

图 2-21　Windows 10 官方升级下载工具界面

③ 下载并更新 Windows

• 双击运行"Media Creation Tool.exe",进入操作系统升级准备工作界面,如图 2-22 所示。

• 准备工作完成后单击"下一步"按钮,进入操作系统升级的声明和许可条款界面,如图 2-23 所示。

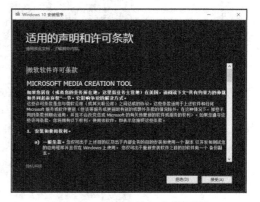

图 2-22　操作系统更新工具准备工作界面　　　　图 2-23　声明和许可条款界面

• 在声明和许可条款界面上单击"接受"按钮后,进入选择执行操作界面,如图 2-24 所示。此时有两个选项供用户选择。

第一个选项"立即升级这台电脑",用于直接对本机进行操作系统升级。

第二个选项"为另一台电脑创建安装介质",可以用 U 盘或其他移动设备来制作 Windows 10 的安装启动盘,与上一节使用 UltraISO 软件制作启动盘的效果一样。

• 选择第一个选项"立即升级这台电脑"后,单击"下一步"按钮进入升级 Windows 10 的语言、版本和体系结构选择界面,如图 2-25 所示。一般而言,语言都选"简体中文"选项,版本和体系结构则根据原操作系统而定。如果原操作系统是简易版或家庭版,则选择下载并升级为"Windows 10 家庭版"选项;如果原操作系统是专业版或旗舰版,则选择下载并升级为"Windows 10 专业版"选项。原操作系统是 32 位,则选择"32 位(x86)"选项;原操作系统是 64 位,则选择"64 位(x64)"选项。

图 2-24　系统更新工具执行操作选择界面　　　　图 2-25　选择语言及版本等参数界面

• 选择好对应的操作系统参数选项后,单击"下一步"按钮进入 Windows 10 的下载界

# 计算机应用基础教程（Windows 10+Office 2016）

面。执行 Windows 10 升级文件的下载操作需等待一段时间，其进度也会显示在当前界面上。

- 待操作系统升级文件全部下载完成后，升级程序会对下载文件的完整性进行验证，如图 2-26 所示，确保操作系统升级的文件完整可用。验证完成后，单击"下一步"按钮进入创建 Windows 10 介质阶段。

图 2-26　操作系统升级文件的校验界面

- 在该阶段升级程序会将下载的操作系统升级文件进行整合，创建一个可用于当前 Windows 环境的可执行程序。执行创建 Windows 10 介质的过程如图 2-27 所示。
- 创建升级 Windows 10 的介质后，单击"下一步"按钮，升级程序显示加载更新准备界面，如图 2-28 所示。

图 2-27　创建 Windows 10 介质的界面

图 2-28　Windows 10 加载更新准备界面

- 准备进度完成后，操作系统升级程序会自动检查计算机配置是否符合要求，内存需要 2GB 以上，C 盘可用空间要求在 20GB 以上，如图 2-29 所示。
- 如果配置符合，单击"下一步"按钮进入就绪界面，提示"准备就绪，可以安装"，如图 2-30 所示。单击"下一步"按钮进行 Windows 10 的升级安装。
- 上面的步骤完成后会重新进入安装 Windows 10 的界面，如图 2-31 所示。执行操作系统升级操作的过程中，升级程序会自动对计算机进行 3 次重新启动，更新程序界面会提示当前升级更新的进度，如图 2-32 所示。

图 2-29　计算机硬件配置检查界面

图 2-30　操作系统更新准备就绪界面

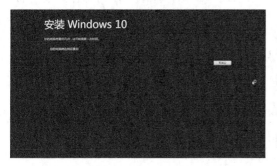

图 2-31　安装 Windows 10 的界面

图 2-32　Windows 10 升级更新进度显示界面

● 安装完成后，进入 Windows10 配置过程，用户根据个人情况进行配置后就可以正常使用 Windows 10 了。

### 2.2.2　启动和退出 Windows 10

#### 1．基础知识

（1）Windows 10 的几种状态

① 启动状态

Windows 10 的启动状态就是它的正常使用状态。启动 Windows 10 的操作非常简单，在计算机关闭的状态下接通电源，按下主机电源键，安装好的 Windows 10 会自动进入启动状态。再次启动 Windows 10 时，只需要按主机电源键启动计算机即可。如果计算机安装有多个操作系统，可通过启动时显示的 BIOS 界面选择操作系统，按"↑"或"↓"键来进行选择，然后按"Enter"键启动对应的操作系统，随后显示该操作系统的登录界面。登录后，就可以正常使用计算机了。

② 关闭状态

Windows 10 的关闭状态是指计算机没有运行该操作系统，而不是指计算机的关机状态。一般情况下，关闭计算机是通过控制操作系统来实现的，而不是直接断电。在关闭计算机前，必须先退出 Windows 10。直接断电或强制关机将导致操作系统文件丢失或损毁正在运行的程序，还有可能导致下次无法正常启动。下次启动前，操作系统将自动执行自检程序，以检查操作系统文件是否正常。

例如某台安装有 Windows 10 的计算机因操作系统文件损毁而无法正常启动，则此时计算机属于开机状态，但 Windows 10 无法启动，处于操作系统启动异常状态，那么这也是操作系统处于关闭状态的一种特殊情况。

③ 睡眠状态

睡眠是计算机暂时闲置，为了降低计算机能耗，延长其使用寿命的一种方法。进入睡眠状态的计算机可以被迅速唤醒，操作系统重新恢复为正常状态。将操作系统切换到睡眠状态后，操作系统会将内存中的数据全部转存到硬盘上的临时文件中，然后关闭除了内存外所有设备的供电，让内存中的操作系统关键数据依然维持运作。如果在睡眠过程中供电没有发生过异常，当用户想要使用计算机时，按计算机的任意键，都可以直接将操作系统从内存中的数据迅速唤醒，并快速地从操作系统临时文件中恢复到原状态。但如果睡眠过程中供电出现了中断，则操作系统将自动关闭，其保持的睡眠状态和相应数据也将丢失。

④ 休眠状态

当计算机较长时间不需使用，但又需要保持当前运行状态，休眠可以将操作系统各种正在运行的程序和数据落盘在硬盘文件中暂存，待下次启动操作系统后直接加载之前暂存的数据，快速将操作系统及运行的程序恢复至休眠前的状态。休眠模式是完全不耗电的，因此操作系统进入休眠状态后，计算机可以断电而不用担心数据丢失。这点是休眠状态与睡眠状态的最大区别。

（2）鼠标基本操作

普通鼠标一般有左、右两个键和一个滚轮按键，每个键都有不同的功能。这些不同功能是操作 Windows 10 的重要手段，下面分别介绍。

① 左键（主键）

一般来说，鼠标左键用得较多，能完成较多的功能。

● 单击：按下鼠标左键，其作用是选中鼠标指针指向的对象。

● 双击：连续快速按鼠标左键两下，其作用是激活鼠标指针指向的对象。若对象是应用程序，则运行该应用程序；若对象是文件或文件夹，则打开该文件或文件夹。例如，把鼠标指针移到桌面上的"此电脑"图标处，双击，就能打开"文件资源管理器"窗口显示本地计算机的磁盘分区情况。

● 拖放：用鼠标指针选中一个对象后，按住鼠标左键的同时移动鼠标指针，将屏幕中选中的对象移动到指定位置。这个操作是由"选定""拖动"和"放开"3 个动作组成的，其作用是对操作的对象进行移动或者复制。

② 右键

单击鼠标右键（简称右击）不但能选中目标，而且还会弹出一个快捷菜单。右击选中对象时，弹出的快捷菜单能帮助用户快速完成某些操作。在窗口的不同位置右击，会弹出不同的快捷菜单。

③ 滚轮

用户在浏览网页或文本时，可向前或向后滚动滚轮对浏览的内容进行翻页查看。在其他情况下，滚轮还有其他丰富的用途，例如按下滚轮实现页面定位的移动等。

2．操作步骤

（1）启动 Windows 10

开机后首先进入登录界面，如果用户设置了登录密码，则在该界面中单击用户图标，会弹出"输入密码"文本框。用户在该文本框中输入正确密码后，按"Enter"键即可进入加载个人设置、网络连接等提示界面，随后进入 Windows 10。

（2）退出 Windows 10

用户在关闭计算机之前，必须先退出 Windows 10，否则将丢失或破坏正在运行的文件和程序。如果用户直接切断电源或者强制关机，而没有先退出 Windows 10，系统将认为是非法的关机，下次开机时，系统将自动执行自检程序。关闭计算机的具体步骤如下。

① 保存并关闭已经打开的文件和应用程序。

② 单击任务栏中的"开始"按钮，在弹出的"开始"菜单中单击"电源"按钮，显示操作列表，如图 2-33 所示。单击"关机"按钮，即可安全地关闭计算机。

用户也可以根据实际情况，在上述步骤中单击对应的选项按钮，实现对计算机的"重启""休眠""睡眠"等操作。

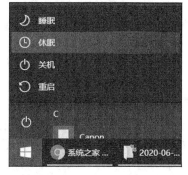

图 2-33　Windows 10 的电源选项

### 2.2.3　设置个性化桌面及系统图标

熟悉 Windows 7 或 Windows 8 的用户在使用 Windows 10 时可能会有一些不适应。原因在于 Windows 10 相对传统 Windows 操作系统有了较多修改。下面来学习在 Windows 10 下如何设置系统桌面和常用图标。

#### 1．基础知识

（1）Windows 桌面

Windows 桌面是指打开计算机并成功登录操作系统之后看到的显示器主屏幕区域，是计算机专业用语，也称为 Desktop。桌面包括任务栏和桌面图标，桌面文件夹一般位于相应的用户文件夹中，假设 Windows 10 操作系统的分区为 C 盘，当前用户为 USER，则 USER 的桌面文件夹位置为 "C:\Users\USER\Desktop"。

当用户启动计算机并登录进入 Windows 10 后，在屏幕上显示的就是 Windows 10 的桌面。用户可以在桌面上存放经常使用的应用程序和文件夹，还可以根据自己的需要在桌面上添加各种快捷图标，在使用时双击图标就能够快速启动相应的应用程序或打开相应的文件。

（2）"开始"菜单

与之前各版本 Windows 的"开始"菜单不同的是，Windows 10 采用了多列形式来显示相应菜单的命令功能。Windows 10 的"开始"菜单分为 3 个区域：设置区、应用区、磁贴区。

① 设置区

设置区常见的图标有"电源""设置""文件资源管理器""账户""个人文件夹""图片"等，供用户方便地进行快捷操作。此区域显示的图标用户可以根据实际需要自行设置。

② 应用区

在设置区右侧，有当前计算机中已安装所有应用程序的列表清单，且是按照数字 0~9、英文名称开头 A~Z、中文拼音 A~Z 的顺序依次排列的。任意选择其中一款应用程序，单击其快捷方式或右击，在弹出的快捷菜单中选择"更多"→"以管理员身份运行"命令，即可启动该应用程序。

③ 磁贴区

Windows 10 的"开始"菜单的磁贴区不仅可以显示已安装软件的快捷方式，还可以显示天气、相册等操作系统小程序。同时，与手机操作系统的桌面一样，磁贴区还支持文件夹形式，将一个磁贴拖动到另一个磁贴上，这两个磁贴将自动合并到一个文件夹中，并且可以对该文件夹进行命名。用户可以根据自己的喜好调整磁贴的大小和位置。

如果在应用区中的某个应用程序没有固定到磁贴区，则右击应用程序菜单，在弹出的快捷菜单中选择"固定到'开始'屏幕"命令，即可将此应用快捷方式添加到磁贴区中；否则会显示"从'开始'屏幕取消固定"命令，选择后可以从磁贴区中移出此应用快捷方式。选择"卸载"选项，可以快速对此应用进行卸载操作。选择"更多"选项，将弹出更多的选项窗口。

（3）任务栏

Windows 10 的任务栏默认位于桌面最下方，如图 2-34 所示。它是 Windows 10 桌面的重要组成部分。任务栏在锁定状态下不能移动，但解锁后可将任务栏移动到桌面四周的任意方向。默认状态下，任务栏上会显示搜索栏、"Cortana"按钮和任务视图按钮等。除此之外，任务栏中还会显示所有运行应用程序的窗口按钮。在 Windows 10 中，如果用户同时打开了多个应用程序，那么每个应用程序都用一个按钮在任务栏中显示，其中有一个按钮颜色较亮，表明这个窗口是当前活动窗口。通过单击任务栏中的按钮可以在各个打开的应用程序窗口之间进行切换。

图 2-34　Windows 10 的任务栏

（4）常用操作系统图标

Windows 10 常用的图标有 4 个：个人文件夹、此电脑、网络、回收站，如图 2-35 所示。

图 2-35　Windows 10 的常用图标

① 个人文件夹

个人文件夹是一个以用户名命名的文件夹，如"Administrator"，它是一个便于存取的、放在桌面上的文件夹，其中保存的文档、图形或其他文件可以得到快速访问，它是用来保存用户信息的个人文档。该文件夹中还有 Favorites、保存的游戏、联系人、链接、搜索、我的视频、我的图片、我的文档、我的音乐、下载及桌面等子文件夹。Windows 10 除了提供了一个供所有用户公用的用户文件夹外，还为每一个用户分配了一个用户文件夹，该文件夹的内容只有用户自己能看到。

② 此电脑

在 Windows 10 中，整个计算机中的资源都可以通过双击"此电脑"图标直接或间接地找到。在之前版本的 Windows 中，该图标叫"我的电脑"或"计算机"。通过双击"此电脑"图标可以查看管理计算机中的所有资源，如查看计算机中的所有内容、管理文档、安装硬件及启动应用程序等。

③ 网络

双击"网络"图标可以显示网络中可以访问的计算机和共享资源。如果用户的计算机连接在局域网上，可通过双击"网络"图标查看网络中其他计算机的共享文件等内容。

④ 回收站

回收站是被用户删除的文件的临时存放处。一般情况下，用户删除的文件并没有从硬盘上清除，而是暂时放在回收站里，用户可以把不小心删除的有用文件恢复原状。在选择"清空回收站"命令后，回收站里的文件将被彻底删除。

（5）分辨率

分辨率是指构成一个图像的像素总和，一般用"水平像素个数×垂直像素个数"来表示。例如某图像的分辨率为 1 920 像素×1 080 像素。它通常用于判断图像、显示器、印刷物等的清晰度，可以分为显示分辨率、图像分辨率和印刷分辨率。

① 显示分辨率

显示分辨率是指显示器在显示图像时能显示的像素的多少，其数值是整个显示器所有可视面积上水平像素和垂直像素的乘积，一般用屏幕横向与纵向最多能够显示像素个数来表示。例如"1 440×960"，表示屏幕水平方向上最多能显示 1 440 个像素，垂直方向上最多可显示 960 个像素。屏幕大小一样的情况下，分辨率越高，则显示越清晰。

② 图像分辨率

图像分辨率是指图像中存储的单位信息量，即每英寸（1 英寸=2.54 厘米）图像内有多少个像素，分辨率的单位为像素/英寸（Pixels Per Inch，PPI）。单位面积内的像素个数越多，图像就越清晰。

③ 印刷分辨率

为了保证印刷品的质量，必须为印刷文件选择合适的印刷分辨率，它决定了印刷品的最终清晰程度。印刷分辨率与图像分辨率一样，也是指单位英寸内印刷点的多少，一般用单位点/英寸（Dots Per Inch，DPI）来表示。印刷分辨率越高，则打印或印刷的精度越高，印刷品就越清晰。例如，日常打印照片的分辨率为 300dpi。

**2. 操作步骤**

（1）设置个性化桌面

Windows 10 沿用了 Windows 7、Windows 8 中的用户个性化设置功能，让用户可轻松自由地对桌面的背景、图标、主题等进行设置。

① 在桌面空白处右击，在弹出的快捷菜单中选择"个性化"命令，即可进入个性化设置界面。默认进入桌面"背景"的设置界面。

② 选择"背景"选项，在弹出的下拉列表中会显示"图片""纯色"和"幻灯片放映"3 个选项，如图 2-36 所示。

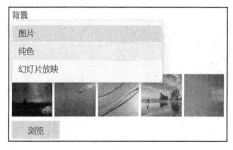

图 2-36　桌面"背景"选项

③ 选择"图片"选项，可以继续单击图片列表下方的"浏览"按钮，弹出"打开"对话框，选择计算机中已保存一张的图片作为桌面背景。根据图片的大小和分辨率，可以在"选

择契合度"下拉列表中进行相应选择，如图 2-37 所示。该下拉列表中各选项的含义如下。

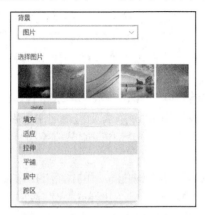

图 2-37　桌面背景图片"选择契合度"下拉列表

● 填充：图片等比缩放，按图片的高度来适应屏幕的高度以达到填充屏幕的效果。如果图片分辨率、比例与屏幕不一致，则在水平方向上图片会有部分无法显示。

● 适应：图片等比缩放，将图片的宽度缩放到与屏幕宽度一致，也就是在保持图片比例不变的同时最大化显示图片。若图片比例不一致，可能会使纵向上图片无法盖住所有背景，这时会用背景颜色填充。

● 拉伸：图片不按比例缩放，根据屏幕的显示分辨率拉伸，使得背景图片占满桌面。

● 平铺：当图片较小时，背景图片会在横向和纵向上进行重复，直到排满整个屏幕。

● 居中：图片处于水平线中间，也就是屏幕中间。

● 跨区：当有多个显示器显示和背景图片分辨率较高时，图片被分开在不同显示器上显示，适用于室外大屏、商业幕布等情况。

④ 选择"纯色"选项，则桌面将以选择的颜色作为背景全屏填充，如图 2-38 所示。还可以单击"自定义颜色"，在色域中选择某一颜色后单击"完成"按钮，将其作为桌面背景的颜色，如图 2-39 所示。

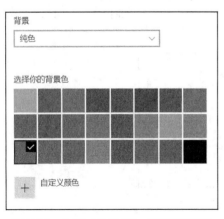

图 2-38　选择"个性化"桌面背景颜色

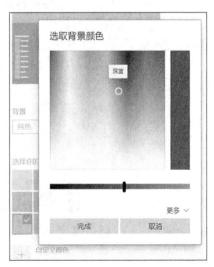

图 2-39　自定义"个性化"桌面背景颜色

⑤ 选择"幻灯片放映"选项，则桌面背景以"为幻灯片选择相册"中存在的图片为桌面背景图片列表，通过"图片切换频率"、是否"无序播放"等选项设置来进行轮播切换，以达到桌面背景像幻灯片一样定时切换成不同图片的效果。但设置此选项会占用一定的计算机资源，在计算机性能不高的情况下，建议谨慎启用。

⑥ 在个性化设置窗口左侧选择"颜色"选项，可以自定义 Windows 10 的"开始"菜单、任务栏、窗口的背景颜色和文字颜色。用户可以根据自己的喜好来设置默认 Windows 模式和默认应用模式的背景颜色及亮、暗程度，并在颜色列表选择一种颜色作为主题色。

（2）设置桌面图标

新安装的 Windows 10 在第一次使用的时候，只有"回收站"和"Microsoft Edge"两个图标。可以为默认桌面添加一些常用的图标，以方便日常使用。

① 在桌面空白处右击，在弹出的快捷菜单中选择"个性化"命令，即可进入个性化设置界面。

② 在左侧选择"主题"选项，进入"主题"设置界面，并单击右侧的"桌面图标设置"，弹出"桌面图标设置"对话框。

③ 在"桌面图标设置"对话框勾选"计算机""回收站""用户的文件""控制面板"和"网络"复选框，再单击"确定"按钮。回到桌面就会发现刚才选择的这几个图标都已经出现了。

（3）设置显示分辨率

计算机的最高分辨率主要由显示器、显卡的性能决定。设置显示分辨率的步骤如下。

① 在桌面空白处右击，在弹出的快捷菜单中选择"显示设置"命令，即可进入"显示"设置界面，如图 2-40 所示。

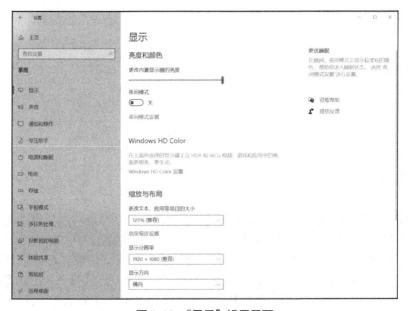

图 2-40　"显示"设置界面

② 在窗口中间的"缩放与布局"选项组中，可以设置"更改文本、应用等项目的大小""高级缩放设置""显示分辨率""显示方向"和"多显示器设置"等选项。

③ 在"显示分辨率"下拉列表中选择合适的分辨率后，弹出"是否保留这些显示设置？"

的提示。如单击"保留更改"按钮，则修改的设置即刻生效；如单击"恢复"按钮，则修改的设置将被取消，即保持原有设置。

当将"显示分辨率"设为 1 920 像素×1 080 像素，甚至更高的分辨率时，会使屏幕显示的文字过小而不太容易看清。此时，可以选择设置"更改文本、应用等项目的大小"和"高级缩放设置"选项，自定义文本及应用的显示缩放比例，将文本显示调整至合适的大小。"高级缩放设置"界面如图 2-41 所示，在"自定义缩放"处的文本框中输入一个 100%~500% 的数值，单击"应用"按钮即可将屏幕显示设置为自定义缩放比例。

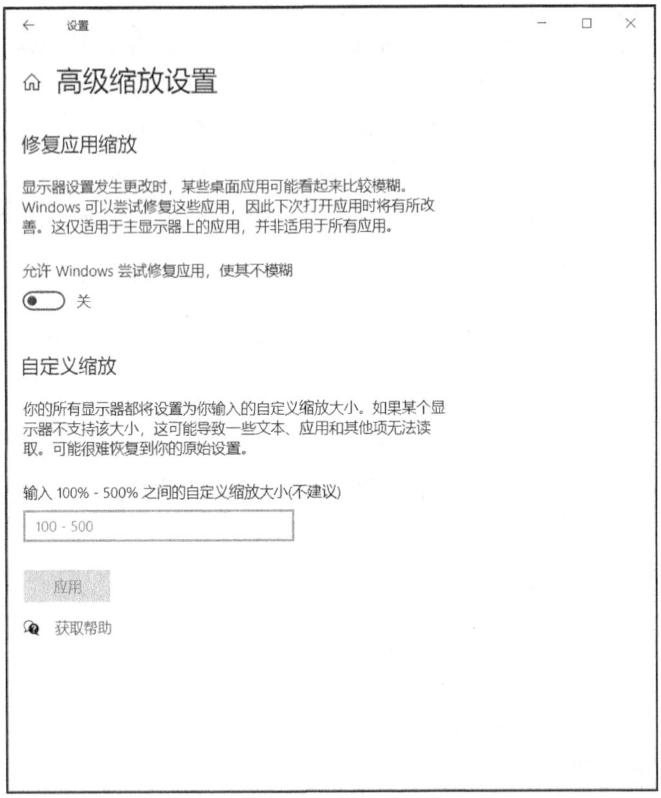

图 2-41　"高级缩放设置"界面

## 2.3　文件和文件夹管理

文件与文件夹管理是操作系统的存储器管理功能和文件管理功能的重要体现。计算机要处理和管理的数据信息都以各种类型的文件形式存储在存储器中。在 Windows 10 中，用户可以通过"此电脑"和"文件资源管理器"对计算机内的文件或文件夹进行管理。

下面利用 Windows 10 的文件管理功能来管理文件资源。要求如下：在计算机的 C 盘中新建一个名为"计算机应用基础"的文件夹，该文件夹中包含 6 个子文件夹，分别为"第 1章 计算机基础知识""第 2 章 Windows 10 操作系统""第 3 章 文档编辑软件 Word 2016""第 4 章 表格处理软件 Excel 2016""第 5 章 演示文稿软件 PowerPoint 2016""第 6 章 计算机网络"，如图 2-42 所示。每个子文件夹中都包含各章知识主要内容文档和 PPT 文件，如图 2-43 所示。

图 2-42　"计算机应用基础"文件夹整体结构

图 2-43　"计算机应用基础"子文件夹结构

## 2.3.1　认识"文件资源管理器"

### 1. 基础知识

（1）文件和文件夹

文件是存储在存储介质（如磁盘、光盘等）上的一组相关数据信息的集合，文件是 Windows 10 中最基本的信息存储单位。文件名称由"主文件名+扩展名"两部分构成。一般主文件名表示文件的名称，扩展名表示文件的类型。

文件夹是在计算机中存放的一组相关文件或文件夹的集合。文件夹没有扩展名。

（2）文件资源管理器

"文件资源管理器"是 Windows 10 中的一个重要工具，用于管理文件和文件夹。"文件资源管理器"窗口如图 2-44 所示。该窗口中显示了计算机中所有经过分类的文件资源，按"下载""图片""视频""音乐"等进行分类归纳，单击对应的图标即可进行访问和管理。

（3）常用的快捷键

用户通过键盘可以将英文字母、数字、标点符号等输入计算机中，从而向计算机发出命令、管理数据等。操作计算机时适当地使用快捷键，可以提高操作速度，从而提高工作效率。

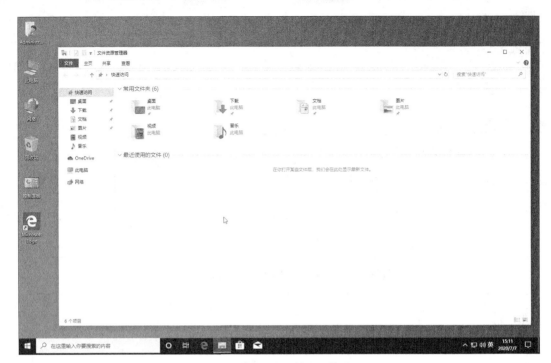

图 2-44　"文件资源管理器"窗口

Windows 10 中常用的快捷键如表 2-1 所示。

表 2-1　Windows 10 中常用的快捷键

| 快捷键 | 功能描述 |
| --- | --- |
| Alt+Tab | 在最近打开的两个程序窗口之间进行切换 |
| Alt+Esc | 按照打开的时间顺序，在窗口之间循环切换 |
| Ctrl+Esc 或 Win | 打开"开始"菜单 |
| Alt+□ | 打开控制菜单 |
| Alt+F4 | 退出程序 |
| Ctrl+Shift | 在计算机安装的输入法之间切换 |
| Ctrl+Alt+Delete | 打开任务管理器 |
| Ctrl+A | 全部选中 |
| Ctrl+X | 剪切 |
| Ctrl+C | 复制 |
| Ctrl+V | 粘贴 |
| Ctrl+Z | 撤销 |

（4）窗口的基本构成

Windows 操作系统也被称为视窗操作系统，其特点是利用一个个窗口将计算机中的软、硬件资源展示给用户，并让用户在窗口中进行操作。一般而言，一个标准的 Windows 窗口包括标题栏、菜单栏、工具栏、窗口主区域和状态栏等，如图 2-45 所示。

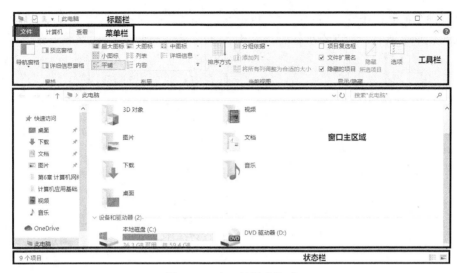

图 2-45　窗口的基本构成

① 标题栏

标题栏中通常会显示窗口、应用程序及打开文件的名称，以方便用户区分。当打开多个窗口时，高亮度显示的为当前活动窗口。标题栏最左侧是控制菜单，最右侧是与控制菜单对应的控制按钮，分别为"最小化""最大化/还原"和"关闭"按钮。

② 菜单栏

菜单栏是窗口中所有操作命令的集合。Windows 10 在之前版本的基础上做出了较大修改。Windows 10 默认使用选项卡式的菜单栏，将菜单对应的工具全部集中在选项卡面板上展示。

③ 工具栏

工具栏也是操作命令的集合，以图像的形式展现给用户，便于操作。Windows 10 中的工具栏和菜单栏是选项卡一体式的，这是 Windows 10 与之前版本的区别之一。

④ 窗口主区域

窗口主区域中显示的是窗口对象。如果窗口主区域不足以显示窗口中的所有对象，窗口的下方和右侧就会出现垂直滚动条和水平滚动条。拖动滚动条即可查看当前窗口中未显示的对象。

⑤ 状态栏

状态栏用于显示主窗口中选中对象的信息。

（5）菜单的分类

从形式上可以将菜单分为主菜单、快捷菜单、级联菜单（子菜单）、控制菜单 4 类。每一个 Windows 窗口都有自己的主菜单、快捷菜单和控制菜单，这些菜单和鼠标操作一起构成了 Windows 操作系统的框架。

① 主菜单：窗口菜单栏上的菜单，通常简称为菜单，如"文件""计算机""查看"菜单等。

② 快捷菜单：右击操作对象弹出的菜单。它通常是选中对象的基本操作命令的集合。在窗口不同的地方右击，会弹出不同的快捷菜单。

③ 级联菜单：带有 ﹥ 符号的菜单。选择后在箭头一侧会出现该菜单的子菜单。

④ 控制菜单：用于控制应用程序窗口或文档窗口大小的菜单。通常控制应用程序窗口的控制菜单位于标题栏上的左上角。

菜单或命令的状态不同，表示的含义也不同，如图 2-46 所示。例如，菜单或命令显示为灰色，说明该菜单或命令当前不可执行；菜单名称后带有符号＞，说明该菜单有下级子菜单；命令名称后带有…符号，说明该命令不会立即执行，还有下一步对话框中的操作；命令名称前带●符号，说明该命令已被选定；命令名称后面带有字符或组合键，表示该命令有热键或快捷键。

图 2-46　菜单命令的标记

### 2．操作步骤

（1）打开文件资源管理器

在 Windows 10 中文件资源管理器也叫"File Explorer"，打开它的方法有很多，下面介绍常用的几种。

① 在 Windows 10 桌面上单击"开始"菜单，在所有应用程序列表中选择"Windows 系统"→"File Explorer"选项，即可打开"文件资源管理器"窗口，如图 2-47 所示。

② 在任务栏"开始"菜单处右击，在弹出的快捷菜单中选择"文件资源管理器"命令，的打开"文件资源管理器"窗口，如图 2-48 所示。

图 2-47　"File Explorer"选项

图 2-48　"文件资源管理器"命令

③ 单击"开始"菜单，输入"资源管理器"，利用 Windows 10 的搜索功能直接在操作系统中搜索匹配，在结果列表中会出现"File Explorer"，如图 2-49 所示。单击即可打开"文件资源管理器"窗口。

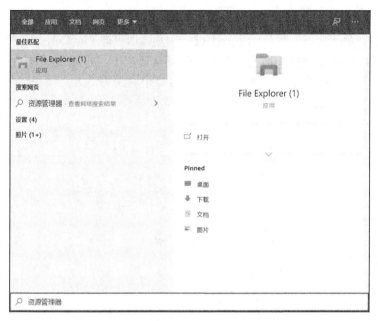

**图 2-49　搜索"文件资源管理器"**

"文件资源管理器"窗口如图 2-50 所示。

**图 2-50　"文件资源管理器"窗口**

（2）操作文件资源管理器

① 移动

打开"文件资源管理器"窗口后，将鼠标指针停留在窗口标题栏上，按住左键不放，可以随意移动该窗口。Windows 10 沿用了 Windows 7 和 Windows 8 中的桌面窗口操作，在移动某窗口的过程中如果鼠标指针触碰桌面最左、右两侧，松开鼠标左键后该窗口将半屏显示；如果鼠标指针触碰桌面顶端边缘，松开鼠标左键后该窗口将全屏显示。

② 改变大小

拖动"文件资源管理器"窗口的 4 条边或 4 个角，即可改变窗口尺寸。单击"控制菜单"按钮，在弹出控制菜单中选择相应的命令也可改变窗口大小，如图 2-51 所示。单击标题栏右侧的"最小化""最大化/还原"按钮，可以分别将窗口调整为最大、最小化等状态。

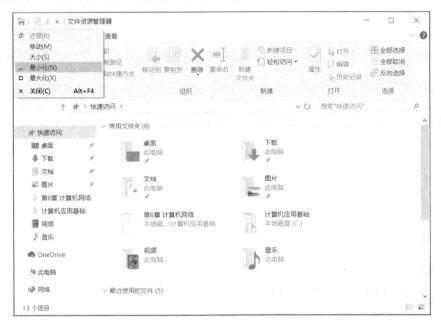

图 2-51　窗口的控制菜单

③ 切换窗口

单击窗口或单击任务栏中的窗口按钮，可随意切换窗口。另外，也可以按"Tab+Alt"组合键来切换窗口。

④ 关闭窗口

关闭窗口的方法有多种，可以根据实际情况选择。单击标题栏右侧的"关闭"按钮，按"Alt + F4"组合键，双击窗口中的"控制菜单"按钮都可以完成窗口的关闭操作。

### 2.3.2　管理文件和文件夹

在日常的学习与工作中，我们需要使用计算机来处理各种文件，并按文件的内容、类型等特征对其进行分类归纳。接下来就学习利用 Windows 10 的文件资源管理器来对文件和文件夹进行管理。

#### 1. 基础知识

（1）文件及文件夹命名规则

文件名由主文件名和扩展名两部分组成，中间用"."隔开。如"公司简介.html"中"公司简介"为主文件名，"html"为扩展名，代表文件类型。

在 Windows 10 中，文件的主文件名不能够随意给定，它有一套严格的命名规则，具体如下。

① 在文件和文件夹的名字中，最多可使用 255 个字符。若用汉字命名，最多可以使用 127 个汉字。

② 组成文件或文件夹名字的字符可以是空格等符号，但不能使用以下 9 种字符：\、/、:、*、?、""（英文双引号）、<、>、|，如图 2-52 所示。

图 2-52　非法命名字符提示信息

③ 在同一个文件夹下，不能出现相同名字的文件。

④ 文件和文件夹的名字不区分英文字母大小写。例如，"Abc.Txt"和"aBC.TXT"完全相同。

⑤ 文件和文件夹的名字中可以有多个"."，但扩展名以最后一个"."之后的为准。例如文件"They.are.students.txt"的扩展名为 txt。

（2）常见文件的类型

".exe"".com"".bat"等文件可以直接在 Windows 中执行，其他一些类型的文件则需要使用不同的软件来打开。表 2-2 所示为常用文件类型及其扩展名。

表 2-2　常用文件类型及其扩展名

| 文件类型 | 扩展名 |
| --- | --- |
| 文本文件 | txt、rtf |
| 压缩文件 | zip、rar |
| Office 文档 | doc、docx、xls、xlsx、ppt、pptx |
| 图片文件 | bmp、gif、jpg、jpeg、png、tiff |
| 声音文件 | mp3、mid、wav |
| 视频文件 | avi、mpg、rm、mkv |

（3）磁盘与路径

计算机磁盘是用来标识存储器的一种符号，分为内置硬盘和外置存储器。

文件路径是指文件在存储介质上的存放位置，一般是指该文件存放的文件夹目录的顺序位置关系。路径分为绝对路径和相对路径。绝对路径从分区盘符的根路径开始，例如 C 盘下的某个文件的绝对路径为"C:\windows\system32\cmd.exe"。相对路径则是指该文件所在的路径与其他文件或文件夹的路径的相对位置关系。例如当前文件夹 A 的绝对路径为"C:\windows"，另一文件 B 的绝对路径为"C:\windows\system32\cmd.exe"，则相对文件夹 A 来说，文件 B 的相对路径为"..\system32\cmd.exe"。

2. 操作步骤

（1）创建文件和文件夹

下面在计算机的 C 盘中创建一个命名为"计算机应用基础"的文件夹，并在该文件夹中分别创建一个名为"Windows 10 主要内容"的文本文档和一个名为"第 2 章 Windows 10 操作系统"的子文件夹。完成后继续创建 5 个文件夹和文本文档。具体操作步骤如下。

● 首先单击任务栏最右侧的"显示桌面"按钮回到桌面。

● 打开"文件资源管理器"窗口，并单击"本地磁盘（C:）"，定位到需要创建文件夹的路径。

● 在"本地磁盘（C:）"的空白处右击，从弹出的快捷菜单中选择"新建"→"文件夹"命令，并输入"计算机应用基础"为文件夹命名，如图 2-53 和图 2-54 所示。

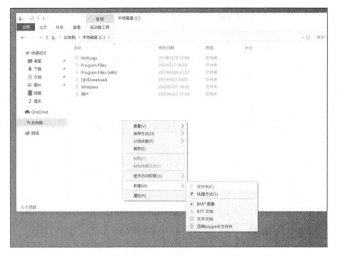

图 2-53　新建文件夹

图 2-54　重命名文件夹

● 双击打开"计算机应用基础"文件夹，在文件夹空白处右击，从弹出的快捷菜单中选择"新建"→"文本文档"命令，并输入"Windows 10 主要内容"为该文本文档命名，如图 2-55 和图 2-56 所示。

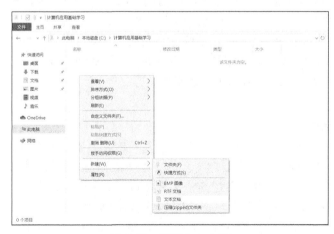

图 2-55　新建文本文档

**图 2-56　重命名文本文件**

● 完成文本文档的创建后，在文件夹空白处再次右击，从弹出的快捷菜单中选择"新建"→"文件夹"命令，并输入"第 2 章 Windows 10 操作系统"为子文件夹命名，如图 2-57 所示。

**图 2-57　重命名子文件夹**

● 按照上述操作继续创建 5 个文件夹和 5 个文本文档，将 5 个文件夹分别命名为"第 1 章 计算机基础知识""第 3 章 文档编辑软件 Word 2016""第 4 章 表格处理软件 Excel 2016""第 5 章 演示文稿软件 PowerPoint 2016""第 6 章 计算机网络"；将 5 个文本文档分别命名为"基础知识""Word 2016 主要内容""Excel 2016 主要内容""PowerPoint 2016 主要内容""计算机网络主要内容"，如图 2-58 所示。

**图 2-58　"计算机应用基础"文件夹结构**

　　此时可以发现，新建的 5 个文本文件是没有显示扩展名的。因为 Windows 10 默认会隐藏已知文件类型的扩展名。选择菜单栏中的"查看"→"选项"命令，弹出"文件夹选项"对话框，如图 2-59 所示。单击"查看"选项卡，拖动"高级设置"选项组中的垂直滚动条，直到出现"隐藏已知文件类型的扩展名"复选框，如图 2-60 所示。取消勾选该复选框，然后单击"确定"按钮关闭该对话框。

　　再次回到"计算机应用基础"文件夹，我们发现文件夹中的 6 个文本文档的扩展名"txt"已经完整地显示了，如图 2-61 所示。

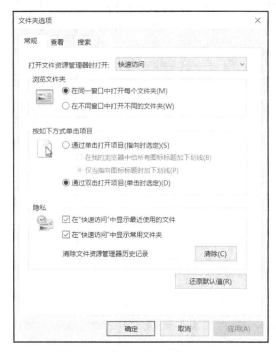

图 2-59　"文件夹选项"对话框　　　　　图 2-60　"隐藏已知文件类型的扩展名"复选框

图 2-61　文本文档显示了扩展名

（2）选定文件或文件夹

① 选定单个文件或文件夹

单击"基础知识.txt"，该文本文档的图标被蓝色半透明阴影覆盖，表示该文件已经被选定，如图 2-62 所示。

图 2-62 选定单个文件

② 选定不连续的文件或文件夹

当要选定的文件或文件夹不连续时，在选定第一个文件或文件夹后，按住"Ctrl"键，再依次选定其他文件或文件夹即可。例如，如果要选定图 2-61 中章号为奇数的子文件夹，操作如下。

首先单击"第 1 章 计算机基础知识"，然后按住"Ctrl"键，用鼠标依次单击"第 3 章 文档编辑软件 Word 2016""第 5 章 演示文稿软件 PowerPoint 2016"。选择完毕后，松开"Ctrl"键，即完成不连续文件夹的选定，如图 2-63 所示。

图 2-63 选定不连续的文件或文件夹

③ 选定连续的文件或文件夹

选定连续的文件或文件夹的方法较多，常用的有以下两种。

第一种方法是按住鼠标左键拖动出一个选定区域，将要选定的文件和文件夹都覆盖在该选定区域中即可，如图 2-64 所示。

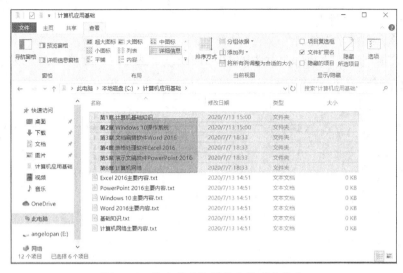

图 2-64　选定多个连续的文件或文件夹

　　第二种方法是在选定第一个文件或文件夹后，按住"Shift"键，再选定连续文件或文件夹中的最后一个。此时位于第一个和最后一个选定位置中间的所有文件和文件夹都会被选中。例如，单击"第 1 章 计算机基础知识"，按住"Shift"键，再单击"第 6 章 计算机网络"，其效果与第一种方法一样。

　　④ 选定全部文件或文件夹

　　选定全部文件或文件夹的操作也称为"全选"，可以利用"Ctrl+A"组合键，也可以通过选择菜单栏中的"主页"→"选择"→"全部选择"命令实现。最终效果如图 2-65 所示。

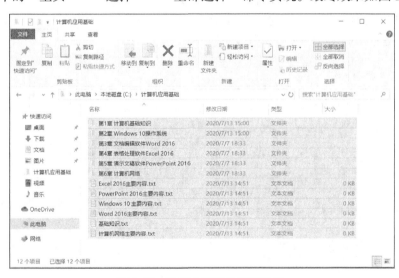

图 2-65　选定全部文件或文件夹

　　⑤ 反向选择

　　如果要在窗口中选择除几个文件或文件夹之外的其余对象时，可以先选定不需要的文件和文件夹，然后选择菜单栏中的"主页"→"选择"→"反向选择"命令来反向选择所需的文件或文件夹，如图 2-66 所示。

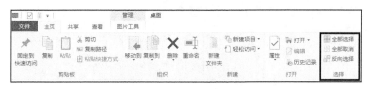

图 2-66　"选择"菜单

⑥ 取消选定

要取消选定文件或文件夹时，可以通过选择图 2-66 所示的"全部取消"命令来取消选定，也可以在已选择对象所在窗口内的空白处单击。

（3）移动、复制文件或文件夹

移动、复制文件或文件夹的方法有很多，下面介绍常用的 3 种。

① 利用鼠标拖动实现

● 将文本文档"基础知识.txt"移动到文件夹"第 1 章 计算机基础知识"中去，实现步骤如下：单击选定文本文档"基础知识.txt"，按住鼠标左键不放，将其拖动至文件夹"第 1 章 计算机基础知识"上方，此时会出现提示"移动到第 1 章 计算机基础知识"，如图 2-67 所示。松开鼠标左键即可实现移动。

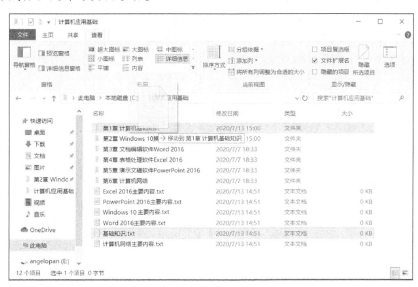

图 2-67　拖动实现文件移动

● 接下来将文本文档"Windows 10 主要内容.txt"复制到文件夹"第 2 章 Windows 10 操作系统"中去，实现步骤如下：单击选定文本文档"Windows 10 主要内容.txt"，按住"Ctrl"键，同时按住鼠标左键不放，将其拖动至文件夹"第 2 章 Windows 10 操作系统"上方，此时会出现提示"复制到第 2 章 Windows 10 操作系统"。松开鼠标左键即可实现复制。

② 利用菜单实现

● 利用窗口中的菜单实现将文本文档"Word 2016 主要内容.txt"移动至文件夹"第 3 章 文档编辑软件 Word 2016"中去，实现步骤如下：单击选定文本文档"Word 2016 主要内容.txt"，选择菜单栏中的"主页"→"组织"→"移动到"→"选择位置"命令，弹出"移动项目"对话框；在树状列表中找到并选定文件夹"第 3 章 文档编辑软件 Word 2016"，单击"移动"按钮即可，如图 2-68 所示。

图 2-68 用菜单实现文件移动

● 接下来用同样的方法实现将文本文档"Excel 2016 主要内容.txt"复制到文件夹"第 4 章 表格处理软件 Excel 2016"中去，实现步骤如下：单击选定文本文档"Excel 2016 主要内容.txt"，选择菜单栏中的"主页"→"组织"→"复制到"→"选择位置"命令，弹出"复制项目"对话框；在树状列表中找到并选定文件夹"第 4 章 表格处理软件 Excel 2016"，单击"复制"按钮即可，如图 2-69 所示。

图 2-69 用菜单实现文件复制

③ 利用快捷键实现

● 利用快捷键将文本文档"PowerPoint 2016 主要内容.txt"移动至文件夹"第 5 章 演示文稿软件 PowerPoint 2016"中去，实现步骤如下：单击选定文本文档"PowerPoint 2016 主要内容.txt"，按"Ctrl+X"组合键实现对文本文档的剪切，然后双击打开文件夹"第 5 章 演示文稿软件 PowerPoint 2016"，按"Ctrl+V"组合键实现文件的移动。

● 使用同样的方式复制文本文档"计算机网络主要内容.txt"到文件夹"第 6 章 计算机网络"中去，实现步骤如下：单击选定文本文档"计算机网络主要内容.txt"，按"Ctrl+C"组合键实现对文本文档的复制，然后双击打开文件夹"第 6 章 计算机网络"，按"Ctrl+V"组合键实现文件的复制。

以上 3 种方法都可以实现对文件或文件夹的移动、复制。在实际操作过程中，我们需要根据情况灵活运用。完成以上步骤的操作后，"计算机应用基础"文件夹的结构如图 2-70 所示。

图 2-70　执行移动、复制操作后的"计算机应用基础"文件夹

（4）重命名文件或文件夹

重命名文件或文件夹的方法也有很多种。但是在重命名的时候要注意，在同一文件夹下，不允许出现重名的文件或文件夹。

① 双击打开文件夹"第 1 章计算机基础知识"，单击选定文本文档"基础知识.txt"，再选择菜单栏中的"主页"→"组织"→"重命名"命令，输入"第 1 章 计算机基础知识主要内容.txt"，按"Enter"键完成文本文档的重命名，如图 2-71 所示。

图 2-71　利用菜单重命名文本文档

② 双击打开文件夹"第 2 章 Windows 10 操作系统"，单击选定唯一的文本文档"Windows 10 主要内容.txt"，右击，在弹出的快捷菜单中选择"重命名"命令，输入"第 2 章 Windows 10 操作系统主要内容.txt"，按"Enter"键完成文本文档的重命名，如图 2-72 所示。

图 2-72　利用快捷菜单重命名文本文档

③ 双击打开文件夹"第 3 章　文档编辑软件 Word 2016"，单击选定唯一的文本文档"Word 2016 主要内容.txt"，停顿 1 秒左右再次单击该文本文档的名字。此时该文本文档名字处于重命名状态，输入"第 3 章　文档编辑软件 Word 2016 主要内容.txt"，按"Enter"键即可重命名该文本文档。

④ 使用上述介绍的 3 种方法将其他 3 个文件夹中的文本文档重命名。

（5）删除文件或文件夹

删除文件或文件夹同样可以使用"文件资源管理器"窗口中的菜单，或者选择快捷菜单中的"删除"命令实现，如图 2-73 和图 2-74 所示。

图 2-73　菜单中的"删除"命令

值得注意的是，选择"删除"→"回收"命令，删除的文件或文件夹进入"回收站"，还可以恢复；选择"删除"→"永久删除"命令，则删除的文件或文件夹将彻底从计算机硬盘上删除，无法找回。

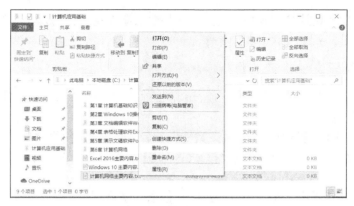

图 2-74　利用快捷菜单删除文件

下面介绍一种更为快捷的删除文件或文件夹的方法，步骤如下。

① 按住"Ctrl"键或"Shift"键选定"计算机应用基础"文件夹中剩余的 3 个文本文档，如图 2-75 所示。

图 2-75　选定文本文档

② 按"Delete"键，直接将这 3 个文件删除，文件被放进"回收站"。

③ 按"Ctrl+Z"组合键撤销上一步的删除操作，从"回收站"中恢复这 3 个文件至原路径。

④ 按"Shift+Delete"组合键永久删除这 3 个文件，此时系统会弹出提示"确实要永久删除这 3 项吗？"，如图 2-76 所示。

图 2-76　"永久删除"提示

⑤ 单击"是"按钮或按"空格"键，系统将永久删除这些文件，无法恢复；单击"否"按钮或按"Esc"键，系统将取消删除操作。

### 2.3.3　设置、搜索文件夹或文件

#### 1. 基础知识

（1）搜索通配符

当我们不能完全确定要搜索的文件或文件夹的名字时，可以使用通配符来进行模糊搜索。通配符在文件或文件夹的搜索中可以代替文件（夹）名中的一个或多个字符。通配符有以下两个。

① "*"代表任意一串字符，即 0 个或多个任意的字符。

② "?"代表任意一个字符。

例如，当需要查找一个以 Win 开头的文件，但是文件名的其他部分不清楚，则可以输入"Win*"来查找以"Win"开头的所有文件类型的文件，如"Windows 10 主要内容.txt""Win 10.EXE""Win 10.dll"等。

如果能够确定文件类型，则可通过确定的文件的扩展名来缩小搜索的范围。如果输入"Win*.txt"，就可以查找到以 Win 开头并以"txt"为扩展名的文件，如"Windows 10 主要内容.txt"等。

（2）对话框的构成

对话框对实现人机交互起到了非常重要的作用。它是用户与计算机之间进行指令传递和信息反馈的平台之一。通过对话框，用户可以对操作系统进行属性的设置和修改。对话框通常由标题栏、选项卡、文本框、列表框、命令按钮、单选按钮和复选框等部分组成。下面以"文件夹选项"对话框为例来介绍对话框的构成。

① 标题栏

所有对话框的标题栏都位于对话框的最上方，标题栏左侧显示的是该对话框的名称，右侧则是"关闭"按钮，有的还有"帮助"按钮。

② 选项卡

大多数对话框都有多个选项卡，其标签上标明了选项卡的标题，以便用户进行区别和选择。用户可通过单击选项卡在各个选项卡之间切换。在 Windows 10 的任意窗口的菜单栏中选择"文件"菜单，在弹出的子菜单中选择"更改文件夹和搜索选项"命令，打开"文件夹选项"对话框，如图 2-77 所示。该对话框包括"常规""查看""搜索"3 个选项卡。

③ 文本框

当用户需要输入某些内容或对某些内容进行修改时，可以在文本框中进行输入。

④ 列表框

有些对话框中提供了多个列表框（见图 2-78），用户可以从中选择需要的选项，但通常不允许用户对列表框中的内容直接进行修改。

⑤ 命令按钮

命令按钮是指对话框中带有文字的按钮，常见的有"确定""取消"等。

⑥ 单选按钮

单选按钮通常是一个圆形，其后面有相关的说明文字。当用户选中单选按钮时，圆形中会出现一个实心的小圆点，表明该单选按钮已处于选中状态。对话框的选项组中通常有多个单选按钮，但用户每次只能选中一个。

图 2-77　"文件夹选项"对话框 1

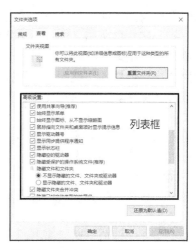

图 2-78　"文件夹选项"对话框 2

⑦ 复选框

复选框通常是一个正方形，在其后面也有说明文字，当用户选中它时，正方形的中间会出现一个"√"标志，表明该复选框已处于选中状态。对话框的选项组中通常有多个复选框，用户可根据需要同时勾选多个复选框。

## 2．操作步骤

（1）查看并设置文件或文件夹的属性

常见的文件属性有 3 种：只读、隐藏和存档。只读属性的文件，可以打开查看其内容，但不能修改和删除；隐藏文件则默认为隐藏，只有在设置显示隐藏文件后才能被看到；存档属性则表示对该文件的任何修改都会被系统记录，系统进行恢复时，会将存档文件恢复至最近一次保存的状态。

双击打开"第 6 章 计算机网络"文件夹，选择文本文档"第 6 章 计算机网络主要内容.txt"，右击，在弹出的快捷菜单中选择"属性"命令，弹出"属性"对话框，如图 2-79 所示。

勾选"只读"复选框，将该文本文档的属性设置为只读。

再单击"高级"按钮弹出"高级属性"对话框，如图 2-80 所示。勾选"可以存档文件"复选框后，单击"确定"按钮关闭"高级属性"对话框。

图 2-79　"属性"对话框

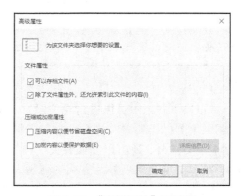

图 2-80　"高级属性"对话框

回到文件的"属性"对话框，单击"确定"按钮关闭文件"属性"对话框。

双击打开该文本文档，输入"不能修改该文档"文字。选择菜单栏中的"文件"→"保存"命令，此时系统弹出"另存为"对话框，而不是直接保存。

为何会出现这样的情况呢？原因在于该文本文档是只读属性，不能被修改，所以修改后也不能被直接保存。当要执行保存操作的时候，系统会让用户将修改的内容另存为一个新的文本文档。

可以用同样的方法将该文本文档的属性设置为"隐藏"，我们会发现"第 6 章 计算机网络"文件夹中的该文件消失了。

（2）设置文件夹选项

选择打开任意文件夹窗口，选择菜单栏中的"查看"→"选项"命令，弹出"文件夹选项"对话框。

单击"文件夹选项"对话框中的"查看"选项卡，如图 2-81 所示。在"高级设置"列表框中拖动垂直滚动条，选中"显示隐藏的文件、文件夹和驱动器"单选按钮，单击"确定"按钮关闭"文件夹选项"对话框。

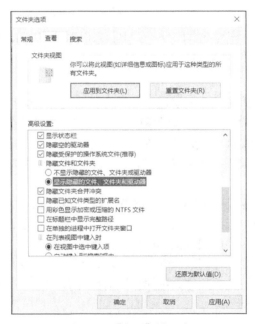

图 2-81 "查看"选项卡

再次回到文件夹"第 6 章 计算机网络"中，前面被隐藏的文本文档又出现了，该文本文档图标显示为半透明的效果，表示该文本文档是"隐藏"属性。

（3）设置文件夹的显示方式

① 在 Windows 10 中，可以为不同类型的文件夹设置不同的显示方式。选择菜单栏中的"查看"→"布局"命令中可以进行相关设置。常见的显示方式有以下几种：超大图标、大图标、中图标、小图标、列表、详细信息、平铺、内容，如图 2-82 所示。

② 除上述方法外，还可以在文件夹空白处右击，在弹出的快捷菜单中选择"查看"命令，在弹出的子菜单中也会出现显示方式的列表，如图 2-83 所示。用户可以根据需要任意选择文件夹的显示方式。

图 2-82　窗口菜单上的文件夹显示方式

图 2-83　快捷菜单中的文件夹显示方式

（4）搜索文件夹或文件

【例 2-1】在计算机的 C 盘中搜索以 "第" 字开头的文本文档，步骤如下。

（1）在桌面上双击打开 "此电脑"，再双击打开 "本地磁盘（C：）"，在 "文件资源管理器" 窗口的右侧找到搜索栏，如图 2-84 所示。

图 2-84　"文件资源管理器" 窗口中的搜索栏

（2）在搜索文本框中输入"第*.txt"，按"Enter"键开始在 C 盘中进行模糊搜索。搜索结果会逐条以文件列表的形式出现在"文件资源管理器"窗口中，如图 2-85 所示。窗口地址栏中会出现动态进度条提示当前搜索任务执行的进度情况。如果已经找到需要的结果，可以单击工具栏上的"关闭搜索"按钮来停止当前搜索。

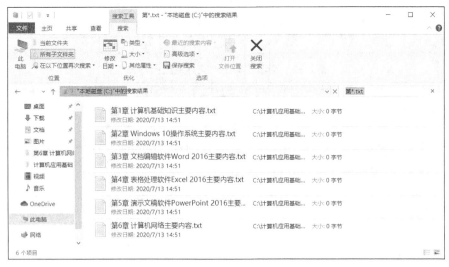

图 2-85　文件搜索结果

 思考　　如果想要在文件夹"计算机应用基础"中搜索文件名中含有"Windows"的文本文档，该如何进行操作呢？请思考后试一试。

## 2.4　Windows 10 的设置

为了能更好地操作和使用计算机，用户必须了解并学会设置计算机的系统环境。Windows 10 提供了"控制面板"和"Windows 设置"两种不同的方式供用户对计算机的系统环境进行设置。通过这两种方式，用户可以对 Windows 10 的系统设置、账户管理、时间和语言等一系列设置进行设置和管理。

### 2.4.1　认识控制面板和 Windows 设置

**1. 基础知识**

（1）控制面板

控制面板是 Windows 操作系统中一个很重要的管理工具。它是 Windows 图形用户界面的一部分，允许用户查看并修改基本的系统设置，如添加或删除应用程序、管理用户账户、更改辅助功能选项等。控制面板由一组应用程序组成，用户可对系统资源进行自由灵活的配置。

控制面板包括"类别""大图标""小图标"3 种查看方式，用户可根据实际需要进行选择。图 2-86 所示为按"类别"进行分类显示。在"控制面板"窗口中选择不同的选项可对 Windows 操作系统进行相应的设置。

（2）Windows 设置

由于 Windows 10 既面向个人计算机，也面向移动智能平板终端，所以在 Windows 10 中，微软公司加入了适用于移动终端的工具——"Windows 设置"窗口，如图 2-87 所示。它类似于智能手机终端操作系统 iOS 和 Android 中的应用程序"设置"，其菜单及操作都支持智能平板终端，可通过触摸对终端操作系统进行相应的设置。为了方便用户接受和使用"Windows设置"，其窗口中嵌入了"查找设置"功能。用户能够通过关键词搜索的方式快速查找需要设置的操作方法及设置窗口。

图 2-86　Windows 10"控制面板"窗口中的默认"类别"视图

图 2-87　"Windows 设置"窗口

## 2. 操作步骤

（1）修改控制面板的查看方式

在 Windows 操作系统的默认情况下，"控制面板"图标是隐藏不显示的，需要手动操作将其显示出来。

① 在桌面空白处右击，在弹出的快捷菜单中选择"个性化"命令。再在弹出的系统设置窗口左侧选择"主题"选项，在右侧选择"桌面图标设置"选项。

② 打开"桌面图标设置"对话框，勾选"桌面图标"选项组中的"控制面板"复选框。单击"确定"按钮关闭对话框，"控制面板"图标就会显示在系统桌面上。

③ 双击桌面上的"控制面板"图标打开"控制面板"窗口，其默认显示查看方式为"类别"。

④ 单击"查看方式"按钮，在下拉列表中选择"大图标"选项，则控制面板中所有的系统设置工具都以较大图标的形式规则排列在"控制面板"窗口中，如图2-88所示。

图 2-88 "大图标"视图

⑤ 单击"查看方式"按钮，在下拉列表中选择"小图标"选项，则控制面板中所有的系统设置工具都以较小图标的形式规则排列在"控制面板"窗口中，如图2-89所示。

图 2-89 "小图标"视图

（2）使用 Windows 设置管理应用程序

管理 Windows 10 中的应用程序不仅可以通过选择"控制面板"→"程序和功能"来进行，也可以使用 Windows 10 的"Windows 设置"功能来管理。在"Windows 设置"窗口中进行应用程序的管理与在智能手机中的操作十分相似，步骤如下。

① 单击 Windows 10 任务栏上的"开始"菜单，在弹出的"开始"菜单中单击左侧的"设

置"按钮,打开"Windows 设置"窗口,默认进入"应用和功能"面板。

②在"应用和功能"面板下方显示了系统中所有的应用程序和功能,如图 2-90 所示。

③在可供选择的应用程序中,会有"修改""卸载"两个选项供选择。单击"修改"按钮可对选定的应用程序进行修改设置,还可以单击"卸载"按钮来实现应用程序的卸载。

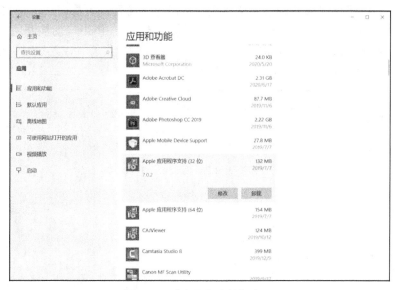

图 2-90 "应用和功能"窗口

### 2.4.2 Windows 10 输入法管理

#### 1. 查看当前输入法

(1)单击 Windows 10 任务栏上的"开始"菜单,在弹出的"开始"菜单中单击左侧的"设置"按钮,打开"Windows 设置"窗口。

(2)在窗口中选择"时间和语言"选项,打开"时间和语言"窗口。在左侧列表中选择"语言"选项,面板右侧显示当前系统的语言信息,如图 2-91 所示。

图 2-91 "时间和语言"窗口

**2. 添加语言与输入法**

（1）添加输入法

① 单击选择语言选项，下方会出现两个按钮："选项"和"删除"。

② 单击"选项"按钮，进入"语言"窗口，如图 2-92 所示。

③ 窗口中显示了已经安装的输入法，用户可以根据需要进行管理。单击"+添加键盘"可以将系统中已经安装的输入法添加到该语言的输入键盘中，供用户切换调用。

④ 当不需要某输入法时可以删除。例如不再需要"微软拼音"输入法时，在列表中单击"微软拼音"，再单击"删除"按钮即可，如图 2-93 所示。

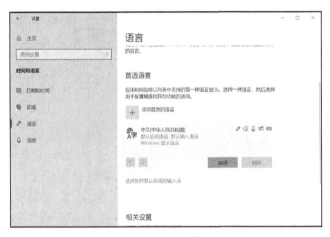

图 2-92  "语言"窗口

图 2-93  删除输入法

（2）添加语言

当需要输入其他语言时，需要先给系统安装该语言才能正常使用。下面以安装德语为例介绍如何给 Windows 10 添加新的语言。

① 打开"时间和语言"窗口，在"语言"选项中单击"+添加首选的语言"。

② 在弹出的"选择要安装的语言"窗口中输入"德语"，下方列表中会自动列举出符合条件的德语选项，如图 2-94 所示。选择"Deutsch（Deutschland）德语（德国）"后，单击"下一步"按钮。

图 2-94  "选择要安装的语言"窗口

③ 系统弹出"安装语言功能"窗口。用户根据需要实际勾选相应复选框后，单击"安装"按钮。

④ "安装语言功能"窗口自动关闭，回到"时间和语言"窗口后，右侧的系统语言列表中已经出现了"Deutsch（Deutschland）"选项，并有一个动态进度条显示安装的进度，如图2-95 所示。

⑤ 当系统安装了超过两种的语言时，可以单击"语言"选项下方的上下箭头来调整各语言之间的切换顺序。

图 2-95　语言安装界面

## 2.4.3　Windows 10 账户管理

Windows 10 是一款支持多用户、多任务的操作系统，允许多个用户同时登录，并可以在不可用户之间进行切换。

### 1. 添加账户

（1）Windows 10 默认的管理员用户名为"Administrator"，进入"Windows 设置"窗口，选择"账户"选项，在弹出的"账户"窗口中可以查看当前登录用户的账户信息，如图 2-96 所示。

（2）选择左侧列表中的"其他用户"选项，可以在右侧的列表中查看其他用户的信息，如图 2-97 所示。单击"+将其他人添加到这台电脑"，可以添加账户。

图 2-96　"账户信息"窗口

图 2-97　"其他用户"窗口

（3）在弹出的"本地用户和组"窗口中选择"用户"选项，右击，在弹出的快捷菜单中选择"新用户"命令，如图 2-98 所示。

图 2-98 "本地用户与组"窗口

（4）在弹出的"新用户"对话框中输入用户名、描述等基本信息，如图 2-99 所示。此时的用户名等信息均为"NewUser1"，输入登录密码并确认，然后单击"创建"按钮，即可添加一个名为"NewUser1"的新用户。如果不设置登录密码，添加信息时"密码"和"确认密码"选项可以不填。

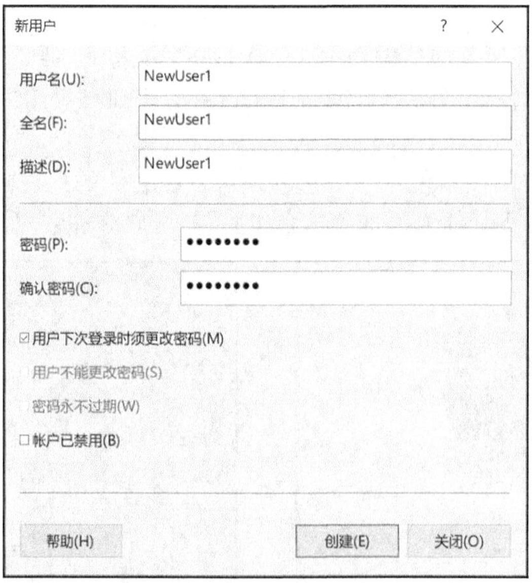

图 2-99 "新用户"对话框

（5）回到"本地用户和组"窗口，此时在"用户"列表中多了一个名为"NewUser1"的新用户，如图 2-100 所示。

图 2-100　"新用户"添加成功

**2. 设置、修改登录密码**

Windows 10 中所有的用户均可以设置并修改登录密码，同时 Windows 10 支持生物识别设备，用户可以采用指纹、人脸识别等方式登录。下面介绍如何设置并修改 Windows 登录密码。

（1）打开图 2-96 所示的"账户信息"窗口，在左侧列表中选择"登录选项"，窗口右侧会显示该账户的信息，包括人脸、指纹、PIN 码等选项，如图 2-101 所示。

（2）在列表中选择"密码"选项，如果该账户未设置登录密码，则会出现"你的账户没有密码，你必须添加一个密码，然后才能使用其他登录选项。"的提示信息，如图 2-101 所示。

（3）单击"添加"按钮，弹出"创建密码"对话框，如图 2-102 所示。

图 2-101　"登录选项"窗口

图 2-102　"创建密码"对话框

（4）输入两次密码和提示信息后，单击"下一步"按钮，完成登录密码的设置。

（5）回到"账户信息"窗口，会出现提示"你的账户密码已经设置完成，可以用来登录Windows、应用和服务。"同时下方将出现"更改"按钮。

（6）单击"更改"按钮，弹出"更改密码"对话框，如图 2-103 所示。输入原密码后单击"下一步"按钮，进入新密码的设置界面，如图 2-104 所示。

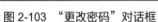

图 2-103　"更改密码"对话框

图 2-104　输入新密码

（7）按提示输入新的密码和密码提示后，单击"下一步"按钮完成密码的修改。

### 2.4.4　Windows 10 虚拟桌面的使用

Windows 10 的虚拟桌面是其最具特色的功能之一。利用虚拟桌面，用户可以实现用多个虚拟桌面同时运行不同的软件而又相互不影响，从而从多任务、多窗口的繁杂操作中解放出来，为执行不同的应用程序定制一个相对独立的桌面环境。图 2-105 所示为已经创建的两个虚拟桌面，可以在二者间任意切换。

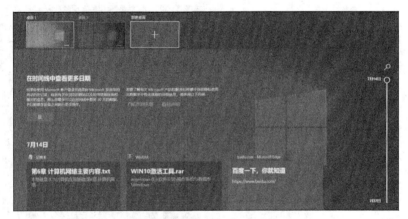

图 2-105　"虚拟桌面"管理界面

#### 1．创建虚拟桌面

（1）单击任务栏中的"任务视图"按钮或按"Tab + Win"组合键，进入"任务视图"界面，如图 2-106 所示。

图 2-106　"任务视图"界面

（2）单击视图左上方的"+新建桌面"按钮，即可创建一个新的虚拟桌面。单击进入虚拟桌面设置界面后，虚拟桌面下的任务栏为空白，没有开启任何任务。用户可以在虚拟桌面中开启需要执行的应用程序和任务，而不受其他已经开启和执行的任务窗口的影响。

### 2．切换虚拟桌面

创建好新的虚拟桌面后，可以将同一类别的任务放置在同一个虚拟桌面中管理。同时，Windows 10 提供了非常方便的虚拟桌面切换方法：单击"任务视图"按钮或按"Tab + Win"组合键，进入"任务视图"界面，可以看到其中显示了当前系统所有的虚拟桌面列表，如图2-107 所示，直接单击想要切换的桌面即可进行切换。

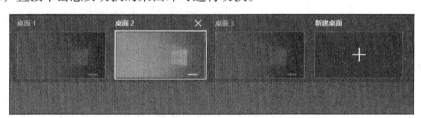

图 2-107　虚拟桌面列表

## 2.4.5　使用画图和截图工具

### 1．画图

使用 Windows 10 自带的画图软件可以修改照片的尺寸，将高分辨率的照片转换为分辨率较低的、存储容量较小的、适用于网络传输的照片。下面将分辨率较高的证件照片转换成分辨率为 90 像素×120 像素、大小为 50KB 的照片，操作过程如下。

（1）单击"开始"菜单，在所有应用程序列表中选择"Windows 附件"→"画图"命令，打开"画图"窗口。选择菜单栏中的"文件"→"打开"命令，找到要处理的证件照片，如图 2-108 所示。

（2）从"画图"窗口的状态栏中可以看到当前照片的分辨率为 450 像素×600 像素。根据原图像的实际情况，单击"选择"按钮，选择一个合适的矩形区域作为备用图像，如图 2-109 所示。当前选择的备用图像分辨率为 360 像素×500 像素。

（3）在备用图像上右击，在弹出的快捷菜单中选择"复制"命令，或按"Ctrl + C"组合键复制图像。

图 2-108　打开待处理图像

图 2-109　选择备用区域

（4）打开一个新的"画图"窗口，选择菜单栏中的"文件"→"属性"命令，在弹出的"映像属性"对话框中，输入"高度"值为"500"，"宽度"值为"360"，设置"单位"为"像素"，"颜色"为"彩色"，单击"确定"按钮，新建一个尺寸为 360 像素×500 像素的图像。按"Ctrl＋V"组合键完成粘贴操作，将前面选择的矩形区域图像粘贴在此图像文件中，如图 2-110 所示。

（5）单击工具栏中的"重新调整大小"命令，打开"调整大小和扭曲"对话框。将图像的水平和垂直大小按百分比调整为原来的 25%，勾选"保持纵横比"复选框，单击"确定"按钮，则图片分辨率会变为 90 像素×125 像素，如图 2-111 所示。

图 2-110　新建图像

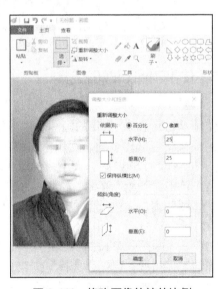

图 2-111　修改图像的缩放比例

（6）得到缩小的照片后，查看其分辨率，发现高度略微多出一点，选择菜单栏中的"文件"→"属性"命令，在弹出的"映像属性"对话框中将高度改为 120 像素，如图 2-112 所示。将照片纵向多出的部分删除，得到一张分辨率为 90 像素×120 像素，大小不超过 40KB 的照片。

（7）选择菜单栏中的"文件"→"另存为"命令，选择"PNG 图片"或"JPEG 图片"格式，如图 2-113 所示。将处理好的图像命名为"ImageOK"，保存至桌面上。

图 2-112 删除图像纵向多出的像素

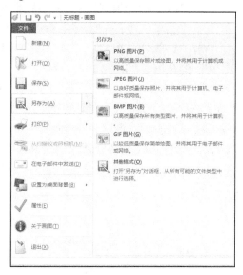

图 2-113 保存图像

思 考   图像调整的比例为什么是 25%呢？如果换一张图像，这个缩小的比例又该如何选择呢？

### 2. 截图工具

Windows 10 自带一款截图软件——"截图工具"。下面以截取"计算器"窗口图像为例，说明截图工具的使用方法。

（1）单击"开始"菜单，在应用程序列表中选择"Windows 附件"→"截图工具"命令，单击打开"截图工具"窗口，如图 2-114 所示。

（2）选择菜单栏中的"模式"命令，弹出"截图模式"列表，如图 2-115 所示。选择"矩形截图"选项。

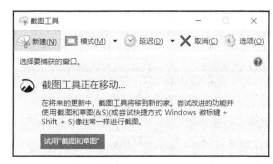

图 2-114 "截图工具"窗口

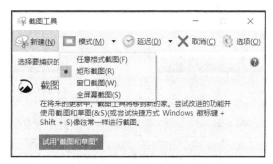

图 2-115 "截图模式"列表

（3）最小化所有窗口。再次进入"截图工具"窗口，选择菜单栏中的"新建"命令，切换至矩形截图模式，则可以在桌面上用拖动的方式截取任意矩形图像。

（4）在"开始"菜单中选择"计算器"命令，回到"截图工具"窗口的"截图模式"列表，选择"窗口截图"选项。再次单击菜单栏中的"新建"命令，切换至窗口截图模式，单击"计算器"窗口的任意位置，即可完成对"计算机"窗口的截图，如图2-116所示。

此外，Windows 10保留了传统的快捷键截图功能。按"Print Screen"键可以进行全屏幕截图，按"Alt+Print Screen"组合键可以对当前活动窗口进行截图。打开"画图"窗口，直接粘贴或按"Ctr+V"组合键即可得到所截取的图像。

图 2-116　截取"计算器"窗口

## 课后习题

以下选择题皆为单选题。

1. Windows 10 是一个（　　　）。
    A. 多用户、多任务操作系统　　　　　　B. 单用户、单任务操作系统
    C. 单用户、多任务操作系统　　　　　　D. 多用户、分时操作系统
2. 下列哪项不是操作系统的功能？（　　　）
    A. CPU 管理　　　　B. 电源管理　　　　C. 文件管理　　　　D. 设备管理
3. DOS 是下面哪个英文的缩写？（　　　）
    A. Document Operation System　　　　B. Document Operating System
    C. Disk Operation System　　　　　　D. Disk Operating System
4. 在 Windows 10 中，双击桌面上的图标即可（　　　）该图标代表的程序。
    A. 启动　　　　　　B. 移动　　　　　　C. 选择　　　　　　D. 删除
5. Windows 10 相比之前版本的 Windows 操作系统，除了可以在控制面板中设置系统功能，还可以在（　　　）中设置。
    A. 资源管理器　　　B. 附件　　　　　　C. 此电脑　　　　　D. Windows 设置
6. 在 Windows 10 中，任务栏可用于（　　　）。
    A. 启动应用程序　　　　　　　　　　　B. 修改文件的属性
    C. 平铺各应用程序窗口　　　　　　　　D. 切换当前应用程序窗口
7. 在菜单中，某菜单项的右侧有省略号"…"表示（　　　）。
    A. 该选项还有子菜单　　　　　　　　　B. 选择该选项将弹出对话框
    C. 不代表任何意义　　　　　　　　　　D. 选择该选项将弹出快捷菜单
8. 在下列有关 Windows 10 菜单命令的说法中，不正确的是（　　　）。
    A. 带省略号（…）的命令选择后会打开一个对话框，要求用户输入信息
    B. 命令前有黑色圆点符号（●）代表该命令有效
    C. 当鼠标指针指向带有黑色箭头符号的命令时，会弹出一个子菜单
    D. 用灰色字符显示的菜单命令表示相应的程序被破坏
9. 在 Windows 10 中，一般"双击"指的是（　　　）。

  A.　连续两次快速按下左键    B.　连续两次按下右键

  C.　各单击一下左键、右键    D.　单击左键一下，稍后再单击一下

10.　在 Windows 10 中，鼠标的右键多用于（　　　）。

  A.　弹出快捷菜单  B.　选中操作对象  C.　启动应用程序  D.　移动对象

11.　在 Windows 10 中启动一个应用程序的正确操作是（　　　）。

  A.　右击该应用程序图标

  B.　双击应用程序图标

  C.　将该应用程序图标移到任务栏上

  D.　先选中该应用程序图标，然后单击"开始"按钮

12.　在 Windows 10 中，在桌面的空白区中右击，通过弹出的快捷菜单可以（　　　）。

  A.　排列桌面上的图标     B.　新建文件夹

  C.　设置显示        D.　以上均可

13.　如果鼠标突然失灵，则可用（　　　）组合键来结束一个正在运行的应用程序。

  A.　Alt+F4    B.　Ctrl+F4    C.　Shift+F4    D.　Alt+Shift+F4

14.　在 Windows 10 中，活动窗口只能有（　　　）。

  A.　1 个    B.　2 个    C.　3 个    D.　多个

15.　双击窗口左上角的"控制菜单"按钮，可以（　　　）。

  A.　移动该窗口  B.　关闭该窗口  C.　最小化该窗口  D.　最大化该窗口

16.　在 Windows 10 中，单击某应用程序窗口的"最小化"按钮后，该应用程序处于（　　　）的状态。

  A.　不确定    B.　被强制关闭    C.　被暂时挂起    D.　在后台继续运行

17.　下列方法中，无法改变窗口大小的是（　　　）。

  A.　按住鼠标左键拖动窗口 4 个边框之一

  B.　按住鼠标左键拖动窗口 4 个角之一

  C.　单击"控制菜单"按钮，选择"大小"命令，再按 4 个方向移动键之一

  D.　按住鼠标左键拖动窗口右边或下边的滚动条

18.　比较 Windows 10 的窗口和对话框，窗口可以移动和改变大小，而对话框（　　　）。

  A.　既不能移动，也不能改变大小   B.　仅可以移动，不能改变大小

  C.　仅可以改变大小，不能移动   D.　既能移动，也能改变大小

19.　Windows 10 中的"剪贴板"是（　　　）。

  A.　硬盘中的一块区域     B.　软盘中的一块区域

  C.　高速缓存中的一块区域    D.　内存中的一块区域

20.　将剪贴板中的内容粘贴到当前光标处，使用的是（　　　）组合键。

  A.　Ctrl+A    B.　Ctrl+C    C.　Ctrl+V    D.　Ctrl+X

21.　在 Windows 10 中，按"Print Screen"键，则整个桌面内容（　　　）。

  A.　打印到打印纸上     B.　打印到指定文件

  C.　复制到指定文件     D.　复制到剪贴板

22.　在 Windows 10 中，按"Alt+ Print Screen"组合键，则（　　　）。

  A.　截取屏幕       B.　截取当前活动窗口

  C.　复制屏幕到指定文件    D.　复制到剪贴板

23.　若在某个文档窗口中进行了多次剪切操作，关闭该文档窗口后，剪贴板中的内容为

（　　）。

  A．第一次剪切的内容       B．最后一次剪切的内容

  C．所有剪切的内容        D．空白

24．Windows 10 支持长文件名，一个文件名的最大长度可达（　　　）个字符。

  A．2000     B．256      C．255      D．128

25．在"资源管理器"窗口中双击扩展名为"txt"的文件，将启动（　　　）

  A．剪贴板     B．记事本     C．写字板     D．Word

26．在 Windows 10 中，不能由用户指定的文件属性是（　　　）。

  A．系统      B．只读     C．隐藏     D．存档

27．在"资源管理器"窗口的文件夹图标上，有"＞"号表示（　　　）。

  A．该文件夹下只有文件，没有其他文件夹

  B．一定是个空文件夹

  C．该文件夹下的文件及文件夹已列出

  D．该文件夹下的文件及文件夹尚未列出

28．在"资源管理器"窗口的文件夹内容窗格中，如果需要选定多个还连续的文件，应

（　　）。

  A．按住"Ctrl"键+单击要选定的文件

  B．按住"Alt"键+单击要选定的文件

  C．按住"Shift"键+单击要选定的文件

  D．全部都可以

29．剪贴板是 Windows 10 中的一个实用工具，关于剪贴板的叙述正确的是（　　　）。

  A．剪贴板是应用程序间传递信息的一个临时文件，关机后剪贴板中的信息不会丢失

  B．剪贴板是应用程序间传递信息的一个临时存储区，是内存的一部分

  C．将剪贴板中的信息进行粘贴后，其内容消失，不能被多次使用

  D．以上说法都不对

30．在删除文件时，按（　　　）组合键，选定的文件将被直接删除。

  A．Ctrl + Delete   B．Alt + Delete   C．Shift + Delete   D．Shift + Alt

31．操作系统是（　　　）。

  A．用户与系统软件的接口     B．用户与应用软件的接口

  C．主机与外设的接口       D．用户与计算机的接口

32．在 Windows 10 中，要在 C 盘中新建一个文件夹 USER，正确的操作顺序是（　　　）。

① 在桌面上双击"此电脑"图标

② 在菜单栏中选择"文件"→"新建"→"新建文件夹"命令

③ 双击"C:驱动器"图标

④ 在"新建文件夹"字样上直接输入"USER"，按"Enter"键

  A．①②③④    B．①③②④    C．②③①④    D．②①③④

33．下列选项中，不属于桌面任务栏中项目的是（　　　）。

  A．快速启动区   B．"开始"按钮   C．桌面菜单    D．提示区

34．在下列文件中，可执行的文件为（　　　）。

  A．student.pdf   B．files009.exe   C．run.dat    D．word.doc

35．在 Windows 10 中，关于文件夹的描述错误的是（　　　）。

A．文件夹是用来组织和管理文件的　　　B．同一文件夹中可以存放两个同名文件

C．文件夹中可以存放驱动程序文件　　　D．"此电脑"是一个文件夹

36．Windows 10 中可以更改用户账户和密码的应用程序是（　　）。

A．任务管理器　　B．控制面板　　C．资源管理器　　D．任务栏

37．Windows 10 是个跨平台的操作系统，以下不能运行该操作系统的设备是（　　）。

A．PC　　B．大型机　　C．游戏机　　D．平板电脑

38．关闭当前 Windows 10 窗口可按（　　）组合键。

A．Alt+F2　　B．Ctrl + F2　　C．Alt +F4　　D．Ctrl+ F4

39．在 Windows 10 中，可按（　　）键取消本次操作。

A．Ctrl　　B．Esc　　C．Shift　　D．Enter

40．下列操作不属于鼠标操作方式的是（　　）。

A．单击　　B．拖放　　C．双击　　D．三击

41．当桌面上有多个窗口时，这些窗口（　　）。

A．只能重叠　　　　　　　　B．只能平铺

C．既能重叠，也能平铺　　　D．系统自动设置其平铺或重叠，无法改变

42．要选定多个不连续的文件（夹），应按住（　　）键。

A．Alt　　B．Ctrl　　C．Shift　　D．Ctrl+Alt

43．按下（　　）组合键，可以迅速锁定计算机。

A．Ctrl+M　　B．Ctrl+L　　C．Win+M　　D．Win+L

44．要对字体进行设置，应选择"控制面板"窗口中的（　　）选项。

A．输入　　B．字体　　C．添加新硬件　　D．区域和语言选项

45．在（　　）中可以删除硬件。

A．"Windows 设置"窗口　　　　B．"资源管理器"窗口

C．"控制面板"窗口　　　　　　D．任务栏和"开始"菜单

46．关于程序的安装与卸载，下列说法中正确的是（　　）。

A．在"开始"菜单的"程序"选项中提供了安装与卸载应用程序的功能

B．Windows 10 的控制面板中提供了安装与卸载应用程序的功能

C．在"开始"菜单的"程序"上右击，在弹出的快捷菜单中选择"卸载"命令即可完成卸载

D．从"此电脑"的属性中可以实现安装与卸载应用程序

# 第 **3** 章　文字处理软件 **Word 2016**

## 本章思维导图

文字处理软件Word 2016

- Word 2016的基础知识
  - Word 2016的窗口组成
  - Word 2016的基本操作
  - 文本编辑的基础知识
  - 文本编辑的基础操作

- 制作聘用合同
  - 字体的格式设置
  - 段落的格式设置

- 制作企业简报
  - 艺术字的插入与编辑
  - 图片的插入与编辑
  - SmartArt图形的插入与编辑
  - 设置首字下沉和分栏
  - 文本框的插入与编辑
  - 形状的插入与编辑
  - 设计主题效果和页面背景

- 制作应聘人员登记表
  - 文档页面整体布局
  - 创建和编辑表格
  - 修饰表格
  - 拓展内容——排序和计算表格数据

- 毕业论文排版
  - 样式应用
  - 题注与交叉引用
  - 插入分隔符、页眉、页脚和页码
  - 创建文档目录

- 批量制作客户回访函

## 本章导学

　　Word 2016 是 Office 2016 套装软件中的文字处理软件。Word 2016 与早期的版本相比，新增了部分功能，使用起来更加方便。其可以处理文字、表格、图形、图像等对象，能满足各种文档的排版要求和打印要求，能帮助用户轻而易举地创建各种形式、各种风格的文档，适用于制作信件、传真、公文、报刊、书籍、网页等各种文档，其默认的文件类型（扩展名）为"docx"。

## 学习目标

- 熟悉 Word 2016 的基础知识和基本操作。
- 熟练掌握 Word 2016 的文档格式化、表格处理、图形、图像的编辑与排版，以及页面设置与打印等操作。
- 熟练掌握 Word 2016 的自动生成目录、邮件合并、插入题注等操作。

## 3.1 Word 2016 的基础知识

### 3.1.1 Word 2016 的窗口组成

启动 Word 2016 后，屏幕上会显示出 Word 2016 窗口，如图 3-1 所示。Word 2016 窗口主要由标题栏、快速访问工具栏、"文件"菜单和选项卡标签、功能区、标尺、编辑区、状态栏和视图控制区等组成。

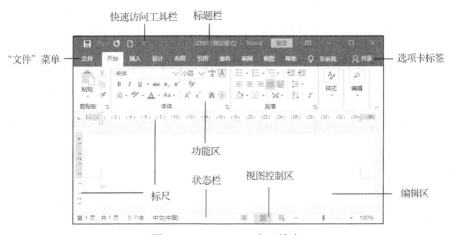

图 3-1　Word 2016 窗口简介

#### 1. 标题栏

标题栏位于窗口的最上方，单击窗口最左上角"保存"按钮 的左侧区域，会弹出一个"控制菜单"，可以进行窗口的还原、移动、最小化、最大化或关闭等操作。标题栏的中间显示了当前编辑的文档名称和 Word 应用程序名称。可以使用标题栏右侧的"功能区显示选项"按钮 设置选项卡和功能区的显示或者隐藏。标题栏的最左侧有 3 个按钮 ，分别是"最小化""最大化""关闭"按钮，使用它们可以对窗口进行最小化、最大化（或还原）或关闭操作。双击标题栏可以对窗口进行最大化和还原状态的切换。

#### 2. 快速访问工具栏

为了方便操作，用户可以设置快速访问工具栏来提高工作效率。快速访问工具栏位于窗口的左上方，默认情况下只提供最常用的"保存""撤销""恢复"和"新建"按钮。如需自定义其他按钮，可单击快速访问工具栏右侧的下拉按钮，在弹出的下拉列表中选择所需的选项，被选择的选项相对应的按钮将添加到快速访问工具栏中。

### 3．"文件"菜单和选项卡标签

"文件"菜单和选项卡标签位于标题栏下方，选项卡标签由"开始""插入""设计""布局""引用""邮件""审阅""视图""帮助"9 个选项卡组成。

### 4．功能区

Word 2016 的操作基本都是由功能区中的命令完成的，在功能区中排列着多个功能选项卡，每个选项卡中都存放着一类功能或者操作很相似的命令。为了方便用户操作，每个选项卡又进行了分类。同时为了避免操作混乱，某些选项卡中的内容只在需要时才显示。

### 5．标尺

标尺位于文档窗口的左边和上边，分别称为垂直标尺和水平标尺。利用水平标尺可以设置制表位、改变段落缩进、调整版面边界以及调整表格栏宽等。垂直标尺在页面视图中显示，使用它可以调整上下页边距、表格的行高、页眉和页脚。

### 6．编辑区

编辑区是指水平标尺下方的空白区域，用于输入和编辑文本内容、插入图形或图片、制作表格以及加工文档等。在编辑区中不停闪烁的一根竖线称为光标，用来指示下一个输入字符出现的位置。每输入一个字符，光标自动向后移动一格。

### 7．状态栏

状态栏位于窗口的最下方，可以用来查看页码、统计字数、拼写和语法校对、设置不同语言。单击文档当前的页码，将打开"导航"窗格，选择"标题"选项卡，在"导航"窗格中将显示文档的各级大纲；选择"页面"选项卡，文档中的每一页将以缩略图的方式显示；在"导航"窗格的文本框中输入内容，搜索结果将在"结果"选项卡中显示，如图 3-2 所示。

单击"字数"按钮，将打开"字数统计"对话框，在"字数统计"对话框中显示了当前文档页数和字数的统计信息，如图 3-3 所示。

图 3-2　"导航"窗格

图 3-3　"字数统计"对话框

### 8．视图控制区

在视图控制区中有 ▦、▤ ▤ 、▤ 3 个按钮，依次代表阅读视图、页面视图、Web 版式视图。拖动右侧的"显示比列"滑块，可以改变文档的显示比例，单击状态栏右下角文档的显示比例数字，可以打开"显示比列"对话框，如图 3-4 所示。

文档的视图模式有 5 种，除了在状态栏右侧看到的 3 种之外，还可以在"视图"选项卡下的"视图"选项组看到大纲视图和草稿视图。下面介绍这5种视图模式。

（1）在阅读视图中，窗口将隐藏除阅读视图和审阅工具栏以外的所有工具栏，以书籍的形式显示文档内容，从而增强文档的可读性。

（2）在页面视图显示模式下可以看到文本、图片和其他对象的实际位置，与打印出来的效果一样。在该视图模式中可以编辑页眉和页脚、调整页边距、设置分栏以及处理图形对象等。

（3）Web版式视图主要用于编辑Web页面。在Web版式视图下，文档的显示和阅读效果非常好，像在浏览器中打开的文档一样。在此视图下，还可以设置文档背景和浏览制作网页。

（4）大纲视图简化了文本格式的设置，用缩进文档标题的形式表示标题在文档结构中的级别，将编辑重点放在文档的结构上。用户在该视图模式中可以方便地调整和组织文档的大纲结构。

图3-4 "显示比列"对话框

（5）草稿视图中，用户可以对文档内容进行修改操作。此视图模式下的文档编辑区可以最大限度地显示文本内容，方便对文档版式的调整和内容的编辑。

## 3.1.2 Word 2016 的基本操作

下面介绍 Word 2016 的启动、新建、打开、保存、关闭和导出等方法。

### 1. 启动

Word 2016 的启动一般有以下3种方法。

- 方法一：双击 Word 2016 快捷图标。
- 方法二：选择"开始"→"Word"命令。
- 方法三：双击 Word 文档也可启动 Word 2016，并打开指定的文档。

### 2. 新建

启动 Word 2016 后会自动新建一个文档，如果用户想再建立一个新的文档，选择"文件"→"新建"命令，在窗口右侧的"新建"列表中选择需要创建的文档模板，例如"空白文档"，即可新建一个空白文档，如图3-5所示。在窗口右侧的"新建"列表区域中可供选择的方式有空白文档、书法字帖、博客文章、原创信函2等，用户可以在搜索框中搜索需要的文档模板。新建的文档按名称先后顺序排列，依次为"文档1、文档2……"。此外单击快速访问工具栏中的"新建"按钮也可新建一个空白文档。

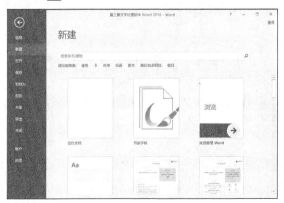

图3-5 "新建"窗口

### 3．打开

用户可以选择"文件"→"打开"命令或单击快速访问工具栏中的"打开"按钮，在右侧"打开"列表中单击"浏览"按钮，弹出"打开"对话框，找到需打开的文件，再单击"打开"按钮即可，如图3-6所示。

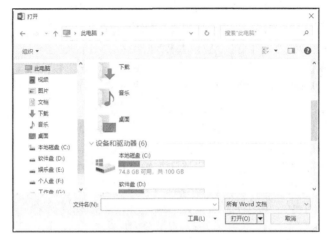

图 3-6 "打开"对话框

### 4．保存

如果用户想保留所编辑的内容，就需要保存文档。在 Word 2016 中保存文档的方式有多种，下面介绍几种常用的方法。

方法一：选择"文件"→"保存"命令。

如果是第一次保存，会在右侧出现"另存为"列表选项，单击"浏览"按钮，弹出"另存为"对话框，在该对话框中选择文件保存的位置及类型，然后输入新的文件名，最后单击"保存"按钮。

方法二：选择"文件"→"另存为"命令。

在右侧"另存为"列表中，单击"浏览"按钮，可将当前窗口中的信息保存为另一个新文件，原文件的内容不发生变化。而"保存"命令是将编辑后的信息写在原文件中，会对原文件的内容进行更新。

方法三：自动保存。

为了防止突发事件的发生，如断电或死机而导致文档的编辑内容丢失，Word 2016 提供了自动保存功能。

操作步骤如下。

（1）选择"文件"→"选项"命令，在弹出的对话框中选择"保存"命令，如图3-7所示。

（2）勾选"保存自动恢复信息时间间隔"复选框。

（3）输入间隔时间，以确定 Word 2016 自动保存文档的频率。

（4）单击"确定"按钮关闭对话框。

### 5．关闭

关闭是指关闭 Word 2016 所打开的文档，关闭文档并不会退出 Word 应用程序。如果仅关闭当前文档可选择"文件"→"关闭"命令，也可以双击 Word 2016 窗口左上角的"控制菜单"按钮或按"Alt+F4"组合键。

图 3-7　"Word 选项"对话框

当退出 Word 2016 时，Word 2016 将关闭所有的文档并退出 Word 2016 窗口；如果某些打开的文档没有保存，Word 2016 将询问在退出之前是否保存这些文档；若要保存文档，单击"保存"按钮；否则单击"不保存"按钮。

**6. 导出**

Word 2016 可以将 Word 文档保存为其他类型的文档，常见的类型有 PDF、XPS、TXT、MHTML、RTF 等。

操作步骤如下。

（1）选择"文件"→"导出"命令。

（2）单击"导出"→"创建 PDF/XPS 文档"右侧的"创建 PDF/XPS"按钮，可将文档保存为 PDF/XPS 格式，如图 3-8 所示。

（3）选择"导出"→"更改文件类型"右侧的文件类型，单击"另存为"按钮，可将文档另存为指定的文件类型。

图 3-8　"导出"窗口

**7. 视图的控制**

在 Word 2016 中，为了操作的方便，用户可以对视图的窗口大小、文档的显示比例等进行调整。在"视图"选项卡中，通过"视图"选项组可以设置文档的 5 种视图模式，通过勾选"显示"选项组中的复选框可以设置显示和隐藏窗口的标尺、网格线、导航窗格。在查看和编辑文档的过程中，用户可以通过"显示比列"选项组中的"显示比列""100%""单页""多页""页宽"等命令来改变文档的显示比例。

8．文档窗口的操作

在 Word 2016 中，用户可以在"视图"选项卡的"窗口"选项组中进行新建窗口、全部重排、拆分、并排查看、同步滚动和切换窗口等基本操作，以便对窗口进行管理。

（1）新建窗口

选择"视图"选项卡，然后单击"窗口"选项组中"新建窗口"按钮，如图 3-9 所示，即可新建一个包含当前文档内容的文档窗口。

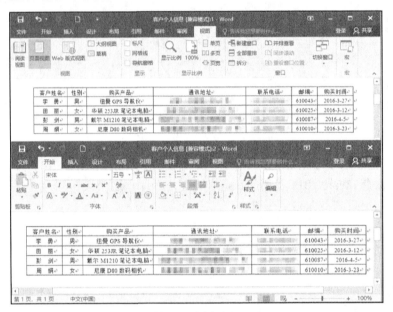

图 3-9　新建窗口

（2）全部重排

使用全部重排窗口的功能，可以将当前打开的所有文档沿水平方向紧密排列，方便用户同时对多个文档进行查看和编辑。

选择"视图"选项卡，然后单击"窗口"选项组中的"全部重排"按钮，即可并排平铺所有打开的文档窗口。

（3）拆分

使用拆分窗口的功能可以将当前窗口拆分为多个部分，以便用户同时查看文档的不同内容，从而方便在一篇较长文档的不同位置操作。

选择"视图"选项卡，然后单击"窗口"选项组中的"拆分"按钮，当鼠标指针形状变为上下箭头时，向下拖动鼠标指针至指定位置松开鼠标左键即可将窗口进行拆分。如果要取消拆分，可以单击"窗口"选项组中的"取消拆分"按钮，或者双击窗口的拆分条。

（4）并排查看

Word 2016 提供了对两个文档窗口并排查看的功能，通过两个窗口并排查看功能，用户可以比较不同窗口中的内容。

打开两个 Word 窗口，在当前文档窗口中选择"视图"选项卡，然后单击"窗口"选项组中的"并排查看"按钮，可以将这两个窗口垂直并排显示，从而进行内容的比较，如图 3-10 所示。

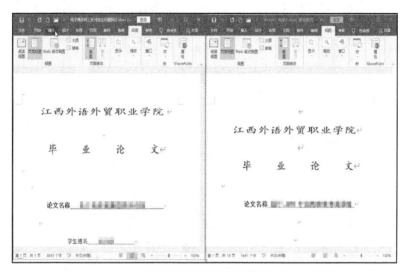

图 3-10　并排查看窗口

### 3.1.3　文本编辑的基础知识

创建新文档之后，就可以在文档中输入、编辑文本内容了。文本的内容可以是文字、符号、标点、特殊字符以及图形等。文档编辑主要是对文本内容的修改，用户要想得到规范的文档，就要熟练掌握各种文本的输入方法和对文本内容的各种修改方法。

#### 1. 文本的输入方式

将光标定位后，即可在当前位置输入文档内容。一般从页面的首行首列开始输入，当光标位于页面右边界时，再输入字符，Word 2016 将自动换行，光标自动移到下一行的行首位置。如果按"Enter"键，可结束本段落的输入，开始新的段落输入。文本的输入方式有插入或改写两种。

（1）插入方式

在默认的情况下，Word 2016 会把输入的文本添加到当前光标前，并将原来的文本自动向右移动，这种方式称为插入方式。

（2）改写方式

在改写方式下，输入的文本将覆盖光标处的源文本，同时光标右移。按"Insert"键，可以将插入方式切换为改写方式。

#### 2. 插入 Word 文档

在文档编辑过程中，经常需要调用其他文档，把另一个文档的内容插入当前正在编辑的文档中，插入的文档可以是各个版本的 Word 文档以及 PDF、XPS、TXT、HTML、RTF 文件等。

操作步骤如下。

（1）将鼠标指针移到需插入的位置上。

（2）选择"插入"选项卡，在"文本"选项组中的"对象"下拉列表中选择"文件中的文字"选项，弹出图 3-11 所示的对话框。通过改变不同的驱动器、文件夹或文件类型找到所需的文件，选中所需插入的文件。

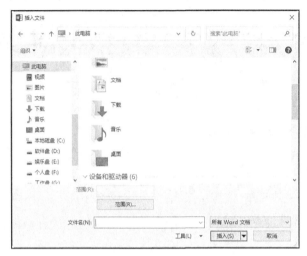

图 3-11　"插入文件"对话框

（3）单击"插入"按钮，选中文件的内容即被完全插入当前文档光标闪动的位置。

### 3．光标的移动和定位

对文本内容进行编辑，首先要定位光标，定位光标最常用的方法是移动鼠标指针至目标位置，鼠标指针的形状为"Ⅰ"，单击即可；也可使用键盘上的光标移动键来改变光标的位置。光标移动键有"上""下""左""右"键。常用的还有以下 8 种操作。

（1）"Home"：将光标移动到行首。

（2）"End"：将光标移动到行末。

（3）"Page Up"：上滚一屏。

（4）"Page Down"：下滚一屏。

（5）"Ctrl+ Page Up"：把光标移至上一页。

（6）"Ctrl+ Page Down"：把光标移至下一页。

（7）"Ctrl+Home"：将光标移动到文首。

（8）"Ctrl+ End"：将光标移动到文末。

### 4．文本的选定

Word 2016 可以对文本进行各种编辑操作，在编辑或排版文本之前，首先要选定文本，Word 2016 提供了多种选定文本的方法，可以用鼠标指针，也可以用键盘，一般用鼠标指针进行操作比较方便。

（1）选定若干字符

把鼠标指针移到要选定的文本之前，然后按住鼠标左键，拖动到要选定的文本的末端再松开鼠标左键。

（2）选定一个词组

把鼠标指针移到要选定的词组上，然后双击，即可选定鼠标指针附近的一个词组。

（3）选定一句话

先按住"Ctrl"键，再单击要选定句中的任意位置，即可选定一句话。

（4）选定一行文本

把鼠标指针移到该行的左侧，当鼠标指针变成斜向右箭头时，单击即可选定一整行文本。

（5）选定一段文本

把鼠标指针放置在段内的任意位置，然后连续单击 3 次鼠标左键，即可选定一段文本。

（6）选定矩形文本块

把鼠标指针置于要选定文本的一角，然后按住"Alt"键和鼠标左键拖动到文本块的对角，即可选定矩形文本块。

（7）选定全文

选择全部文本时，可以将鼠标指针移到文本中任意一行左侧，当鼠标指针变成斜向右箭头时，连续单击 3 次鼠标左键，即可选中全文。也可以按"Ctrl+A"组合键实现全选。

#### 5. 撤销与恢复

撤销与恢复是相对应的，撤销是取消上一步的操作，单击快速访问工具栏中的"撤销"按钮，可以向前撤销一步操作。单击该按钮右侧的下拉按钮，在弹出的下拉列表中可以选择需要撤销到的操作位置；按"Ctrl+Z"组合键也可以实现撤销功能。而恢复就是把撤销的操作恢复回来，单击快速访问工具栏中的"重复"按钮，或按"Ctrl+Y"组合键或按"F4"键都可以恢复上一步撤销的操作。

### 3.1.4　文本编辑的基础操作

#### 1. 文本的移动、复制和删除

（1）移动、复制文本

用户在对文档进行编辑时，经常会对选定的文本进行移动、复制操作。所谓的移动或复制，就是将选定的文本从一个位置移到或复制到另一个位置。移动、复制操作可以在同一文档中进行，也可以在不同的文档中进行。

方法一：使用鼠标指针拖动。

① 选定要移动、复制的文本。

② 如果是移动，按住鼠标左键将选定文本拖动至目标位置松开；如果是复制，先按住"Ctrl"键，再按住鼠标左键将选定文本拖动至目标位置松开。

方法二：使用"剪贴板"选项组中的按钮。

① 选定要移动、复制的文本。

② 如果是移动，则选择"开始"选项卡，单击"剪贴板"选项组中的"剪切"按钮；如果是复制，则单击"复制"按钮。

③ 将光标移到目标位置，单击"剪贴板"选项组中的"粘贴"按钮。

方法三：使用快捷键。

① 选定要移动、复制的文本。

② 如果是移动，按"Ctrl+X"组合键；如果是复制，则按"Ctrl+C"组合键。

③ 将光标移到目标位置，按"Ctrl+V"组合键。

---

注　意

Office 剪贴板可以存放最近的 24 次信息，并可重复使用。

---

（2）删除文本

选择要删除的文字，然后按"Delete"键或"Backspace"键均可将所选文字删除。使用

"Delete"键可以删除光标右边的字符；使用"Backspace"键，可以删除光标左边的字符。

### 2．查找和替换文本

查找和替换是任何一个文字处理软件中都非常有用的功能，它能快捷地进行查找和替换修改。Word 2016还可以根据文本的格式进行查找、替换操作，其查找、替换功能更加完善。

（1）直接查找对象

使用直接查找对象的方式，可以一次性显示文档中的所有相应内容。选择"开始"选项卡，单击"编辑"选项组中的"查找"按钮，在窗口左侧显示了"导航"窗格，用户在"导航"窗格的文本框中输入要查找的内容，即可在"导航"窗格的"结果"选项卡中查看查找到的对象及相匹配内容的数量，在文档中将重点突出查找到的内容，如图3-12所示。

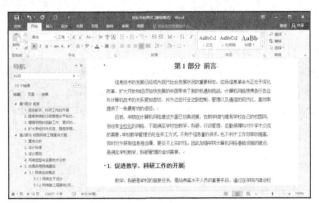

图3-12　直接查找对象

（2）使用"查找和替换"对话框

① 选择"开始"选项卡，单击"编辑"选项组中"查找"右侧的下拉按钮，在下拉列表中选择"高级查找"选项，弹出图3-13所示的对话框。

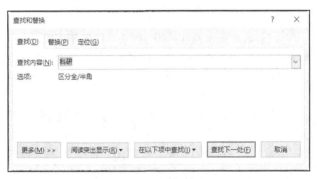

图3-13　"查找"选项卡

② 在"查找内容"文本框中输入要查找的文本。

③ 单击"查找下一处"按钮可以依次在文档中向下查找。

如果想要在文档中将所有的相应内容全部显示出来，可以单击"阅读突出显示"按钮，在下拉列表中选择"全部突出显示"选项，在文档中全部显示查找的内容。单击"更多"按钮，将展示更多的选项供用户设置。

（3）替换文本

"查找"命令可以让用户找到某个特定的文本，而"替换"命令可以在"查找"的基础上对某个文本进行替换。

操作步骤如下。

① 选择"开始"选项卡，单击"编辑"选项组中的"替换"按钮。

② 在"查找内容"文本框中输入需要被替换的内容，然后按"Tab"键或将光标移到"替换为"文本框中，在其中输入替换的内容。

③ 如果单击"替换"按钮，则将把所找到的需要替换的内容在某一处做相应的替换。如果单击"全部替换"按钮，Word 2016 会搜索整个文档中需要替换的文本，并将它们全部替换。替换完成后，Word 2016 会显示出消息对话框，告知用户总共替换了多少处。

（4）替换文档中的格式

Word 2016 不仅可以替换文本内容，还可以将文本的格式进行替换。

"格式"按钮用于设置所要查找的文本格式以及替换的文本格式。单击该按钮，会显示一个包含"字体""段落""制表位""语言""图文框""样式"和"突出显示"的列表。

（5）替换特殊字符

有时从网页上复制过来的内容会带有很多手动换行符，如果使用键盘删除，费时费力。而使用特殊字符功能则会事半功倍。单击"特殊字符"按钮，从弹出的列表中选择"手动换行符"，将"替换为"设为"段落标记"，即可快速地将这些手动换行符替换成段落结束标记。此外，用户还可对任意字符、任意字母、任意数字、制表符等进行查找和替换操作。

### 3．符号的输入

用户在输入文本的过程中，有时需要输入一些键盘上没有的特殊符号，如希腊字母、箭头、数字符号以及图形符号等。此时，就可以利用 Word 2016 提供的"符号"功能来插入所需的符号。

操作步骤如下。

（1）将光标定位到需要插入符号的位置。

（2）选择"插入"选项卡，单击"符号"选项组中"符号"右侧的下拉按钮，在下拉列表中选择"其他符号"选项，弹出图 3-14 所示的对话框。

（3）在"符号"选项卡中选择"字体"为"（普通文本）"，在"子集"中可以选择"希腊语和科普特语""广义标点""货币符号""数字形式""数学运算符"等。找到需要插入的符号后，单击"插入"按钮即可。

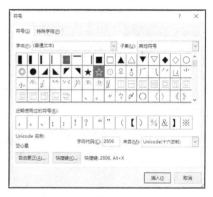

图 3-14　"符号"对话框

### 4．系统日期和时间的输入

在文档中可以插入固定的日期或时间，也可以使用数据域插入动态更新的日期和时间。

操作步骤如下。

（1）将光标置于要插入日期时间的位置。

（2）选择"插入"选项卡，在"文本"选项组中单击"日期和时间"按钮，弹出图 3-15 所示的对话框。

（3）在"可用格式"列表框中选择一种日期或时间的格式。

（4）如果取消勾选"自动更新"复选框，则插入的日期或时间为固定的日期时间；若勾选，则插入的日期或时间随文档的打开或打印时间动态更新。

图 3-15 "日期和时间"对话框

（5）单击"确定"按钮，将在文档编辑区的光标位置插入系统日期或时间。

### 5．数学公式的输入

文档中的字符一般通过键盘输入，但数学公式却无法输入，因此 Word 2016 为用户提供了一个数学公式编辑器，从而方便用户在文档中嵌入公式。

操作步骤如下。

（1）将光标置于要插入数学公式的位置。

（2）选择"插入"选项卡，单击"符号"选项组中"公式"右侧的下拉按钮。

（3）在下拉列表中选择"插入新公式"选项，弹出图 3-16 所示的窗口。"公式"工具栏中的"符号"选项组中有常用数学符号，"结构"选项组中包含各种数学工具模板，利用这些符号和工具就可以建立复杂的数学公式。也可以选择"墨迹公式"选项，进行手写公式的插入。

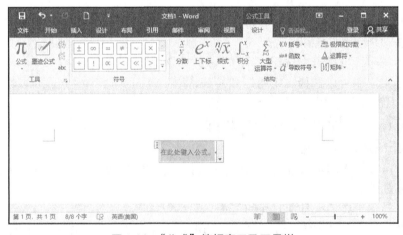

图 3-16 "公式"编辑窗口及工具栏

### 6．脚注或尾注的输入

用户在文档编辑中有时要对某些文字进行说明（注释），放在当前页底部的叫脚注，放在文档最后的叫尾注。

操作步骤如下。

（1）选定要注释的文本。

（2）选择"引用"选项卡，在"脚注"选项组中单击"脚注"按钮右侧的"对话框启动器"按钮 ⌐，弹出图 3-17 所示的对话框。

（3）在"位置"选项组内可选择"脚注"或"尾注"单选按钮。

（4）在"格式"选项组内可对编号格式、自定义标记、起始编号、编号方式等进行设置。

（5）在"应用更改"选项组内可设置此次更改是应用于所选文字还是整篇文档。

（6）单击"插入"按钮即可。

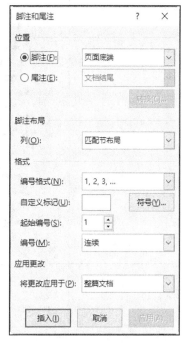

> **注意**　当添加完说明信息后，原选定的文字上方会添加标志（如 1，2，…）；如果要对说明信息进行编辑，只要在说明信息处单击然后做相应编辑操作即可。如果要删除说明信息，删除"脚注和尾注"的标志即可。

图 3-17　"脚注和尾注"对话框

## 3.2　制作聘用合同

给文档设置必要的格式，可以使文档版面更加美观，更便于他人阅读和理解文档的内容。文档的格式设置主要包括字体格式设置、段落格式设置、页面设置等。合同是一种法律文书，基本结构包括标题、当事人、正文和落款。本节将通过制作图 3-18 所示的聘用合同，介绍 Word 2016 的字体格式和段落格式设置。

任务要求如下。

（1）将文档标题（聘用合同）文字设置为"黑体、二号、加粗、红色、内部左侧阴影"。将标题字体"放大 1.5 倍、字符间距加宽 4 磅"。

（2）设置正文中的小标题文字字体为"宋体、小四号、加粗"，将正文中的其他段落文字设置为"宋体、五号"。

（3）给正文中的小标题文字添加颜色为"白色，背景 1，深色 15%"的底纹。给"合同编号"后面的数字加红色单线边框，设置线条大小为 1.5 磅。

（4）将正文（除了文中最后一处签字位置）中的所有"受聘人"文字设置为"粗体、加着重号"格式。在正文尾部"聘方：（盖章）"和"受聘人：（签字）"后面分别加上"红色下画线"。

（5）设置标题"居中"，"段前""段后"为"1 行"，"合同编号"所在行"右对齐"。设置正文内容（除标题外），每个段落首行缩进"2 字符"，行距为"1.25 倍"行距，"段前""段后"为"6 磅"。

（6）在小标题三中的 3 种工资类别前加上项目符号◆。

聘用合同

合同编号：123456789XXXXXX

根据《中华人民共和国劳动法》和《×××劳动合同条例》及其他有关法律法规的规定，聘用双方本着平等自愿、协商一致的原则，达成如下协议。

一、工作岗位和工作

根据工作需要，受聘人将于我公司从事（　　　　）工作。

二、合同期限

聘方根据受聘人工作岗位的性质，合同期限：自（　）年（　）月（　）日至（　）年（　）月（　）日止，为期（　）年，其中试用期为（　）个月。

三、工资

聘方根据受聘人的工作岗位性质和薪酬福利制度，采用如下工资制。

- 固定工资制。受聘人固定月工资标准为人民币（　　　）元。
- 底薪提成工资制。受聘人固定月工资标准（底薪）为人民币（　　）元，并依业务考核制度，根据受聘人每月完成的业务额，发放业务考核工资。
- 业务提成制。聘方对受聘人采用松散式管理。受聘人按一定比例享受业务提成，聘方以此作为受聘人每月薪酬发放薪资。

四、社会保险和福利待遇

（一）聘方按深圳市社会保险的有关规定，为受聘人办理养老、工伤、医疗、失业等社会保险。

（二）受聘人因工致伤残、死亡的，按《工伤保险条例》及有关规定处理。

（三）其他福利待遇根据聘方制定的有关制度执行。

聘方：（盖章）＿＿＿＿＿＿＿＿受聘人：（签字）＿＿＿＿＿＿＿＿

主要负责人/日期：　　　　　　日期：

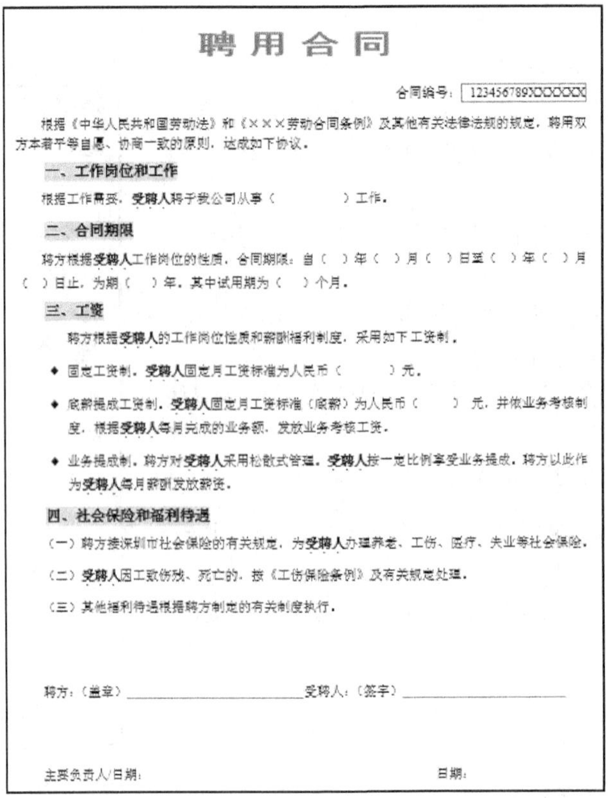

图 3-18　“聘用合同”局部效果图

## 3.2.1　字体的格式设置

字符是指汉字、字母、空格、标点符号、数字和符号等，字体格式就是指字符的外观。在字符的输入和文档编辑过程中，为了突出某些字符或使编辑的文档更整洁、美观，用户可以通过“格式”选项卡中的相关按钮来设置，用鼠标指针靠近这些工具时会有提示文字。常用的字体格式有字体、字号、加粗、倾斜、上标、下标、下画线、着重号、字符边框、字符底纹、字符缩放、颜色等。

### 1．基础知识

（1）设置字体

在 Word 2016 中，用户通常可以通过单击“开始”选项卡的“字体”选项组中的各种按钮和单击“字体”选项组右侧的“对话框启动器”按钮，打开“字体”对话框，如图 3-19 所示。

图 3-19　“字体”对话框

在“字体”对话框中可以进行的设置如下。

①“中文字体”下拉列表：单击右侧的下拉按钮，滚动选择所需的中文字体。

②“西文字体”下拉列表：单击右侧的下拉按钮，滚动选择所需的英文字体。

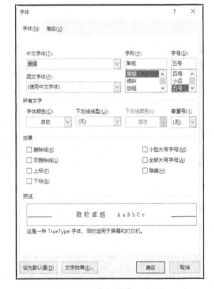

③ "字形" 列表框：可以直接选择字形。

④ "字号" 列表框：可以直接选择字号，也可以直接输入字号大小。

⑤ "所有文字" 选项组：可以设置字体颜色、下画线的类型及颜色、有无着重号。

⑥ "效果" 选项组：可在所列的删除线、双删除线、上标、下标、小型大写字母、全部大写字母、隐藏 7 种效果中进行选取，选择多项时效果会叠加。

⑦ "预览" 选项组：可以查看当前字体的外观效果。

⑧ "设为默认值"：所选文字采用默认效果显示。

⑨ "文字效果"：单击 "文字效果" 按钮会弹出 "文字效果" 对话框，可以分别设置文本填充与轮廓、文字效果；文本填充与轮廓包括文本填充、文本边框，如图 3-20 所示；文字效果包括阴影、映像、发光、柔化边缘和三维格式等，如图 3-21 所示。

图 3-20　文本填充与轮廓

图 3-21　文字效果

（2）设置字符间距

在 "字体" 对话框的 "高级" 选项卡中可以设置的参数如图 3-22 所示。

① "缩放"：可以改变所选文字的长宽比例。

② "间距"：有 3 个选项，即 "标准" "加宽" 和 "紧缩"；用户可根据需要选择并单击其中的一项，如果要选择的是 "加宽" 或 "紧缩"，在 "磅值" 文本框中可以选择或输入 "加宽" 或 "紧缩" 的磅值。

③ "位置"：可以改变所选字符与基准位的相对位置关系，有 3 个选项，即 "标准" "上升" 和 "下降"。

④ "为字体调整字间距" 复选框：可以调整字间距。

⑤ "如果定义了文档网格，则对齐到网格" 复选框：可以与网格对齐。

图 3-22　"高级" 选项卡

（3）设置边框和底纹

给文本添加边框和底纹不但能够使这些文字更引人注目，而且可以使文档更美观。当然，让文本以不同的颜色显示，也能起到突出显示的作用。边框是围在文字四周的框，底纹是指用背景填充文字。边框和底纹除了可以在显示器中显示出来之外，还可以打印出来。

① 设置边框

给文本添加边框的操作过程如下。

- 选定要添加边框的文本。
- 选择"开始"选项卡，单击"字体"选项组中的"字符边框"按钮，即可为选择的文本添加边框。
- 如果用户需要为文本或段落添加其他的边框，在"段落"选项组中单击"边框"右侧的下拉按钮▦▾，在弹出的下拉列表中选择"边框和底纹"选项，在弹出的对话框中选择"边框"选项卡，如图 3-23 所示。
- 在"设置"选项组中选择边框的类型。
- 在"样式"列表框中选择边框的线型。
- 在"颜色"下拉列表中选择边框的颜色。
- 在"宽度"下拉列表中选择边框的宽度。
- 在"应用于"下拉列表中选择"文字"或"段落"。
- 单击"确定"按钮，即可按照要求设置文字的边框。

② 页面边框

在 Word 文档中还可以在页面四周添加边框，除了可以为页面加线型边框外，还可以在页面周围添加艺术型边框。在"段落"选项组中单击"边框"右侧的下拉按钮▦▾，在弹出的下拉列表中选择"边框和底纹"选项，在弹出的对话框中选择"页面边框"选项卡，如图 3-24 所示，其中的具体设置和"边框"选项卡类似。

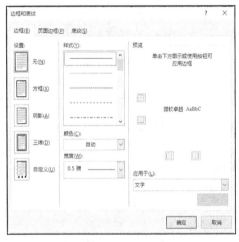

图 3-23 "边框"选项卡

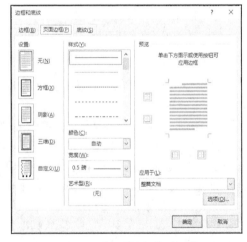

图 3-24 "页面边框"选项卡

③ 设置底纹

给文本添加底纹的操作过程如下。

- 选定要添加底纹的文本。
- 选择"开始"选项卡，单击"字体"选项组中的"字符底纹"按钮Ａ，即可为选择的文本添加底纹。
- 如果用户需要为文本或段落添加其他的底纹，在"段落"选项组中单击"边框"右侧的下拉按钮▦▾，在弹出的下拉列表中选择"边框和底纹"选项，在弹出的对话框中选择"底纹"选项卡，如图 3-25 所示。

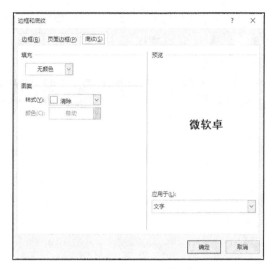

图 3-25 "底纹"选项卡

- 在"填充"选项组中选定所需底纹的填充颜色。
- 在"图案"选项组中选定所需图案样式和颜色。
- 在"应用于"下拉列表中选择"文字"或"段落"。
- 单击"确定"按钮，即可按照要求设置文本的底纹。

④ "格式刷"的使用

格式刷就是"刷"格式用的，也就是复制格式用的。在 Word 2016 中格式同文字一样是可以进行复制的。

操作步骤如下。

- 选定要复制格式的文字。
- 单击"开始"选项卡的"剪贴板"选项组中的"格式刷"按钮 格式刷，鼠标指针就变成了一个小刷子的形状。
- 按住鼠标左键并拖过要进行相同格式设置的文字，此时，这把刷子"刷"过的文字的格式就变得和先前选择的文字的格式一样了。

注意　如果要重复使用"格式刷"，则应双击"格式刷"按钮，这样"格式刷"就可以连续对其他文字进行格式复制，再次单击"格式刷"按钮即可恢复正常的编辑状态。另外还可按"Ctrl+Shift+C"组合键把格式复制下来，按"Ctrl+Shift+V"组合键粘贴格式。

### 2. 操作步骤

将给定的文档"案例一　聘用合同.docx"打开，然后按照下列要求进行排版操作并保存。

**步骤** 1　将文档标题（聘用合同）设置为"黑体、二号、加粗、红色、内部左侧阴影"。将标题字体"放大 1.5 倍、字符间距加宽 4 磅"。

（1）选中标题文字"聘用合同"，单击"字体"选项组右侧的"对话框启动器"按钮，弹出"字体"对话框，在"中文字体"下拉列表中选择"黑体"，在"字号"下拉列表中选择"二号"，在"字形"下拉列表中选择"加粗"，在"字体颜色"下拉列表中选择"红色"。

（2）单击"文本效果"右侧的下拉按钮，选择下拉列表中的"阴影"→"内部"→"左"选项，将标题设置为"内部左侧阴影"效果。

（3）单击"字体"选项组右侧的"对话框启动器"按钮，在弹出的"字体"对话框中选择"高级"选项卡，设置"缩放"为"150%"，"间距"为"加宽"，"磅值"为"4磅"，单击"确定"按钮，效果如图3-26所示。

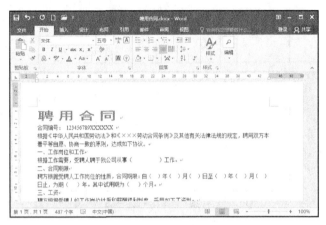

图3-26　步骤1效果图

**步骤2**　设置正文中的小标题文字字体为"宋体、小四号、加粗"，将正文中的其他段落文字设置为"宋体、五号"。

（1）选中第一个小标题文字，设置字体格式为宋体、小四号、加粗。

（2）双击"剪贴板"选项组中的"格式刷"按钮，鼠标指针变成刷子形状后，按住鼠标左键并拖过要进行相同格式设置的其他小标题，效果如图3-27所示。

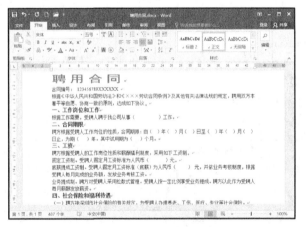

图3-27　步骤2效果图

（3）正文中的其他段落文字的格式设置与上一步的操作类似。

注意　除了可以使用"格式刷"复制格式之外，还可以在按住"Ctrl"键的同时单击选中多个不连续对象来设置相同的字体格式。

**步骤3**　给正文中的小标题文字添加颜色为"白色，背景1，深色15%"的底纹。给"合同编号"后面的数字加红色单线边框，设置线条大小为1.5磅。

（1）按住"Ctrl"键单击选中正文中的4个小标题文字。

（2）单击"段落"选项组中"边框"右侧的下拉按钮，在弹出的下拉列表中选择"边框和底纹"选项，在弹出的对话框中选择"底纹"选项卡，设置"填充"的颜色为"白色，背景 1，深色 15%"，设置"应用于"为"文字"，单击"确定"按钮。

（3）选中"合同编号"后面的数字，单击"段落"选项组中选项"边框"右侧的下拉按钮，在弹出的下拉列表中选择"边框和底纹"选项，在弹出的对话框中选择"边框"选项卡，设置"线条样式"为"单实线"，"颜色"为"红色"，"宽度"为"1.5 磅"，设置"应用于"为"文字"，单击"确定"按钮，效果如图 3-28 所示。

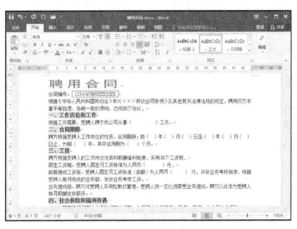

图 3-28　步骤 3 效果图

**步骤 4**　将正文（除了文中最后一处签字位置）中的所有"受聘人"文字设置为"粗体、加着重号"格式。在正文尾部"聘方：（盖章）"和"受聘人：（签字）"后面分别加上"红色下画线"。

（1）将光标定位到文档尾部省略号的前面，单击"开始"选项卡的"编辑"选项组中的"替换"按钮，在弹出的"查找和替换"对话框中，输入查找内容"受聘人"和替换内容"受聘人"。

（2）单击"更多"按钮，并且确保此时鼠标光标在"替换内容"文本框中，单击"格式"下拉列表中的"字体"，在打开在"字体"对话框中设置"字形""加粗"，添加"着重号"，选择"搜索"选项为"向上"搜索，如图 3-29 所示。

（3）单击"全部替换"按钮，弹出对话框，单击"否"按钮完成替换，如图 3-30 所示。

图 3-29　替换参数设置

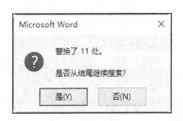

图 3-30　替换结果

（4）将光标分别定位到"聘方：（盖章）"和"受聘人：（签字）"的后面，选中空白区域，单击"字体"选项组中"下画线"右侧的下拉按钮 <u> ，选择下拉列表中的"下画线"选项，再选择"下画线颜色"下拉列表中的"红色"选项。

### 3.2.2 段落的格式设置

段落是以"Enter"键作为结束的一段连续字符的集合，段落的格式设置就是对段落进行属性设置，主要有对齐方式、缩进、间距设置等。

**1. 基础知识**

（1）设置段落对齐方式

Word 2016 提供的段落对齐方式有 5 种，分别是左对齐、居中、右对齐、两端对齐和分散对齐。

具体操作步骤如下。

① 选定要进行对齐的段落。

② 单击"段落"选项组中的对齐按钮（选择 ≡ ≡ ≡ ≡ ≡ 之一），或单击"段落"选项组右侧的"对话框启动器"按钮 ，可以打开"段落"对话框，在对话框的"对齐方式"下拉列表中选择所需要的对齐方式。

（2）设置段落缩进

设置段落缩进的目的是使文档的段落结构显示得更加条理清晰，章节层次分明，更便于读者阅读。段落缩进有"字符"和"厘米"两种单位，默认情况下单位为"字符"。

方法一：使用标尺。

利用标尺的缩进标记可以改变文本的缩进量，具体可以进行左缩进、右缩进、首行缩进、悬挂缩进等操作，将鼠标指针移到缩进标记上时，会自动显示该缩进标记的名称，如图 3-31 所示。

图 3-31　标尺上的缩进按钮

方法二：使用工具按钮设置缩进。

在"段落"选项组中有两个缩进按钮，分别如下。

① 减少缩进量 ：减少文本的缩进量或将选定的内容提升一级。

② 增加缩进量 ：增加文本的缩进量或将选定的内容降低一级。

每单击一次缩进按钮，所选文本减少或增加的缩进量为一个汉字的距离。

方法三：使用"段落"对话框。

以上介绍的几种缩进方式只能粗略地进行缩进，如果想要精确地缩进文本，可以使用"段落"对话框中的"缩进和间距"选项卡进行设置。

操作步骤如下。

① 将光标置于要进行缩进的段落内。

② 单击"开始"选项卡中的"段落"选项组右侧的"对话框启动器"按钮 ，弹出"段落"对话框，如图 3-32 所示。

③ 在"缩进和间距"选项卡的"缩进"选项组中输入或选择需要左、右缩进的度量值；在"特殊格式"下拉列表中选择"首行缩进"或"悬挂缩进"选项和输入"缩进值"。

④ 单击对话框中的"确定"按钮。

（3）设置行间距

行间距是指一个段落中行与行之间的距离，在 Word 2016 中默认的行间距是单倍行距，行间距的具体值由该行的字体大小来决定。行间距有"行"和"磅"两种单位，默认情况下单位为"行"。

操作步骤如下。

① 选定要调整行距的段落或将光标定位到该段落内。

② 单击"开始"选项卡中"段落"选项组右侧的"对话框启动器"按钮 ，弹出"段落"对话框。

③ 在"缩进和间距"选项卡下的"间距"选项组中单击"行距"右侧的下拉按钮 1.5 倍行距 ，将会出现下拉列表。

④ 在"行距"下拉列表中选择所需要的选项。

- 单倍行距。行距为行中最大字符的高度再加一个额外的附加量。

- 2 倍行距。行距为单倍行距的 2 倍。

- 最小值。行距至少是"设置值"框中输入的值，如果正文行含有大的字符，会相应地增加行距。

图 3-32 "段落"对话框

- 固定值。行距是固定的，如果有文字超出这个行距将被裁剪。

- 多倍行距。行距为单倍行距乘以指定的倍数，用户可以自行输入。

⑤ 单击对话框中的"确定"按钮。

（4）设置段落间距

段落间距是指上一段落的最后一行和下一段落的第一行之间的距离。为了使文档层次清晰，用户可以根据需要设置段落间距的精确值。系统默认的段间距为单倍行距。段间距有"行"和"磅"两种单位，默认情况下单位为"行"。

操作步骤如下。

① 选定要设置段间距的段落。

② 单击"开始"选项卡中的"段落"选项组右侧的"对话框启动器"按钮 ，弹出"段落"对话框。

③ 在"缩进和间距"选项卡的"间距"选项组中的"段前""段后"框中输入设置值。例如，输入"0.5 行"。

④ 单击"确定"按钮。

（5）插入项目符号及编号

在 Word 2016 中，可以在输入时自动产生带项目符号或编号的段落，也可以在输入文本后进行设置，添加项目符号或编号有助于把一系列重要条目或论点与文档中其他的文本分开。

插入项目符号的操作步骤如下。

① 选定要添加项目符号的若干段落。

② 选择"开始"选项卡，单击"段落"选项组中 "项目符号"右侧的下拉按钮 ，在"项目符号库"中选择一种项目符号。如果在"项目符号库"中没有需要的项目符号，可以在"项目符号"下拉列表中选择"定义新项目符号"选项，打开"定义新项目符号"对话框，如图 3-33 所示。

③ 单击"符号"按钮，可以在"符号"对话框中选择其他的符号作为项目符号。

④ 单击"确定"按钮，在被选中的段落前都会添加项目符号。

插入编号的操作步骤如下。

① 选定要添加编号的若干段落。

② 选择"开始"选项卡，单击"段落"选项组中"编号"右侧的下拉按钮 ，在"编号库"中选择一种编号。如果在"编号库"中没有需要的编号，可以在"编号"下拉列表中选择"定义新编号格式"选项，打开"定义新编号格式"对话框，如图 3-34 所示。

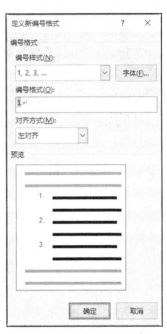

图 3-33 "定义新项目符号"对话框　　　　图 3-34 "定义新编号格式"对话框

③ 选择"编号样式"下拉列表中的编号样式。

④ 单击"确定"按钮，在被选中的段落前都会添加编号。

### 2. 操作步骤

**步骤 1**　设置标题"居中"，"段前""段后"为"1 行"。"合同编号"所在行"右对齐"。设置正文内容（除标题外）每个段落都首行缩进"2 字符"，行距为"1.25 倍"行距，"段前""段后"为"6 磅"。

（1）选择标题，单击"段落"选项组中的"居中"按钮 。单击"段落"选项组右侧的"对话框启动器"按钮 ，弹出"段落"对话框，在"间距"选项组中输入"段前""段后"均为"1 行"。

（2）选中"合同编号"所在行，单击"段落"选项组中的"右对齐"按钮 。

（3）选中正文所有内容，单击"段落"选项组右侧的"对话框启动器"按钮 ，弹出"段落"对话框，在"特殊格式"选项组中设置"首行缩进"为"2 字符"，在"行距"后的"设置值"框内输入"1.25"，在"间距"中输入"段前""段后"均为"6 磅"。

（4）单击"确定"按钮即可，效果如图 3-35 所示。

**步骤 2**　在小标题三中的 3 种工资类别前加上项目符号◆。

（1）选择 3 种工资类别所在的段落。

（2）选择"开始"选项卡中的"段落"选项组，单击"项目符号"右侧的下拉按钮，在下拉列表中的"项目符号库"中找到"◆"符号即可，效果如图 3-36 所示。

图 3-35　步骤 1 效果图

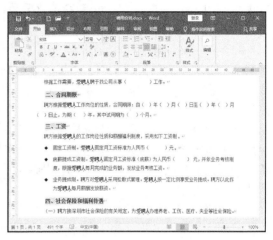

图 3-36　步骤 2 效果图

## 3.3　制作企业简报

前面讲了如何安排文档中的文字内容，但在实际的文档中还有一些非文字的图形内容，它们的说明效果有时比文字更直观、清晰。简报是传递某方面信息的简短内部小报，可以是调查报告、情况报告、工作报告、消息报道等。本节将通过制作图 3-37 所示的企业简报效果图，介绍 Word 2016 的图文排版，艺术字、形状、图片、文本框、SmartArt 图形等的编辑。

图 3-37　企业简报制作效果图

任务要求如下。

（1）在正文前空 4 行，放置艺术字标题"企业简报"。艺术字样式为"填充-白色，轮廓-着色 2，清晰阴影-着色 2"；文字发光效果为"红色，8pt 发光，个性色 2"；文字转换效果为"正三角"。

（2）将正文部分小标题设置为"宋体、四号、加粗"；设置"段前""段后"为"0.5 行"，将其余部分文本设置为"小四、宋体，首行缩进 2 字符，行间距 1.25 倍"。

（3）在"一、公司简介"正文中插入"公司图片"，要求图片样式为"柔化边缘矩形"，高为 6 厘米，宽为 8 厘米"，与周边文字"紧密环绕"，置于正文的右上角。

（4）根据"二、公司组织结构"后面正文的描述，使用 SmartArt 制作公司结构图。要求使用"组织结构图"版式，颜色为"彩色范围-个性色 3-4"，样式为中等效果。结构图中的形状为"圆角矩形"，形状中的文字为"竖排"显示、"微软雅黑"字体，"12 号"大小。调整形状到合适的大小。

（5）将"三、城市宽带网络建设先行者"正文的第一行第一个字设置为"下沉 3 行、黑体，距离正文 0.2 厘米"。将该部分正文的倒数 4 个段落分 3 栏、各栏宽相等显示。

（6）绘制一个竖排文本框，将文章最后 6 行的文字内容放置在文本框内。要求：文本框的边框为"蓝色、1.5 磅、方点"，文本框内无填充色，文本框中的文字"竖排"显示。

（7）绘制"爆炸形 1"形状，样式为"中等效果-橙色，强调颜色 6"。在形状中添加文本内容"人生警句"，修改文字字体为"小四、黑体"。将形状放置在文本框的右上角。

（8）设置页面颜色为"水绿色，个性 5，淡色 80%"，给页面添加内容"××××有限公司"，并使用"72 号、黑体"的文字水印。

### 3.3.1 艺术字的插入与编辑

艺术字就是有特殊效果的文字，可以有各种颜色，使用各种字体，可以带阴影，可以倾斜、旋转和延伸，还可以变成特殊的形状。

#### 1．基础知识

（1）创建艺术字

操作步骤如下。

① 选择"插入"选项卡，在"文本"选项组中单击"艺术字"右侧的下拉按钮，在弹出的下拉列表中可以选择多种艺术字样式，如图 3-38 所示。

② 单击想要用的"艺术字"样式后，在文档中可以直接输入文字，如图 3-39 所示。

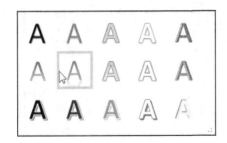

图 3-38　艺术字样式库

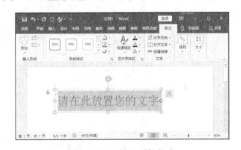

图 3-39　插入艺术字

（2）编辑艺术字

插入的艺术字被放在了一个矩形框中，可以对艺术字和其所在的矩形框进行编辑。单击艺术字可选定该矩形框。此时矩形框周围出现了 8 个控制点，拖动鼠标指针可以改变矩形框的位置，拖动控制点可以改变矩形框的尺寸。双击该图形，即可进入绘图工具的"格式"选项卡，其中从左到右的选项组说明如下。

① "插入形状"选项组

- 图形样式库：Word 2016 中提供了很多现成的形状图形，如圆、矩形、线条、箭头、流程图等。
- 编辑形状：更改绘图的形状，将其转换为任意多边形，或编辑环绕点以确定文字环绕绘图的方式。
- 文本框：绘制横排和竖排文本框。

② "形状样式"选项组

- 外观样式库：设置矩形框线条或形状的外观样式。
- 形状填充：使用主题颜色、标准色、图片、渐变或纹理填充选定的形状。
- 形状轮廓：艺术字所在矩形框轮廓的颜色、线型和粗细。
- 形状效果：艺术字所在矩形框应用外观效果，如发光、阴影、映像和三维旋转等。
- 设置形状格式：单击"形状样式"选项组右侧的"对话框启动器"按钮 ⤣，弹出"设置形状格式"窗格，在"设置形状格式"窗格的"形状选项"中可以设置艺术字所在矩形框的"填充与线条"（见图 3-40）、"效果"（见图 3-41）和"布局属性"（见图 3-42）。

图 3-40　填充与线条

图 3-41　效果

图 3-42　布局属性 1

③ "艺术字样式"选项组

- 外观样式库：设置矩形框中的艺术字外观样式。
- 文本填充：使用主题颜色、标准色、渐变色填充选定的艺术字。
- 文本轮廓：指定选定艺术字的轮廓颜色、线型和粗细。
- 文本效果：对选定艺术字应用外观效果，如发光、阴影、映像、三维旋转和转换等。
- 设置文本效果格式：单击"艺术字样式"选项组右侧的"对话框启动器"按钮 ⤣，弹出"设置形状格式"窗格，在"设置形状格式"窗格的"文本选项"中可以设置艺术字的"文本填充与轮廓"（见图 3-43）、"文字效果"（见图 3-44）和"布局属性"（见图 3-45）。

图 3-43　文本填充与轮廓

图 3-44　文字效果

图 3-45　布局属性 2

④ "文本"选项组

- 文字方向：设置艺术字的显示方向。
- 对齐文本：设置艺术字在矩形框中垂直方向的上、中、下位置。
- 创建链接：将选中的艺术字链接到一个新的文本框中。

⑤ "排列"选项组

- 位置：设置艺术字的环绕方式，艺术字与页面所对齐的环绕方式有9种，分别对齐垂直方向的上、中、下和水平方向的左、中、右。
- 环绕文字：更改艺术字周围的文字环绕方式。艺术字与正文的环绕方式主要有"嵌入型""四周型""紧密型""穿越型""上下型""衬于文字下方""浮于文字上方""编辑环绕顶点""随文字移动""修复页面上在位置"等。
- 上移一层：将所选对象上移，使其不被前面的对象遮挡。
- 下移一层：将所选对象下移，使其被前面的对象遮挡。
- 选择窗格：显示"选择窗格"，帮助选择单个对象，并更改其顺序和可见性。
- 对齐：将所选的多个对象对齐，对齐方式有"左对齐""水平居中""右对齐""顶端对齐""垂直居中""底端对齐""横向分布""纵向分布"等。
- 组合：将所选对象组合到一起，以便将它们作为单个对象处理。
- 旋转：旋转或翻转对象，旋转方式有"向右旋转900""向左选择900""垂直翻转""水平翻转"等。

⑥ "大小"选项组

- 形状高度：精确调整艺术字所在矩形框的高度。
- 形状宽度：精确调整艺术字所在矩形框的宽度。

**2．操作步骤**

打开"制作企业简报"文档，然后按照下列要求进行排版操作并保存。

**步骤1** 在正文前空4行用于放置艺术字标题"企业简报"。艺术字样式为"填充-白色，轮廓-着色2，清晰阴影-着色2"，文字发光效果为"红色，8pt发光，个性色2"，文字转换效果为"正三角"。

（1）将光标定位到文档开始位置，按"Enter"键在正文前空出4行。再次将光标定位到第一行，单击"插入"选项卡下"文本"选项组中"艺术字"右侧的下拉按钮，选择指定的艺术字样式。

（2）在艺术字矩形框中输入"企业简报"，选中艺术字，在"绘图工具"的"格式"选项卡下的"艺术字样式"选项组中的"文本效果"下拉列表中选择"发光"选项，找到指定的文字发光效果"红色，8pt发光，个性色2"；执行同样的操作可以找到指定的文字转换效果"正三角"，效果如图3-46所示。

图 3-46 步骤 1 效果图

**步骤2** 将正文部分小标题设置为"宋体、四号、加粗"，设置"段前""段后"为"0.5行"，将其余部分的文本设置为"小四、宋体，首行缩进2字符，行间距1.25倍"。

（1）选择正文中的小标题，设置字体格式"宋体、四号、加粗"。

（2）选择其余文本，设置文本样式为"小四、宋体，首行缩进 2 字符，行间距 1.25 倍"。

## 3.3.2 图片的插入与编辑

将图形插入文档中，可选择"插入"选项卡，从"插图"选项组中选择"图片""联机图片""形状""SmartArt 图形""图表""屏幕截图"等。

### 1. 基础知识

（1）插入图片

插入图片是指将已制作好的图片插入正文指定的位置上，图片插入后成为文件的一部分，并可以进行编辑等操作。在 Word 2016 中，规定只有通过过滤后的图形文件才能插入文档中，如.bmp、.gif、.jpg、.png、.wmf 等。

操作步骤如下。

① 将光标置于要插入图片的位置。

② 选择"插入"选项卡，单击"插图"选项组中的"图片"按钮，弹出"插入图片"对话框。

③ 在"插入图片"对话框中选择图形文件所在的文件夹及文件名。

④ 单击"插入"按钮即可。

（2）编辑图片

插入一幅图片后，单击图片可选定该图片。此时图片周围出现了 8 个控制点，拖动鼠标指针可以改变图片的位置，拖动控制点可以改变图片的尺寸。双击该图片，即可进入"图片工具"的"格式"选项卡，其中从左到右的选项组说明如下。

① "调整"选项组

- 删除背景：可以将图片的背景删除。
- 更正：修改图片的亮度、对比度或清晰度。
- 颜色：调整图片的颜色。
- 艺术效果：给图片添加艺术效果。
- 压缩图片：压缩文档中的图片以减小图片尺寸。
- 更改图片：将当前图片更改为其他图片，但保存当前图片的大小和格式。
- 重设图片：放弃对该图片所做的所有格式修改。

② "图片样式"选项组

- 外观样式库：设置图片的总体外观样式。
- 图片边框：设置图片边框的颜色、线型、粗细。
- 图片效果：对图片应用某种视觉效果，例如，阴影、发光、映像或三维旋转。
- 图片版式：将所选的图片转换为 SmartArt 图形，可以轻松地排列、添加标题，并调整图片的大小。
- 设置图片格式：单击"图片样式"选项组右侧的"对话框启动器"按钮，在窗口右侧弹出"设置图片格式"窗格；在"设置图片格式"窗格中可以设置图片的填充效果、线条颜色、线型、阴影、映像、发光和柔化边缘、三维格式、三维旋转、艺术效果、布局属性、图片更正、图片颜色、裁剪等。

③ "排列"选项组

"排列"选项组中的命令与编辑艺术字时的命令相似，此处不再赘述。

④ "大小"选项组

• 裁剪：用户可以自由裁剪图片，也可根据 Word 2016 提供的形状对图片进行裁剪。

• 高度：精确调整图片的高度。

• 宽度：精确调整图片的宽度。

单击"大小"选项组右侧的"对话框启动器"按钮 ，弹出"布局"对话框，取消勾选"锁定纵横比"复选框可以改变图片的原有比例，如图 3-47 所示。

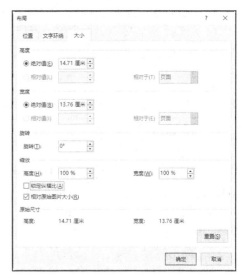

图 3-47  "布局"对话框

2. 操作步骤

在"一、公司简介"正文中插入"公司图片"，要求图片样式为"柔化边缘矩形"，高为 6 厘米，宽为 8 厘米，与周边文字"紧密环绕"，置于正文的右上角。

（1）将光标置于文档任意位置，单击"插入"选项卡的"插图"选项组中的"图片"按钮，找到对应的图片并插入。

（2）选中图片，单击"图片工具"下"格式"选项卡中的"图片样式库"按钮，选择指定的图片样式"柔化边缘矩形"。

（3）选中图片，单击"图片工具"下"格式"选项卡中的"大小"选项组右侧的"对话框启动器"按钮 ，在弹出的"布局"对话框中选择"大小"选项卡，在"缩放"中取消勾选"锁定纵横比"复选框，然后修改图片高为 6 厘米，宽为 8 厘米。

（4）选中图片，单击"图片工具"下"格式"选项卡的"排列"选项组中的"环绕文字"右侧的下拉按钮，在下拉列表中选择"紧密型环绕"选项，拖动图片至"公司简介"文字内容的右上角，效果如图 3-48 所示。

图 3-48  效果图

114

### 3.3.3　SmartArt 图形的插入与编辑

SmartArt 图形是信息和观点的视觉表示形式，能够快速、轻松、有效地传达信息。虽然插图和图形比文字更有助于读者理解和记忆信息，但它们只适合于传达某些类型的信息，而适合创建 SmartArt 图形的信息包括流程、层次结构、循环或关系等。

#### 1. 基础知识

（1）创建 SmartArt 图形

在创建 SmartArt 图形之前，用户需要考虑最适合显示数据的类型和布局，SmartArt 图形要传达的内容是否要求了特定的外观等问题。下面介绍创建 SmartArt 图形的方法，具体操作步骤如下。

① 将光标定位到需要插入 SmartArt 图形的位置，选择"插入"选项卡，单击"插图"选项组中的"SmartArt"按钮，弹出"选择 SmartArt 图形"对话框。其左侧显示了 8 类图形，如图 3-49 所示。

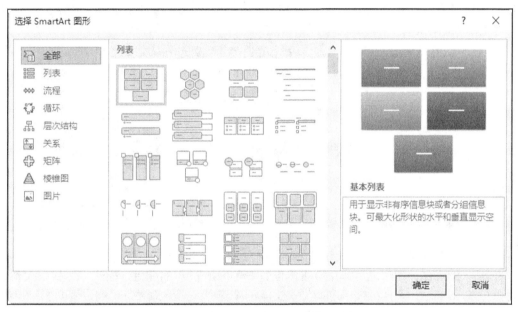

图 3-49　"选择 SmartArt 图形"对话框

- 列表：该组图形中的布局对不遵循分步或有序流程的信息进行分组。
- 流程：该组图形中的布局通常包含一个方向流，并且对流程或者工作流中的步骤进行图解。
- 循环：该组图形主要用于对循环流程或重复性流程进行图解。
- 层次结构：该组图形主要用于显示一种有方向性的等级层次关系。
- 关系：该组图形主要用于显示数据之间的一种连接或者循环关系。
- 矩阵：该组图形主要用于显示部分与整体之间的关系。
- 棱锥图：该组图形主要用于显示各部分对象之间的比例关系。
- 图片：该组图形主要用于插入各种图片，使文字与图片能更好地结合。

② 选择一种图形，如"循环"类型中的"基本循环"，如图 3-50 所示。单击"确定"按钮，即可在图像中显示该组循环图表，如图 3-51 所示。

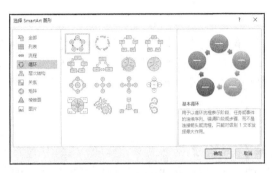

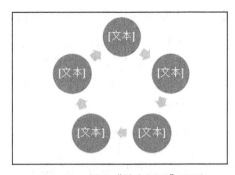

图 3-50　选择"基本循环"图形　　　　　图 3-51　创建"基本循环"图形

③ 创建好 SmartArt 图形后，用户就可以在图形各部分输入相应的内容信息。在 SmartArt 图形中输入内容的方法包括使用"文本窗格"输入和直接在图形中输入。

• 使用"文本窗格"输入：选择"设计"选项卡，单击"创建图形"选项组中的"文本窗格"按钮 ，即可打开"文本窗格"，单击需要输入内容的形状输入文字，在右侧相应的图形中也会即刻显示出输入的内容，如图 3-52 所示。

• 直接在图形中输入：单击要输入文字的图形，该图形将转变成为可以编辑的文本框形状，然后在其中直接输入文字内容即可，如图 3-53 所示。

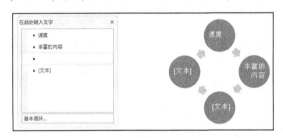

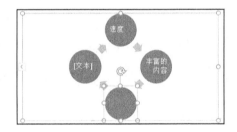

图 3-52　打开"文本"窗格　　　　　图 3-53　在 SmartArt 图形中输入文本

（2）编辑 SmartArt 图形

在创建 SmartArt 图形之后，用户可以设置 SmartArt 图形的颜色、样式、形状、大小等，还可以更改 SmartArt 图形的布局和类型、文本的填充以及三维效果等，如设置阴影、反射、发光、柔化边缘、棱台或旋转效果等效果。

① 添加或删除图形

用户可以根据要表达内容的需要，在创建好的 SmartArt 图形中添加或删除图形。具体操作步骤如下。

• 选中 SmartArt 图形中需要添加图形的位置。

• 选择"SmartArt 工具"中的"设计"选项卡，在"创建图形"选项组中单击"添加形状"右侧的下拉按钮，在下拉列表中选择的需要添加图形的位置选项，如图 3-54 所示。

图 3-54　添加图形

如果需要删除图形，可以在选择该图形后，直接按"Backspace"键或"Delete"键。

② 更改 SmartArt 图形的布局和类型

创建完 SmartArt 图形后，用户可以更改其布局，也可直接将该图形转换为其他类型的 SmartArt 图形。下面介绍更改 SmartArt 图形的布局和类型的方法。具体操作步骤如下。

- 单击 SmartArt 图形区域内的空白处，即可选中整个图形。
- 选择"SmartArt 工具"中的"设计"选项卡，在"版式"选项组中单击"更改布局"的其他按钮 ，在下拉列表中可以选择更改的图形，如图 3-55 所示。选择"其他布局"选项，可以打开"选择 SmartArt 图形"对话框，在其中同样可以选择图形。

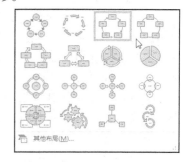

图 3-55　更改 SmartArt 图形版式

③ 更改 SmartArt 图形的颜色和样式

Word 2016 提供的 SmartArt 样式库可以对整个 SmartArt 图形应用统一的颜色和样式，从而改变 SmartArt 图形的整体效果，具体操作步骤如下。

- 更改 SmartArt 图形颜色

a. 单击 SmartArt 图形区域内的空白处选中整个图形。

b. 选择"SmartArt 工具"中的"设计"选项卡，在"SmartArt 样式"选项组中单击"更改颜色"右侧的下拉按钮，在下拉列表中可以选择要更改的颜色，如图 3-56 所示。

- 更改 SmartArt 图形样式

a. 单击 SmartArt 图形区域内的空白处选中整个图形。

b. 选择"SmartArt 工具"中的"设计"选项卡，在"SmartArt 样式"选项组中单击"快速样式"按钮，也可以单击其他按钮 ，在下拉列表中选择一种样式，如图 3-57 所示。

④ 编辑 SmartArt 图形的形状

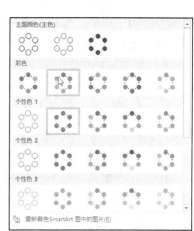

图 3-56　更改 SmartArt 图形颜色

- 选中 SmartArt 图形中需要更改形状的图形。
- 选择"SmartArt 工具"中的"格式"选项卡，在"形状"选项组中单击"更改形状"右侧的下拉按钮，在下拉列表中选择的需要更改的形状类型，如图 3-58 所示。

图 3-57　更改 SmartArt 图形样式

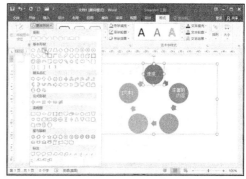

图 3-58　编辑 SmartArt 图形的形状

⑤ 编辑 SmartArt 图形的形状及样式和艺术字样式

为了凸显某个图形，用户可以更改 SmartArt 图形的形状及样式、艺术字样式等，具体操作和 3.3.1 小节中编辑艺术字的操作类似，此处不再赘述。

**2．操作步骤**

根据"二、公司组织结构"后面正文的描述，使用 SmartArt 图形制作公司结构图。要求使用"组织结构图"版式，颜色为"彩色范围-个性色 3-4"，样式为中等效果。结构图中的形状为"圆角矩形"，形状中的文字为"竖排"显示，字体为"微软雅黑"，字号为 12 号。调整形状到合适的大小。

（1）将光标定位到"二、公司组织结构"正文结尾处，按"Enter"键增加一行，单击"插入"选项卡的"插图"选项组中的"SmartArt"按钮，在弹出的对话框中选择"层次结构"中的"组织结构图"，如图 3-59 所示。

（2）将第 2 层的形状和第 3 层的其中一个形状删除，剩下一个 2 层组织结构图，如图 3-60 所示。

（3）选中第 2 层左侧的形状，选择"SmartArt 工具"中的"设计"选项卡，单击"创建图形"选项组中的"添加形状"右侧的下拉按钮，在下拉列表中选择"在下方添加形状"选项，如图 3-61 所示。

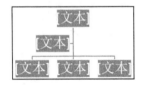

图 3-59　创建"组织结构图"

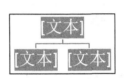

图 3-60　删除形状

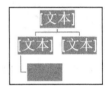

图 3-61　在下方添加形状

（4）选中第 2 层下面的"折线"形状，选择"SmartArt 工具"中的"设计"选项卡，单击"创建图形"选项组中"布局"右侧的下拉按钮，在下拉列表中选择"标准"选项，如图 3-62 所示。

（5）选中第 3 层的形状，选择"SmartArt 工具"中的"设计"选项卡，单击"创建图形"选项组中"添加形状"右侧的下拉按钮，在下拉列表中选择"在后面添加形状"选项。使用同样的操作方法再增加 3 个形状，如图 3-63 所示。

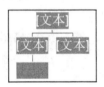

图 3-62　调整"组织结构图"布局

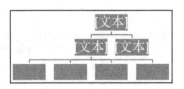

图 3-63　在第 3 层左侧添加 4 个形状

（6）重复第（3）～（5）步，在第 2 层右侧的形状的下方增加 2 个形状，如图 3-64 所示。

（7）选中整个图形，选择"SmartArt 工具"中的"设计"选项卡，单击"更改颜色"右侧的下拉按钮，在下拉列表中找到对应的颜色"彩色范围-个性色 3-4"，在"SmartArt 样式"中单击应用"中等效果"，如图 3-65 所示。

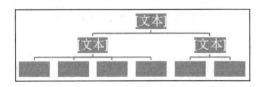

图 3-64　在第 3 层右侧添加 2 个形状

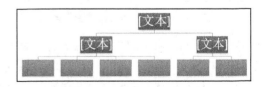

图 3-65　调整图形的颜色和样式

（8）按住"Ctrl"键和鼠标左键选择所有形状，选择"SmartArt 工具"中的"格式"选项卡，单击"形状"选项组中的"更改形状"右侧的下拉按钮，在下拉列表中选择"圆角矩形"选项。同时调整所有形状到合适大小，如图 3-66 所示。

（9）选中所有形状，选择"SmartArt 工具"中的"格式"选项卡，单击"艺术字样式"右侧的"对话框启动器"按钮，在右侧"设置形状格式"窗格中选择"文本选项"中的"布局属性"选项卡，设置"文本框"中的文字方向为"竖排"，如图 3-67 所示。

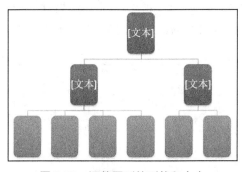

图 3-66 调整图形的形状和大小

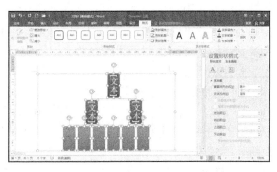

图 3-67 设置所有形状的格式

（10）依然选中所有形状，设置字体为"微软雅黑"，字号为 12 号，然后在形状中依次输入文本。最后选中整个 SmartArt 图形，将其调整到合适的大小，如图 3-68 所示。

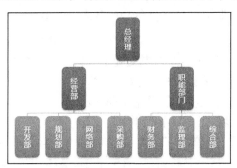

图 3-68 最终效果图

### 3.3.4 设置首字下沉和分栏

#### 1. 基础知识

（1）首字下沉

我们在报刊上，经常可以看到首字符下沉的例子，即在每一段开头的第一个字被放大并占据多行，其他字符围绕在它的右下方，其目的在于使文本更加醒目。

操作步骤如下。

① 把光标定位到要设置首字下沉的段落中。

② 选择"插入"选项卡，单击"文本"选项组中"首字下沉"右侧的下拉按钮，在下拉列表中选择"首字下沉选项"选项，弹出"首字下沉"对话框，如图 3-69 所示。

③ 在"首字下沉"对话框的"位置"选项组中，选择所需的格式类型，如选择"下沉"。

图 3-69 "首字下沉"对话框

④ 在"字体"列表框中选择首字的字体。

⑤ 在"下沉行数"文本框中设置首字的放大值，在此设置的单位是行数，也就是该字的高度占多少行。

⑥ 在"距正文"文本框中设置首字与段落中其他文字之间的距离。

⑦ 单击"确定"按钮，即可按照所需的要求设置首字下沉效果。

（2）分栏

报刊上的内容往往都是以多栏排版的方式出现的，因为多栏板式更容易阅读。使用 Word 2016 提供的分栏命令同样可以达到这样的效果。由于多栏版式在其他视图下显示为单栏，因此需要切换到页面视图下进行操作。

操作步骤如下。

① 选择要分栏的相应文本。

② 选择"布局"选项卡，在"页面设置"选项组中单击"分栏"右侧的下拉按钮，在下拉列表中选择预设的分栏样式。

③ 选择"更多分栏"选项，可以打开"分栏"对话框，在其中可以设置分栏数量，以及每一栏的宽度和间距等，勾选"分隔线"复选框，即可在分栏中间显示一条直线，如图 3-70 所示。

④ 单击"确定"按钮，即可得到文档分栏的效果。

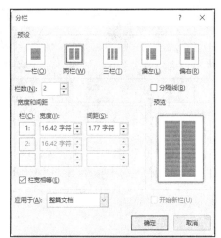

图 3-70 "分栏"对话框

**2. 操作步骤**

将"三、城市宽带网络建设先行者"正文的第一行第一个字设置为"下沉 3 行、黑体，距离正文 0.2 厘米"。将该部分正文的倒数 4 个段落分 3 栏、各栏宽相等显示。

（1）将光标置于"三、城市宽带网络建设先行者"正文的第一行中。

（2）选择"插入"选项卡，单击"文本"选项组中"首字下沉"右侧的下拉按钮，在下拉列表中选择"首字下沉选项"选项，在"首字下沉"对话框中选择"下沉"。

（3）设置对话框中的参数为：字体为"黑体"，首字下沉"3"，距正文"0.2 厘米"。单击"确定"按钮，效果如图 3-71 所示。

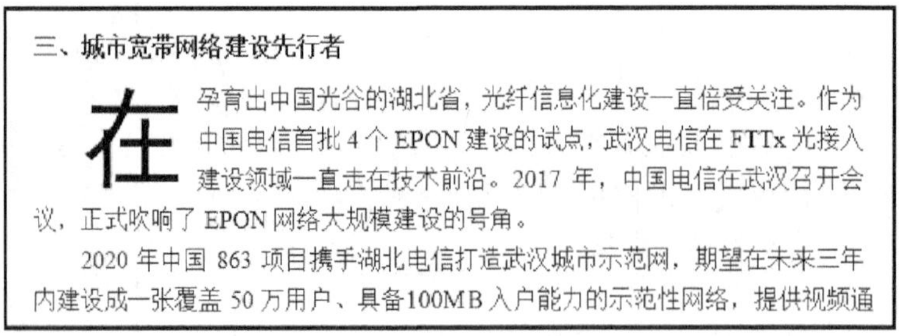

三、城市宽带网络建设先行者

在 孕育出中国光谷的湖北省，光纤信息化建设一直倍受关注。作为中国电信首批 4 个 EPON 建设的试点，武汉电信在 FTTx 光接入建设领域一直走在技术前沿。2017 年，中国电信在武汉召开会议，正式吹响了 EPON 网络大规模建设的号角。

2020 年中国 863 项目携手湖北电信打造武汉城市示范网，期望在未来三年内建设成一张覆盖 50 万用户、具备100MB 入户能力的示范性网络，提供视频通

图 3-71 首字下沉效果

（4）选中该部分正文的倒数 4 个段落，选择"布局"选项卡，在"页面设置"选项组中单击"分栏"右侧的下拉按钮，在下拉列表中选择"更多分栏"选项，打开"分栏"对话框，在其中选择"三栏"，勾选"栏宽相等"复选框，效果如图 3-72 所示。

要实现城市宽带示范网 50 万用户、100M 接入能力的建设要求，湖北电信面临着网络进一步提速的挑战。在现基础上实现宽带提速需要考虑以下问题：

网络结构的调整涉及到光缆施工、楼内布线、机房调整、用户割接等因素，这些因素都可

能延长网络建设周期并提高工程难度。

网络提速后，不论是老用户的业务升级办理，还是新用户的新业务登记，都需要继承原有的 BOSS 系统，否则将大大降低业务办理的效率。

以最低的成本为用户提供"所需"的带宽，

保护网络原有投资，才能将宽带提速持续进行下去。在中国电信集团和科技部的指导下，经过周密的技术调研，湖北电信决心选择 10G EPON 技术进行宽带提速项目。同时，10G EPON 技术也成为了武汉宽带示范网项目的主要研究课题。

图 3-72　分栏效果

### 3.3.5　文本框的插入与编辑

文本框就是其中可容纳文本的图形框。文本框中的文本与 Word 中的正文一样，用户可以对其进行格式设置；还可以插入图片等对象；可以设置文本框与正文之间的环绕方式；还可以将不同的文本框进行链接。

#### 1．基础知识

（1）创建文本框

创建文本框的操作步骤如下。

① 选择"插入"选项卡，在"文本"选项组中单击"文本框"按钮，在弹出的下拉列表中选择插入文本框的类型，这里选择"绘制文本框"选项。

② 当鼠标指针变成"十"字形后，在文档编辑区中拖动即可创建一个空白文本框。

（2）设置文本框格式

文本框创建之后，我们可以对其进行颜色、线条、大小、环绕方式、填充样式、边框样式、文本框内的文字样式等方面的设置。选中文本框后，其周围出现了 8 个控制点，拖动鼠标指针可以改变文本框的位置，拖动控制点可以改变文本框的尺寸。双击文本框，即可进入"绘图工具"的"格式"选项卡。编辑文本框格式的操作与编辑艺术字所在矩形框的操作相似，此处不再赘述。

#### 2．操作步骤

绘制一个竖排文本框，将文章最后 6 行的文字内容放置在文本框内。要求：文本框的边框为"蓝色、1.5 磅、方点"，文本框内无填充色，文本框中的文字"竖排"显示。

（1）单击"插入"选项卡下"文本"选项组中"文本框"右侧的下拉按钮，在下拉列表中选择"绘制竖排文本框"选项。在文档末尾处绘制一个竖排文本框。

（2）选中文本框，在"绘图工具"的"格式"选项卡下"形状样式"选项组中单击"形状填充"右侧的下拉按钮，在下拉列表中选择"无填充"选项。

（3）选中文本框，在"绘图工具"的"格式"选项卡下"形状样式"选项组中单击"形状轮廓"右侧的下拉按钮，在下拉列表的"标准"中选择"蓝色"选项，在"粗细"中选择"1.5 磅"选项，"虚线"中选择"方点"选项。

（4）选中文章最后 6 行的文字内容，按"Ctrl+X"组合键进行剪切，将光标定位到文本框中，按"Ctrl+V"组合键进行粘贴。

（5）调整好文本框的大小，使其可以正好显示内容，效果如图 3-73 所示。

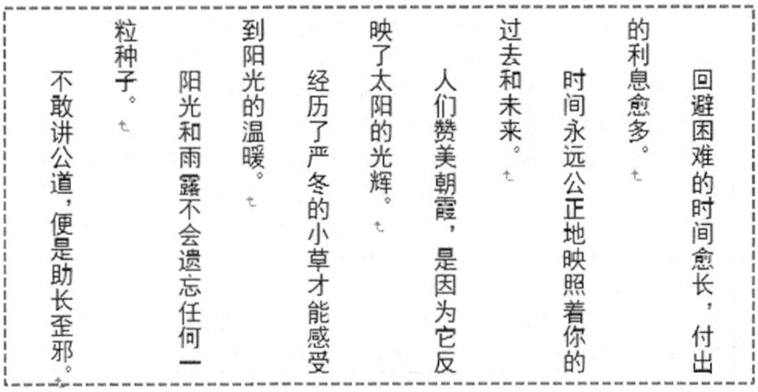

回避困难的时间愈长，付出
的利息愈多。
时间永远公正地映照着你的
过去和未来。
人们赞美朝霞，是因为它反
映了太阳的光辉。
经历了严冬的小草才能感受
到阳光的温暖。
阳光和雨露不会遗忘任何一
粒种子。
不敢讲公道，便是助长歪邪。

图 3-73　最终效果

### 3.3.6　形状的插入与编辑

Word 2016 提供了常用的基本形状绘制工具，方便用户在文档中绘制一些简单的形状，并可以对形状进行各种设置，包括设置形状的大小、样式、添加阴影及三维效果等。

最近使用的形状
线条
矩形
基本形状
箭头总汇
公式形状
流程图
星与旗帜
标注
新建画布(N)

图 3-74　“形状”下拉列表

#### 1．基础知识

（1）绘制形状

在绘制形状时，应把视图切换到页面视图，因为在大纲视图和草稿视图中，绘制的形状不可见。选择“插入”选项卡，单击“插图”选项组中“形状”右侧的下拉按钮，在弹出的下拉列表中可选择多种形状，如图 3-74 所示。选择下拉列表中的“新建画布”选项，将在文档中自动创建一个绘图画布，可在该画布中绘制选择的形状。

（2）编辑形状

绘制好形状后，单击形状可选定该形状。此时形状周围会出现 8 个控制点，拖动鼠标指针可以改变形状的位置，拖动控制点可以改变形状的尺寸。双击该形状，即可进入“绘图工具”的“格式”选项卡，其中从左到右的选项组说明如下。

①“插入形状”选项组

- 形状样式库。Word 2016 中提供了很多现成的形状图形，如圆、矩形、线条、箭头、流程图等。
- 编辑形状。更改绘制的形状，将其转换为任意多边形，或编辑环绕点以确定文字环绕形状的方式。
- 文本框。绘制横排和竖排文本框。

②“形状样式”选项组

“形状样式”选项组中的命令与编辑艺术字时相关命令相似，此处不再赘述。

③“艺术字样式”选项组

选中形状中的文本，就可以设置艺术字样式了。“艺术字样式”选项组中的命令与编辑艺术字时相关命令相似，此处不再赘述。

“文本”“排列”和“大小”选项组中的命令与编辑艺术字时相关命令相似，此处不再赘述。

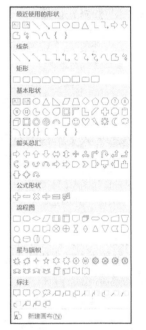

（3）组合形状对象

组合形状对象是指将多个形状或对象组合在一起，以便把它们作为一个整体来处理。组合好的形状也可取消组合。

操作步骤如下。

① 选定需组合的各个形状。

② 单击"排列"选项组中"组合"右侧的按钮，在下拉列表中选择"组合"选项即可。

### 2. 操作步骤

绘制"爆炸形 1"形状，样式为"中等效果-橙色，强调颜色 6"。在形状中添加文本内容"人生警句"，修改文本字体为"小四、黑体"。将形状放置在文本框的右上角。

（1）选择"插入"选项卡，单击"插图"选项组中"形状"右侧的下拉按钮，在弹出的下拉列表中选择"爆炸形 1"形状，在文本框的右上角绘制该形状。

（2）选择形状，在"绘图工具"的"格式"选项卡的"形状样式"选项组中单击"外观样式库"右侧的下拉按钮，在下拉列表中选择"中等效果-橙色，强调颜色 6"样式。

（3）右击，在弹出的快捷菜单中选择"编辑文字"命令，输入"人生警句"文字。修改文字字体为"小四、黑体"，拖动形状控制点以调整形状的大小，效果如图 3-75 所示。

图 3-75　最终效果

## 3.3.7　设计主题效果和页面背景

在 Word 2016 中，用户可以设计文档格式，也可以设计页面背景，为了使文档更加美观，可以为文档设置主题效果，为背景设置水印、填充颜色、页面边框等效果。

文档主题是一组具有统一外观的格式选项，包括一组主题颜色（配色方案的集合）、一组主题字体（包括标题字体和正文字体）和一组主题效果（包括线条和填充效果）。Word 2016 提供了许多内置的文档主题，用户还可以自定义文档主题。

### 1. 基础知识

（1）文档格式

① 主题

Word 2016 自带了很多内置主题，若要使用内置主题，操作步骤如下。

● 单击"设计"选项卡中"主题"右侧的下拉按钮。

● 在弹出的下拉列表中显示了 Word 2016 内置的主题库，有 Office、环保、回顾、积分、离子等 30 余种文档主题，如图 3-76 所示。将鼠标指针移到某种主题上，将显示其应用效果。

● 直接选择某个需要的主题，即可应用该主题到当前文档中。

若文档先前应用了样式，然后为其应用主题，样式可能受到影响，反之亦然。

② 文档样式

Word 2016 自带了很多内置文档样式，若要使用内置样式，操作步骤如下。

- 单击"设计"选项卡下"文档格式"选项组中的其他按钮。
- 在弹出的下拉列表中显示了 Word 2016 内置的样式集，将鼠标指针移到某种样式上，将显示其应用效果，如图 3-77 所示。
- 直接选择某个需要的样式，即可应用该样式到当前文档中。

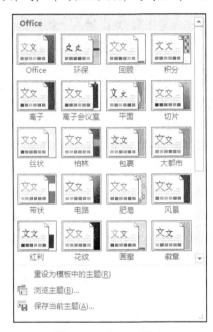

图 3-76　文档主题库

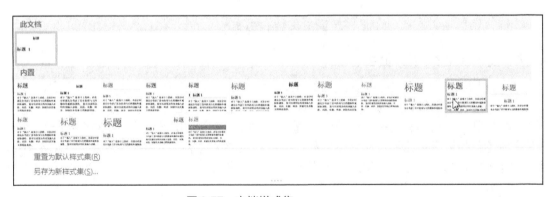

图 3-77　文档样式集

③ 主题颜色

用户不仅可以在文档中应用系统的内置主题，还可以根据实际需要来设置文档中不同对象的颜色，其中包含 4 种文本颜色及背景色、6 种强调文字颜色和两种超链接颜色，操作步骤如下。

- 单击"设计"选项卡下"文档格式"选项组中"颜色"右侧的下拉按钮。
- 在弹出的下拉列表中列出了 Word 2016 内置文档主题中使用的主题颜色，选择其中的一项，可将当前文档的主题颜色更改为指定的主题颜色，如图 3-78 所示。

● 若要新建主题颜色，选择下拉列表底部的"自定义颜色"选项，弹出"新建主题颜色"对话框，如图 3-79 所示。

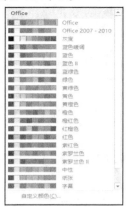

图 3-78　主题颜色　　　　　　　　　图 3-79　"新建主题颜色"对话框

● 在"主题颜色"列表中，单击要更改的主题颜色元素对应的按钮，选择要使用的颜色。重复此操作，为要更改的所有主题元素更改颜色。

● 在"新建主题颜色"对话框的"名称"文本框中，为新主题颜色输入适当的名称，然后单击"保存"按钮。新建的主题颜色将出现在主题颜色库中。

④ 主题字体

主题字体包含标题字体和正文字体，可以更改这两种字体来创建一组主题字体，操作步骤如下。

● 单击"设计"选项卡下"文档格式"选项组中"字体"右侧的下拉按钮。

● 在弹出的下拉列表中列出了 Word 2016 内置的主题字体，选择其中的一项，可将当前文档的主题字体更改为指定的主题字体，如图 3-80 所示。

● 若要新建主题字体，选择下拉列表底部的"自定义字体"选项，弹出"新建主题字体"对话框，如图 3-81 所示。

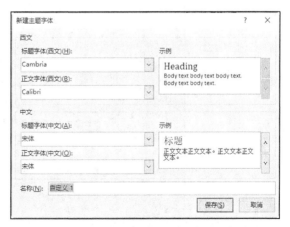

图 3-80　主题字体　　　　　　　　　图 3-81　"新建主题字体"对话框

● 在"标题字体"和"正文字体"下拉列表中选择要使用的字体。

- 在"新建主题字体"的"名称"文本框中，为新主题字体输入适当的名称，然后单击"保存"按钮。新建的主题字体将出现在主题字体库中。

⑤ 主题效果

主题效果是线条和填充效果的组合，用户无法创建自己的主题效果，但是可以选择想要在自己的文档主题中使用的主题效果，操作步骤如下。

- 单击"设计"选项卡下"文档格式"选项组中"效果"右侧的下拉按钮。

- 在弹出的下拉列表中列出了 Word 2016 内置的主题效果，如图 3-82 所示。选择其中的一项，可将当前文档的主题效果更改为指定的主题效果。

⑥ 保存文档主题

对文档主题的颜色、字体、线条及填充效果进行修改后可以将其保存为应用于其他文档的自定义文档主题，操作步骤如下。

图 3-82　主题效果

- 单击"设计"选项卡下"主题"右侧的下拉按钮。

- 在弹出的下拉列表中选择"保存当前主题"选项，弹出"保存当前主题"对话框，在"文件名"文本框中输入该主题名称，单击"保存"按钮，该主题将自动添加到主题库中。

（2）页面背景

当文档含有一些不想被别人复制的内容，但又必须发布的时候，可以在文档的背景添加水印效果和背景色。

① 设置水印

打开需要添加水印的文档，选择"设计"选项卡，在"页面背景"选项组中单击"水印"右侧的下拉按钮，在弹出的下拉列表中可以选择一种预设的水印样式。也可以选择"自定义水印"选项，打开"水印"对话框，如图 3-83 所示。选择"图片水印"单选按钮，可以为背景添加图片水印；选择"文字水印"单选按钮，可以设置文字内容、颜色等。

图 3-83　"水印"对话框

② 设置背景颜色

为文档背景做颜色填充，可以增强文档的美感，其中包括单色填充、渐变色填充，以及图案填充等。打开需要设置背景颜色的文档，选择"设计"选项卡，在"页面背景"选项组中单击"页面颜色"右侧的下拉按钮，在弹出的下拉列表中可以选择一种预设的颜色。除了单色背景外，还可以设置其他填充效果，选择"填充效果"选项，打开"填充效果"对话框，如图 3-84 所示。在其中可以设置渐变、纹理、图案和图片 4 种填充效果。

③ 设置页面边框

除了可以设置背景效果之外，还可以设置页面边框效果。打开需要设置页面边框的文档，选择"设计"选项卡，在"页面背景"选项组中单击"页面边框"选项卡，在弹出的"边框和底纹"对话框中可以设置边框样式、颜色，以及线条宽度等。单击"选项"按钮，在图 3-85 所示的对话框中可以设置"测量基准"为"文字"或"页边"。

**2. 操作步骤**

设置页面颜色为"水绿色，个性 5，淡色 80%"，给页面添加内容"××××有限公司"，并使用"72 号、黑体"的文字水印。

（1）选择"设计"选项卡，单击"页面背景"选项组中"水印"右侧的下拉按钮，在下拉列表中选择"自定义水印"选项。

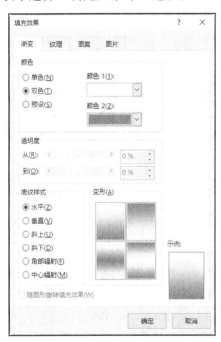

图 3-84  "填充效果"对话框

图 3-85  "边框和底纹选项"对话框

（2）在弹出的"自定义水印"对话框中，选择"文字水印"单选按钮，在"文字"文本框中输入"中科通信有限公司"，在"字体"下拉列表中选择"黑体"，在"字号"下拉列表中选择"72"，单击"确定"按钮。

（3）选择"设计"选项卡，单击"页面背景"选项组中"页面颜色"右侧的下拉按钮，在下拉列表中选择颜色"水绿色，个性 5，淡色 80%"，效果如图 3-86 所示。

图 3-86　最终效果

## 3.4　制作应聘人员登记表

一个企业的人事管理部门涉及的管理内容较多，涵盖面较广，经常需要制作不同的人事管理表格，其具体包含的项目也不同，但是所有的表格基本结构都包括表格标题和表格内容两部分。本节将通过制作图 3-87 所示的应聘人员登记表，介绍 Word 2016 的页面布局和表格制作。

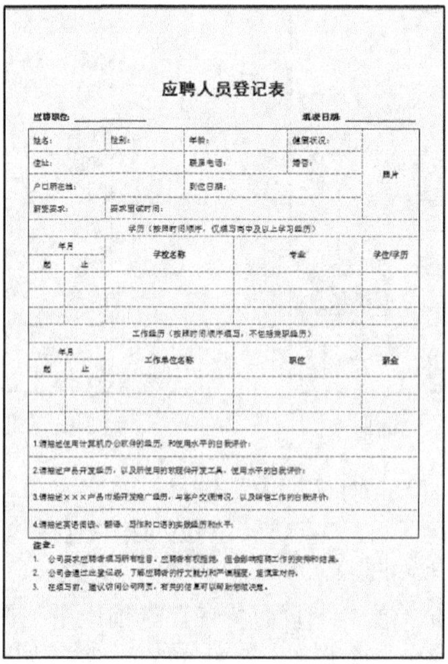

图 3-87　"应聘人员登记表"效果图

任务要求如下。

（1）创建纸张大小为 A4，上、下、左、右页边距为 1.5 厘米的纸型。

（2）在页眉左侧插入 Logo 图片，在右侧输入文本内容。

（3）在文档中输入标题，并在适当位置插入表格。

（4）调整表格行高和列宽、合并单元格，在单元格中输入内容，并调整内容的对齐方式。

（5）修饰表格边框，设置外边框为"深蓝、1.5 磅、实线"，内边框为"深蓝、文字 2，淡色 60%，1 磅、虚线"。

## 3.4.1 文档页面整体布局

页面设置是指对文档页面布局的设置。一般来说，Word 2016 设置的页边距、纸张大小、页面方向的默认值，已经能让用户制作出漂亮的文档。但对于一些特殊情况和用户的一些特殊要求，用户必须对页面位置进行调整，以适应文档的编辑需要。

### 1. 基础知识

（1）设置纸张大小和方向

在实际应用中，用户如果对文档页面的纸张大小和方向需求与 Word 中的默认值不同，就要对 Word 文档页面的设置进行调整，具体操作步骤如下。

① 选择"布局"选项卡，在"页面设置"选项组中单击"纸张大小"右侧的下拉按钮，在弹出的下拉列表中可以选择预设的多种纸张大小。

② 选择"其他纸张大小"选项，将打开"页面设置"对话框的"纸张"选项卡，如图 3-88 所示。在该对话框中可以设置纸张参数。

③ 在"页面设置"选项组中单击"纸张方向"右侧的下拉按钮，在弹出的下拉列表中可以设置"纸张方向"为"纵向"或"横向"。

（2）设置页边距

纸张的页边距是指页面的正文区域与纸张边缘之间的空白距离，页眉、页脚和页码需要设置在页边距的范围中，设置页边距的具体操作如下。

① 选择"布局"选项卡，在"页面设置"选项组中单击"页边距"右侧的下拉按钮，在弹出的下拉列表中可以选择预设的多种边距样式。

② 选择"自定义边距"选项，将打开"页面设置"对话框的"页边距"选项卡，可以设置"上""下""左""右"边距，如图 3-89 所示。

图 3-88 "纸张"选项卡

图 3-89 "页边距"选项卡

**2．操作步骤**

**步骤1** 创建纸张大小为A4，上、下、左、右页边距为1.5厘米的纸型。

（1）新建一个名为"应聘人员登记表.docx"的文档。

（2）选择"布局"选项卡，在"页面设置"选项组中单击"页边距"右侧的下拉按钮，在弹出的下拉列表中将"上""下""左""右"页边距设置为1.5厘米。

**步骤2** 在页眉左侧插入Logo图片，在右侧输入文本内容。

（1）双击页眉区域打开"页眉和页脚工具"中的"设计"选项卡，选择页眉中的段落结束标记，在"开始"选项卡下"段落"选项组中单击"边框"右侧的下拉按钮，在弹出的下拉列表中选择"无框线"选项，删除段落标记下的下框线。

（2）在页眉中空4行，在中间两行输入公司名称与公司网址文本，并将文字字体格式设置为"小五"，在"段落"选项组中单击"文本右对齐"按钮将其设置为右对齐。

（3）在页眉区域中插入Logo图片，选中图片，在"图片工具"的"格式"选项卡下，单击"排列"选项组中"环绕方式"右侧的下拉按钮，在下拉列表中选择"衬于文字下方"选项，并更改其大小，将其移动到页眉左上角适当位置，效果如图3-90所示。

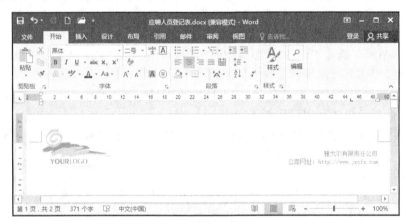

图3-90　步骤2效果图

### 3.4.2　创建和编辑表格

在实际应用中经常需要用数据描述问题，用户可以用Word 2016提供的制表功能，快速制作出具有专业水准的表格，从而达到简明、清晰、直观的效果。Word 2016还提供了一些简单的数据处理功能（如加、减、乘、除），用户还可以对表格进行排序、创建统计表，对表格设置不同的属性等。

**1．基础知识**

Word 2016中的表格由若干个单元格组成，纵向为列，横向为行，一个方格称为一个单元格。

（1）表格

操作步骤如下。

① 将光标移到要建立表格的起始位置。

② 单击"插入"选项卡下"表格"选项组中"表格"右侧的下拉按钮，在下拉列表中选择"插入表格"选项，弹出"插入表格"对话框，如图3-91所示。

图3-91　"插入表格"对话框

③ 在"表格尺寸"选项组中设置表格的"行数""列数"。

④ 在"'自动调整'操作"选项组中，可以选择以下的一种操作。

● "固定列宽"：在默认状态下为"自动"模式，让页面宽度在指定列之间平均分配，也可在文本框中直接输入具体列宽值。

● "根据内容调整表格"：表示列宽自动适应内容的宽度。

● "根据窗口调整表格"：表示表格的宽度与窗口或 Web 浏览器的宽度相适应。

⑤ 单击"确定"按钮即可产生一个空表。

（2）绘制表格

操作步骤如下。

① 选择"插入"选项卡，单击"表格"选项组中"表格"右侧的下拉按钮，在下拉列表中选择"绘制表格"选项。

② 当选择"绘制表格"选项之后，编辑区中的鼠标指针会变成铅笔形状，用户可以在编辑区任意位置绘制需要的表格。

③ 绘制了表格后，用户可以用同样的方法在绘制的表格里面绘制行、列边界线，如图3-92 所示。

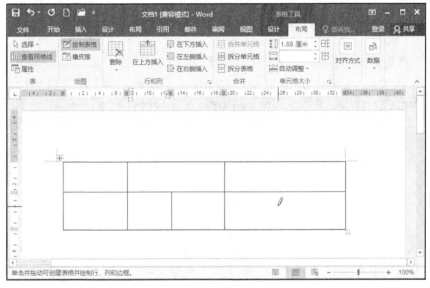

图 3-92　绘制表格

用上面的方法可以得到一个表格，而在实际工作中，表格中的单元格是有大小不同之区别的。用户根据需要可以调整表格的结构，如插入和删除表格的行与列，合并和拆分单元格，调整表格行高和列宽、设置表格内容的对齐方式等。

（3）表格中的选定操作

① 选定单元格。将鼠标指针移至要选定的单元格左侧，当鼠标指针变成斜向右的黑色实心箭头时，单击即可选定。选择多个连续的单元格时，按住鼠标左键向四周拖动到要选的区域为止；选择多个不连续的单元格时，先用鼠标指针选择一个单元格，按住"Ctrl"键，再选择其他单元格。

② 选定一行。将鼠标指针移至要选定的表格行左侧，当鼠标指针变成斜向右的空心箭头时，单击即可选定。如果选择连续的多行，按住鼠标左键不放向上或向下拖动；如果选择不

连续的多行，先选择一行，按住"Ctrl"键和鼠标左键，再选择多个不连续的行。

③ 选定一列。将鼠标指针移至要选定的表格列上方，当鼠标指针变成向下的黑色实心箭头时，单击即可选定。如果选择连续的多列，按住鼠标左键不放向左或向右拖动；如果选择不连续的多列，则按住"Ctrl"键和鼠标左键，再选择多个不连续的列。

④ 选定整体表格。单击表格左上角的田按钮，即可选定整个表格。

（4）插入和删除行与列

① 在表格中插入行与列

方法一：将光标移至要插入行的位置，选择"表格工具"中的"布局"选项卡，在"行和列"选项组中单击"在上方插入"或"在下方插入"按钮，则可在光标所在的上方或下方插入新的行；将光标移至要插入列的位置，单击"行和列"选项组中的"在左侧插入"或"在右侧插入"按钮，则可在光标所在的左侧或右侧插入新的列。

方法二：将光标移至要插入行的位置，右击，在弹出的快捷菜单中选择"插入"命令，在子菜单中选择"在上方插入行"或"在下方插入行"命令，即可在光标所在的上方或下方插入新的行；将光标移至要插入列的位置，右击，在弹出的快捷菜单中选择"插入"命令，在子菜单中选择"在左侧插入列"或"在右侧插入列"命令，即可在光标所在的左侧或右侧插入新的列。

方法三：将光标移至要插入行的位置，选择"表格工具"中的"布局"选项卡，单击"行和列"选项组右侧的"对话框启动器"按钮 ，弹出"插入单元格"对话框，如图3-93

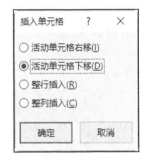

图3-93 "插入单元格"对话框

所示，从对话框中选中"整行插入"或者"整列插入"单选按钮就可以插入新的行与列。

 **注意**　将光标移至表格右侧，按"Enter"键也可增加一行。

② 在表格中删除行与列

方法一：将光标移至要删除行与列的位置，选择"表格工具"中的"布局"选项卡，在"行和列"选项组中单击"删除"按钮，在下拉列表中选择"删除行"或"删除列"选项，则光标所在的行与列被删除。

方法二：将光标移至要删除行与列的位置，右击，在弹出的快捷菜单中选择"删除单元格"命令，弹出"删除单元格"对话框，如图3-94所示，从对话框中选中"删除整行"或"删除整列"单选按钮就可以删除光标所在的行与列。

图3-94 "删除单元格"对话框

 **注意**　选中要删除的行与列，按"BackSpace"键也可删除行与列；如果按"Delete"键，则会删除表格内容。

（5）改变行高与列宽

改变单元格的行高和列宽是最常用的修改表格的操作，操作方法有多种，如下所示。

方法一：使用鼠标指针拖动调整行高和列宽。

这种方法比较直观，但不够精确。调整方法是将鼠标指针移到表格行线或列线上，当鼠标指针形状变为双向箭头时按住鼠标左键拖动调整行高和列宽。

方法二：使用"表格属性"对话框精确调整行高和列宽。

先选定要调整的表格行或列，然后右击，在弹出的快捷菜单中选择"表格属性"命令，弹出"表格属性"对话框，如图 3-95 所示，然后在"行"或"列"选项卡中进行调整。

方法三：使用"单元格大小"选项组。

先选定要调整的表格行或列，选择"表格工具"中的"布局"选项卡，单击"单元格大小"选项组中的"高度""宽度"按钮调整表格的行高和列宽。

（6）合并和拆分单元格

合并单元格是指将所选定的若干个单元格合并为一个大的单元格；拆分单元格是指把一个或多个单元格按要求进行拆分成更多个单元格。

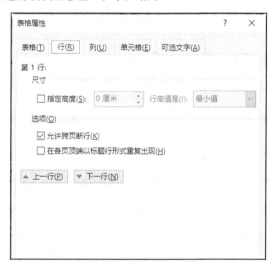

图 3-95　"表格属性"对话框

合并和拆分单元格的操作方法如下。

方法一：选中要进行合并和拆分的单元格，右击，在弹出的快捷菜单中选择"合并单元格"或"拆分单元格"命令。

方法二：选中要进行合并和拆分的单元格，选择"表格工具"中的"布局"选项卡，在"合并"选项组中单击"合并单元格"或"拆分单元格"按钮。

（7）拆分表格

有时需要将一个大表格拆分成两个表格，拆分的方法是将光标定位到想成为第二个表格的第一行中，然后选择"表格工具"中的"布局"选项卡，在"合并"选项组中单击"拆分表格"按钮即可将一个表格拆分成两个表格，并在两个表格间插入一个段落标记；删除段落标记后，两个表格又会合并成一个表格。按"Ctrl+Shift+Enter"组合键也可以将表格拆分。

（8）设置表格内容对齐方式

在表格中输入文字内容后，由于每个表格中的内容不一样，因此文字排列并不整齐，用户可以对单元格中的文字进行字体格式、对齐方式、缩进、文字方向等设置。

① 文本对齐方式：选择需要调整的单元格，选择"表格工具"中的"布局"选项卡，在"对齐方式"选项组的 9 个对齐按钮中，单击其中一个即可。

② 文字方向：选择需要调整的单元格，右击，在弹出的快捷菜单中选择"文字方向"命令，将打开"文字方向-表格单元格"对话框，如图 3-96 所示，在"方向"选项组中选择需要的文字方向，单击"确定"按钮即可。

图 3-96 "文字方向-表格单元格"对话框

**2．操作步骤**

**步骤 1** 在文档中输入标题，并在适当位置插入表格。

（1）在文档的第一行输入标题文本，将其样式设置为"黑体、二号、加粗、居中、段后 12 磅"。在标题文本下方输入"应聘职位："文本和"填表日期："文本，并在它们后面设置相应的下画线。

（2）选择整行的文本并右击，在弹出的快捷菜单中选择"段落"命令，打开"段落"对话框，在"间距"选项组中的"段后"框中输入"0.5 行"。

（3）将光标定位到需要插入表格的地方，在"插入"选项卡下"表格"选项组中单击"插入表格"按钮，打开"插入表格"对话框，在"表格尺寸"选项卡的"列数"框中输入 5，"行数"框中输入 20。

**步骤 2** 调整表格行高和列宽、合并单元格，在单元格中输入内容，并调整内容的对齐方式。

（1）选择插入的表格，在"表格工具"中"布局"选项卡下"单元格大小"选项组中调整表格高度，设置表格第 1～4 行高为最小值"1 厘米"，第 5～16 行高为固定值"0.8 厘米"，第 17～20 行高为最小值"1.2 厘米"。

（2）在"对齐方式"选项组中调整单元格内容的对齐方式。选择需要合并的单元格，在"表格工具"中"布局"选项卡下的"合并"选项组中单击"合并单元格"按钮，将选择的单元格进行合并，在其中输入相应的文本并为其设置相应的对齐方式，效果如图 3-97 所示。

图 3-97 步骤 2 效果图

### 3.4.3　修饰表格

做好表格后要对它做一些修饰，如线条的处理、单元格或整个表格底纹设置，以突出所要强调的内容或增强表格的美观性。

#### 1．基础知识

（1）设置表格的边框和底纹

一个清晰明了的表格常常会边框分明，如果为表格添加一些底纹，则其中的内容会显得更加突出。设置表格边框和底纹的具体操作如下。

① 选中需要设置边框和底纹的表格，选择"表格工具"中的"设计"选项卡，在"边框"选项组中单击"边框"右侧的下拉按钮，在弹出的下拉列表中选择"边框和底纹"选项。

② 在"边框"选项卡中设置边框线条的样式、颜色、宽度，在"底纹"选项卡中设置填充的颜色、图案的样式和颜色。

③ 在"应用于"下拉列表中有"文字""段落""表格""单元格"4 种选项，在此选择"表格"选项。

（2）表格套用样式

Word 2016 为表格设计了多种表格样式，用户可以根据需要直接选择使用这些表格样式，快速达到表格美化的目的，具体操作如下。

① 将光标置于需要套用样式的表格中，选择"表格工具"中的"设计"选项卡，在"表格样式"选项组中选择一种表格样式，将鼠标指针停留在某一种表格样式中，即可预览该样式效果。

② 单击"表格样式"选项组中的"其他"按钮，在下拉列表中选择"修改表格样式"选项，将弹出"修改样式"对话框，可在该对话框中修改表格边框样式、边框粗细、边框颜色，以及表格内文字的字体、字号、颜色等。

③ 单击"格式"按钮，在弹出的下拉列表中可以选择更多选项进行设置。

（3）设置多页表格标题行

用户在编辑表格时，如果表格中的内容太多，则会造成表格内容不止一页的情况，当翻页显示表格时，需要在每一页表格的第一行添加标题，以方便阅读，这时就需要设置多页表格标题行。

选择需要添加的标题行，然后选择"表格工具"中的"布局"选项卡，在"数据"选项组中单击"重复标题行"按钮，即可在每一页的表格中添加相同的标题行。

（4）将表格转换成文本

有时需要将表格外观制作成无表格边框效果，这时就要将表格转换成文本。选定表格，选择"表格工具"中的"布局"选项卡，在"数据"选项组中单击"转换为文本"按钮，在弹出的对话框中选择分隔符类型，默认为"制表符"，如图 3-98 所示，单击"确定"按钮。也可将文本转换成表格。

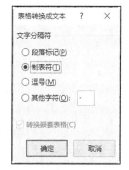

图 3-98　"表格转换成文本"
对话框

#### 2．操作步骤

修饰表格边框，设置外边框为"深蓝、1.5 磅、实线"，内边框为"深蓝、文字 2，淡色 60%，1 磅、虚线"。

（1）选中整个表格。

（2）选择"表格工具"中"设计"选项卡下的"边框"选项组，选择"边框"下拉列表中的"边框和底纹"选项，在弹出的"边框和底纹"对话框中设置表格的外框线为"深蓝、1.5磅、实线"，内边框为"深蓝、文字2，淡色50%，1磅、虚线"，单击"确定"按钮即可，如图3-99、图3-100所示。保存文档的修改。

图3-99　修饰表格外边框　　　　　　　　　图3-100　修饰表格内边框

### 3.4.4　拓展内容——排序和计算表格数据

#### 1．表格的排序

在Word表格中，用户可以按照某列中数据的笔画、数值、拼音及日期对表格行进行递增或递减排序，具体操作如下。

（1）选定需要排序的表格，选择"表格工具"中的"布局"选项卡，在"数据"选项组中单击"排序"按钮，弹出"排序"对话框，如图3-101所示。

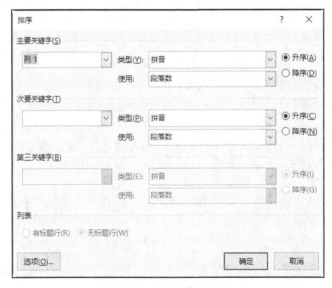

图3-101　"排序"对话框

（2）在"主要关键字"下拉列表中选择一种排序依据。

（3）在"类型"下拉列表中选择一种排序类型。

（4）选中"升序"或"降序"单选按钮，确定排序顺序为升序或降序。

（5）在"列表"选项组中如果选中"有标题行"单选按钮，则排序时不把标题行算在排序范围内；否则，将对标题行也进行排序。

（6）单击"确定"按钮完成排序。

### 2．表格的计算功能

有时需要将表格中的数据进行简单的四则运算，下面以求和为例，操作步骤如下。

（1）制作表格并输入相应内容，将光标置于存放运算结果的单元格中，如表 3-1 所示，将光标定位在"总分"下方单元格中。

表 3-1　表格的计算功能

| 序号 | 姓名 | 英语 | 语文 | 数学 | 计算机 | 总分 |
|------|------|------|------|------|--------|------|
| 1 | 李斯 | 81 | 75 | 80 | 85 | |
| 2 | 吴晗 | 79 | 68 | 87 | 77 | |
| 3 | 王沁琴 | 78 | 76 | 89 | 72 | |

（2）选择"表格工具"中的"布局"选项卡，在"数据"选项组中单击"公式"按钮，弹出图 3-102 所示的"公式"对话框。在"公式"文本框中会自动出现"=SUM(LEFT)"，也可以在"粘贴函数"下拉列表中进行选择。在求和公式中默认会出现"SUM(LEFT)"或"SUM(ABOVE)"，它们分别表示对公式域所在单元格的左侧连续单元格和上方连续单元格内的数据进行计算。

图 3-102　"公式"对话框

（3）在"编写格式"下拉列表中选择一种格式，设置完毕后单击"确定"按钮，在对话框关闭的同时单元格内会出现计算结果。

（4）更改了某些单元格中的数值后，可能某些域中的结果不能同时更新，这时选择整个表格，然后按"F9"键，就可以更新表格中所有公式域中的结果。

## 3.5　毕业论文排版

毕业论文设计是高等教育教学中的一个重要环节，论文格式与排版是毕业论文设计的重要组成部分之一，是每位大学毕业生都应该掌握的文档基本操作技能。本节将通过对图 3-103

# 计算机应用基础教程（Windows 10+Office 2016）

所示的毕业论文进行排版，介绍长文档的高级排版技巧。毕业论文的排版要求如下。

（a）

（b）

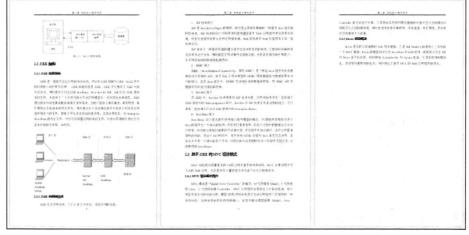

（c）

图 3-103　毕业论文排版效果图

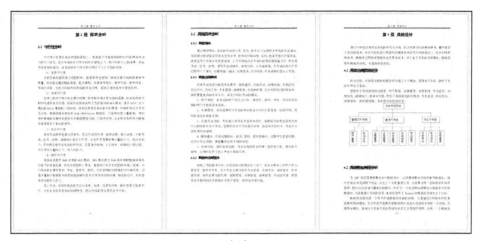

（d）

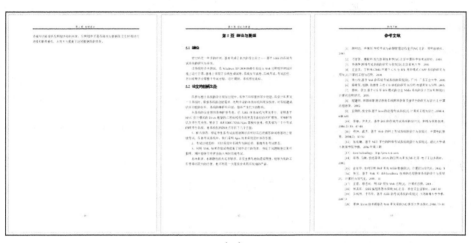

（e）

图 3-103　毕业论文排版效果图（续）

任务要求如下。

（1）论文纸张采用 A4 纸型，上、下边距为 2.5 厘米，左边距为 2.8 厘米，右边距为 2.6 厘米，装订线在左侧 0.6 厘米，纵向。

（2）修改论文格式，论文包括封面、摘要、目录、正文、参考文献等部分。各部分的标题均采用论文正文的一级标题样式。论文中的各级标题的格式要求如下。

● 一级标题。字体为黑体，字号为三号，加粗，居中对齐，段前、段后 18 磅，1.5 倍行距。

● 二级标题。字体为黑体，字号为四号，加粗，左对齐，段前、段后 13 磅，1.25 倍行距。

● 三级标题。字体为黑体，字号为小四号，加粗，左对齐，段前、段后 6 磅，1.25 倍行距。

● 正文格式要求。中文字体为宋体，西文字体为 Times New Roman，字号均为小四号，首行缩进 2 字符，正文行距最小值为 20 磅。

（3）论文中图片的格式为图片居中对齐，每张图片都有图序和图名，并位于图片正下方。

图序采用"图 1-1"的格式，并在其后空两格书写图名，图名的中文字体为宋体，西文字体为 Times New Roman，字号为五号。

（4）将给定的封面插入论文中，在每个章节前插入分隔符。

当需要为论文的每个章节编辑不同的页眉页脚内容时，就要将每个章节分配不同的"节"。

（5）制作论文的页眉、页脚和页码。

- 页眉格式。中文字体为宋体，西文字体为 Times New Roman，字号均为五号，居中对齐，论文正文部分为从"摘要"至"参考文献"，页眉中显示当前章节标题的内容，并设置下线框；封面、目录的页眉和页脚内容为空，设置论文的页眉、页脚距上、下边界 1.75 厘米。

- 页脚格式。从"摘要"所在页开始，在页脚中显示当前页码，页码使用阿拉伯数字，从 1 开始连续编号。

（6）自动生成目录，将目录内容放置在"封面"的后一页，和封面在同一节。目录内容的中文字体为宋体，西文字体为 Times New Roman，字号为五号，两端对齐，二级标题左缩进 2 字符，三级标题左缩进 4 字符，目录（除"目录"标题外）行间距为最小值 18 磅，页码右对齐显示。

### 3.5.1　样式应用

Word 2016 为用户提供的内置样式能够满足一般文档格式设置的需要，但用户在实际应用过程中常常会遇到一些特殊格式的设置要求，当内置样式无法满足要求时，就需要创建自定义样式，并将其进行应用。

**1．基础知识**

（1）创建与应用新样式

例如，创建一个段落样式，名称为"段落样式1"，要求：楷体，小四号字，1.25 倍行距，段前、段后间距均为 6 磅。具体操作步骤如下。

① 单击"开始"选项卡下"样式"选项组右侧的"对话框启动器"按钮，打开"样式"窗格。

② 单击"样式"窗格左下角的"新建样式"按钮 ，弹出"根据格式设置创建新样式"对话框，如图 3-104 所示。

③ 在"名称"文本框中输入新样式的名称"段落样式 1"。

④ 在"样式类型"下拉列表中可以选择"段落""字符""表格""列表"样式，默认为"段落"样式。在"样式基准"下拉列表中选择一个可作为创建基准的样式，一般选择"正文"。在"后续段

图 3-104　"根据格式设置创建新样式"对话框

落样式"下拉列表中可以为应用该样式段落的后续段落设置一个默认样式，一般取默认值。

⑤ 一般的字符和段落格式可在"根据格式设置创建新样式"对话框的"格式"选项组中进行设置，例如字体、字号、对齐方式等。也可以单击对话框左下角的"格式"下拉按钮，在弹出的下拉列表中选择"字体"选项，接着在弹出的"字体"对话框中进行字符格式设置。设置好字符格式后，单击"确定"按钮返回。

⑥ 单击"根据格式设置创建新样式"对话框左下角的"格式"下拉按钮，在弹出的下拉

列表中选择"段落"选项，接着在弹出的"段落"对话框中进行段落格式设置。设置好段落格式后，单击"确定"按钮返回。

⑦ 在"格式"下拉列表中还可以选择其他项目，单击"格式"下拉按钮将会弹出对应的对话框，用户可根据需要进行相应设置。设置后在"根据格式设置创建新样式"对话框中单击"确定"按钮，"样式"窗格中将会显示出新创建的"段落样式 1"样式。

⑧ 将新创建的"段落样式 1"样式应用于文档中。将光标置于文档中需要应用样式的任意位置，单击"样式"窗格中的"段落样式 1"，即可将该样式应用于所选段落。

（2）修改样式

如果预设或创建的样式不能满足要求，可以在此样式的基础上进行格式修改，样式修改操作适用于内置样式或自定义样式。下面以修改刚刚创建的"段落样式 1"样式为例介绍样式修改方法，要求为该样式增加首行缩进 2 字符的段落格式，操作步骤如下。

① 单击"样式"窗格中"段落样式 1"右侧的下拉按钮，在弹出的下拉列表中选择"修改"选项，或右击"段落样式 1"，在弹出的快捷菜单中选择"修改"命令，弹出"修改样式"对话框。

② 单击对话框左下角的"格式"下拉按钮，在弹出的下拉列表中选择"段落"选项，弹出"段落"对话框。

③ 在"特殊格式"下拉列表中选择"首行缩进"，将磅值设置为"2 字符"，单击"确定"按钮，返回"修改样式"对话框，单击"确定"按钮。

④ "段落样式 1"样式一经修改，应用此样式的所有段落格式将自动更新。

（3）删除样式

若要删除创建的自定义样式，操作步骤如下。

① 单击"样式"窗格中的"段落样式 1"右侧的下拉按钮，在弹出的下拉列表中选择"删除'段落样式 1'"选项。

② 在弹出的对话框中单击"是"按钮，完成删除样式操作。

③ 或右击要删除的样式，在弹出的快捷菜单中进行删除操作。

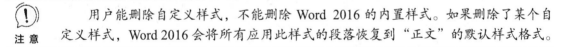

用户能删除自定义样式，不能删除 Word 2016 的内置样式。如果删除了某个自定义样式，Word 2016 会将所有应用此样式的段落恢复到"正文"的默认样式格式。

**2. 操作步骤**

打开给定的文档"案例四 毕业论文.docx"，然后按照下列要求进行排版操作并保存。

**步骤 1** 论文纸张采用 A4 纸型，上、下边距为 2.5 厘米，左边距为 2.8 厘米，右边距为 2.6 厘米，装订线在左侧 0.6 厘米，纵向。

打开文档"案例四 毕业论文.docx"，在"布局"选项卡下"页面设置"选项组右侧单击"对话框启动器"按钮，打开"页面设置"对话框，在"页边距"选项卡中的"页边距"选项组中设置上、下边距均为"2.5 厘米"，左边距为"2.8 厘米"，右边距为"2.6 厘米"，装订线在"左"侧、"0.6 厘米"，"纸张方向"选择"纵向"，单击"确定"按钮即可。

**步骤 2** 修改论文格式，论文包括封面、摘要、目录、正文、参考文献等部分。各部分的标题均采用论文正文的一级标题样式。论文中的各级标题格式要求如下。

● 一级标题。字体为黑体，字号为三号，加粗，居中对齐，段前、段后 18 磅，1.5 倍行距。

● 二级标题。字体为黑体，字号为四号，加粗，左对齐，段前、段后 13 磅，1.25 倍行距。

● 三级标题。字体为黑体，字号为小四号，加粗，左对齐，段前、段后 6 磅，1.25 倍行距。

● 正文格式要求。中文字体为宋体，西文字体为 Times New Roman，字号均为小四号，首行缩进 2 字符，正文行距最小值为 20 磅。

（1）将光标置于文档开始位置，然后在"开始"选项卡下"样式"选项组右侧单击"对话框启动器"按钮，打开"样式"窗格，进行样式的创建。

（2）单击该窗格左下角的"新建样式"按钮，打开"根据格式设置创建新样式"对话框。在"名称"文本框中输入样式名称"正文格式"，在"后续段落样式"下拉列表中选择"正文格式"选项，并取消勾选"自动更新"复选框。

（3）依次选择对话框左下角的"格式"下拉列表中的"字体"和"段落"选项，在打开的对话框中，设置中文字体为宋体，西文字体为 Times New Roman，字号均为小四号，首行缩进 2 字符，正文行距最小值为 20 磅。

> ⚠ **注意** 要在"段落"对话框的"缩进和间距"选项卡中取消勾选"如果定义了文档网格，则对齐到网格"复选框。

（4）使用上述相同的方法，创建"一级标题""二级标题""三级标题"等的样式。

> ⚠ **注意** 在创建各级标题样式时，在"根据格式设置创建新样式"对话框中，在"样式基准"下拉列表中选择 Word 默认的同级标题样式。另外，在所有"根据格式设置创建新样式"对话框中，在"后续段落样式"下拉列表中选择"正文格式"选项。

（5）将光标置于文本的标题"第 1 章 绪论"所在行，然后在"样式"窗格中单击列表框中的"一级标题"样式；使用同样的方法，将文本的标题"第×章 ……"也设置为"一级标题"样式。

将"1.1……"设置为"二级标题"样式，将"1.1.1……"设置为"三级标题"样式。

（6）选择"文件"→"选项"命令，打开"Word 选项"对话框。在对话框中选择"高级"选项卡，在"编辑选项"中勾选"保持格式跟踪"复选框，单击"确定"按钮。

（7）将光标置于正文中，右击，在弹出的快捷菜单中选择"样式"→"选定所有格式类似的文本"命令，然后在"样式"窗格中选择"正文格式"样式，将该样式应用于所有正文。图 3-105 所示为最终效果。

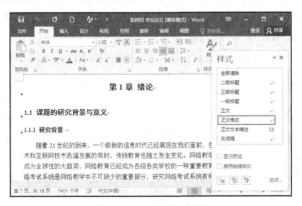

图 3-105 最终效果图

## 3.5.2　题注与交叉引用

题注是添加到表格、图表、公式或其他项目上的名称和编号标签，由标签及编号组成。使用题注可以使文档中的项目更加有条理，方便阅读和查找。交叉引用是指在文档的某个位置引用文档另外一个位置的内容，类似于超链接，只不过交叉引用一般是在同一文档中的相互引用。在创建某一对象的交叉引用之前，必须先标记该对象，才能将对象与其交叉引用链接起来。

### 1．基础知识

（1）题注

Word 2016 中的题注是指通过 Word 2016 添加题注的方法给表格、图形、文本等对象添加的一种带编号的说明。以这种方法添加的题注可以方便地在正文中的任何位置进行交叉引用。

操作步骤如下。

① 将光标定位到要添加题注的位置，一般来说，图形对象的题注加在其下方，表格对象的题注在其上方。

② 选择"引用"选项卡，然后单击"题注"选项组中的"插入题注"按钮，打开"题注"对话框，如图 3-106 所示。

③ 该对话框中的"题注"文本框显示了默认的题注内容，包括题注的标签和题注编号。用户如果需要改变标签，可以在"标签"下拉列表中进行选择。"标签"下拉列表中显示了默认的标签名。Word 2016 为用户提供了 3 个选项：表格、公式和图表。用户也可以单击"新建标签"按钮创建新的标签。

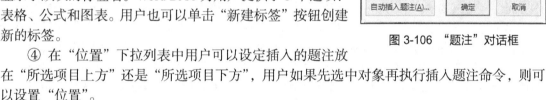

图 3-106　"题注"对话框

④ 在"位置"下拉列表中用户可以设定插入的题注放在"所选项目上方"还是"所选项目下方"，用户如果先选中对象再执行插入题注命令，则可以设置"位置"。

⑤ 如果需要改变题注的编号格式，单击"编号"按钮，在"题注自动编号"对话框中选择需要的格式。用户可以在"题注"文本框中添加题注文本。最后单击"确定"按钮。

（2）交叉引用

交叉引用是指在文档的某一个位置引用文档中的某一个可引用项。例如，文档正文中有图形添加了题注"图 1-1'段落格式'对话框"，那么正文中为引导读者去关注该图形，常会有这样的表述："如图 1-1 所示"。这就是对图形题注的交叉引用。

交叉引用的项目类型可以是编号项、标题、书签、脚注、尾注、表格、公式和图表等；引用的内容可以是题注、页码和段落编号等。

具体操作如下。

① 将光标定位到要建立交叉引用的位置。

② 选择"引用"选项卡，然后单击"题注"选项组中的"交叉引用"按钮，打开"交叉引用"对话框，如图 3-107 所示。

图 3-107　"交叉引用"对话框

③ 在"引用类型"下拉列表中选择引用项类型，例如，选择"图 1-"，这时对话框中会

列出所有的图 1-题注；在"引用内容"下拉列表中选择要显示的信息，如"只有标签和编号"，表示把表格的题注内容"图 1-1"作为显示内容。

④ 单击"插入"按钮，完成一个交叉引用的插入。

交叉引用的优点是当引用项目有了变化，Word 2016 会自动更新。如果用户想及时查看更新结果，可以将鼠标指针移至需要更新的交叉引用处，按"F9"键来实现。

一篇文档编辑完毕后，如果需要打印出来，就要进行页面布局设置。首先要了解所使用的打印纸的大小，页面布局设置是打印文档之前必要的准备工作，其目的是使页面布局、页边距、纸型和页面方向一致。页面布局设置不合理会造成打印杂乱无章，甚至无法打印。用户可以在打印预览中看其效果，如对预览效果不满意，可继续进行页面布局设置的调整。

2．操作步骤

论文中图片的格式为图片居中对齐，每张图片都有图序和图名，并位于图片正下方。图序采用"图 1-1"的格式，并在其后空两格书写图名，图名的中文字体为宋体，西文字体为 Times New Roman，字号为五号。

（1）选中图片，设置居中对齐，选择"引用"选项卡下的"题注"选项组，单击"插入题注"按钮，打开"题注"对话框。

（2）单击"新建标签"按钮，打开"新建标签"对话框，在"标签"文本框中输入"图 2-"，然后单击"确定"按钮，返回"题注"对话框。在"位置"下拉列表中选择"所选位置下方"选项，然后单击"确定"按钮，在图的下方插入题注"图 2-1"。

（3）在题注"图 2-1"后面输入两个空格，然后输入内容"B/S 三层结构图"。并设置该内容的字体格式为居中对齐，中文字体为宋体，西文字体为 Times New Roman，字号为五号。

（4）将文本"如图 2-1 所示"中的"图 2-1"删除，并将光标置于汉字"如"字后，选择"引用"选项卡下的"题注"选项组，单击"交叉引用"按钮，打开"交叉引用"对话框。

（5）分别在"引用类型"和"引用内容"下拉列表中选择"图 2-1"和"只有标签额编号"选项，然后在"引用哪一个题注"列表框中选择"图 2-1　B/S 三层结构图"选项，单击"插入"按钮即可，效果如图 3-108 所示。

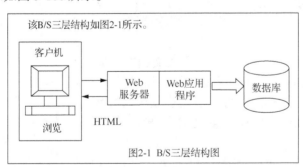

图 3-108　编辑题注和交叉引用后的效果

### 3.5.3　插入分隔符、页眉、页脚和页码

1．基础知识

（1）分隔符

Word 2016 中的分隔符有分页符和分节符两种，如图 3-109 所示。

① 插入分页符

当文本或图形等内容填满一页时，Word 2016 会插入一个自动分页符并开始新的一页。如果要在某个特定位置强制分页，就需要手动设置分页，这样可以确保分页的内容在新的一页开始。将光标定位在要分页的位置，选择"布局"选项卡，在"页面设置"选项组中单击"分隔符"右侧的下拉按钮，在弹出的下拉列表中选择"分页符"选项，光标后面的内容将在下一页的起始位置显示。

② 插入分栏符

对文档（或某些段落）进行分栏后，Word 2016 文档会在适当的位置自动分栏，如果 Word 页面中分了 2 栏，正常情况下是左边一栏排满了再转到右边那一栏，但是有时用户需要在左边一栏未满的情况下就跳到右边栏中。这时就可以在要断开的地方插入分栏符，分栏符以下的内容将转到右边栏中显示。将光标定位在要分栏的位置，选择"布局"选项卡，在"页面设置"选项组中单击"分隔符"右侧的下拉按钮，在弹出的下拉列表中选择"分栏符"选项，光标后面的内容将在下一栏显示。

③ 插入自动换行符

通常情况下，文本到达文档页面右边距时，Word 2016 将自动换行。如果需要强制换行，可将光标定位好后，选择"布局"选项卡，在"页面设置"选项组中单击"分隔符"右侧的下拉按钮，在弹出的下拉列表中选择"自动换行符"选项，光标后面的内容将在下一行显示。换行符显示为灰色的"↓"，与直接按"Enter"键不同，使用这种方法产生的新行仍将作为当前段的一部分。

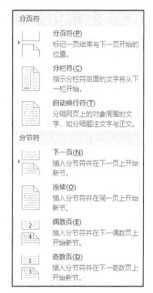

图 3-109　插入分隔符

④ 插入分节符

所谓"节"，就是 Word 2016 用来划分文档的一种方式。用户可利用"分节"的技术来控制某个特定页面的版式属性。在插入分节符之前，Word 2016 将整篇文档视为一节。我们在进行排版时，经常需要对同一个文档中的不同部分采用不同的版面设置，如改变行号、分栏数、页眉、页脚、页边距等特性时，就需要创建新的节。将光标定位到新节的开始位置，选择"布局"选项卡，在"页面设置"选项组中单击"分隔符"右侧的下拉按钮，在弹出的下拉列表中选择以下一种分节符。

● 下一页。在插入此分节符的地方，Word 2016 会强制分页，新的"节"从下一页开始。如果要在不同页面上分别应用不同的页码样式、页眉和页脚文字，以及想改变页面的纸张方向、纵向对齐方式或纸型，应该使用这种分节符。

● 连续。插入"连续"分节符后，文档不会被强制分页。它主要用于帮助用户在同一页面上创建不同的分栏样式或不同的页边距大小，尤其是当用户要创建报纸样式的分栏时，更需要"连续"分节符的帮助。

● 奇数页。在插入"奇数页"分节符之后，新的一节会从其后的第一个奇数页面开始（以页码编号为准）。在编辑长文档时，人们一般习惯将新的章节题目排在奇数页，此时即可使用"奇数页"分节符。如果上一章节结束的位置是一个奇数页，也不必强制插入一个空白页。在插入"奇数页"分节符后，Word 2016 会自动在相应位置留出空白页。

● 偶数页。"偶数页"分节符的功能与奇数页的类似，只是后面的一节从偶数页开始。

（2）页眉和页脚设置

在文档页面的顶部和底部分别设有一个页眉和页脚区域，在这个区域中可以添加页码、时间、日期、章节名称，以及文本或图形。

操作步骤如下。

① 单击"插入"选项卡，在"页眉和页脚"选项组中单击"页眉"下方的下拉按钮，在弹出的下拉列表中可以选择预设的页眉样式。

② 选择一种预设样式，如"边线型"，然后在页面中输入文字即可。

③ 如果需要自己设计页眉样式，可以选择"编辑页眉"选项，对页眉进行编辑。选择"页眉和页脚工具"中的"设计"选项卡，在"插入"选项组中可插入的对象有"日期和时间""文档信息""文档部件""图片""联机图片"。也可以使用"插入"选项卡在页眉区域中插入"文本框"，并在文本框中输入文字。

④ 如果希望文档中奇、偶页的页眉和页脚不同，可以选择"布局"选项卡，单击"页面设置"选项组右侧的"对话框启动器"按钮 ⁊，打开"页面设置"对话框，选择"版式"选项卡，勾选"奇偶页不同"复选框，如果勾选"首页不同"复选框，则首页页眉和其他页的不同。

设置页脚的操作步骤与设置页眉操作相似，此处不再重复讲解。

（3）页码

给多页的文档或节加上页码是必要的，Word 2016 提供的插入页码功能可以很方便地将页码插入文档中，具体操作步骤如下。

① 将光标定位在要设置页码的文档或节中。

② 选择"插入"选项卡，在"页眉和页脚"选项组中单击"页码"右侧的下拉按钮，在弹出的下拉列表中可以选择插入页码的位置，如"页面顶端""页面底端""页边距""当前位置"。

③ 选择好选项后，即可在每页中指定的位置按顺序添加页码，并且页面将自动进入页眉和页脚编辑状态，如图 3-110 所示。

（4）修改页码格式

如果需要修改页码的格式，可以选择"插入"选项卡，在"页眉和页脚"选项组中单击"页码"右侧的下拉按钮，在弹出的下拉列表中选择"设置页码格式"选项。弹出图 3-111 所示的"页码格式"对话框，在其中可以设置"编辑格式"和"页码编号"等选项。

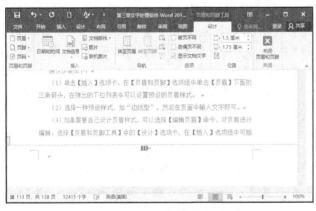

图 3-110　设置页码

图 3-111　"页码格式"对话框

## 2. 操作步骤

**步骤 1**　将给定的封面插入论文中，在每个章节前插入分隔符。

当需要为论文的每个章节编辑不同的页眉和页脚内容时，需要为每个章节分配不同的"节"。

（1）将光标定位到标题"摘要"前面，选择"插入"选项卡下的"文本"选项组，在"对象"下拉列表中选择"文件中的文字"选项，在弹出的对话框中选择给定的封面文件，单击"插入"按钮把封面内容插入。

（2）将光标分别定位到所有一级标题（如"摘要""第 1 章　绪论"等）的前面，单击"布局"选项卡下"页面设置"选项组中"分隔符"右侧的下拉按钮，在弹出的下拉列表中选择"下一页"选项，将所有的一级标题内容进行分节。

**步骤 2**　制作论文的页眉、页脚和页码。

● 页眉格式。中文字体为宋体，西文字体为 Times New Roman，字号均为五号，居中对齐，论文正文部分为从"摘要"至"参考文献"，页眉中显示当前章节标题的内容，并设置下线框；封面、目录的页眉和页脚内容为空，设置论文的页眉、页脚距上、下边界 1.75厘米。

● 页脚格式。从"摘要"所在页开始，在页脚中显示当前页码，页码使用阿拉伯数字，从 1 开始连续编号。

（1）将光标置于"封面"页面中，选择"插入"选项卡中的"页眉和页脚"选项组，选择"页眉"下拉列表中的"编辑页眉"选项，光标在"封面"的页眉区域中闪烁。如果"封面"的页眉中有下线框，可以单击"字体"选项组中的"清除所有格式"按钮清除。封面中没有页眉，直接切换到"页眉和页脚工具"的"设计"选项卡，设置论文的页眉、页脚距上、下边界 1.75 厘米，取消勾选"首页不同"和"奇偶页不同"复选框。单击"导航"选项组中的"下一节"按钮，将页眉切换到"摘要"页的页眉区域中。单击"链接到前一条页眉"按钮，断开当前页与"封面"页的联系，然后在页眉区域中输入文字"摘要"，并设置字体格式为宋体五号、居中。

（2）单击"导航"选项组中的"下一节"按钮，将页眉切换到"第 1 章　绪论"页的页眉区域中。单击"链接到前一条页眉"按钮，断开当前页与"摘要"页的联系，在页眉区域中输入第 1 章的标题"第 1 章　绪论"，重复类似操作，为所有一级标题页的页眉设置好对应内容。

（3）将光标定位到"摘要"页的页脚位置，单击"链接到前一条页眉"按钮，然后单击"页眉和页脚"选项组中的"页码"按钮，从弹出的下拉列表中选择"设置页码格式"选项，打开"页码格式"对话框，在"编号格式"下拉列表中选择"-1-，-2-，-3-，…"选项，在"页码编号"选项组中选择"起始页码"单选按钮，并在其后的文本框中输入"-1-"，然后单击"确定"按钮返回文档中。再次单击"页眉和页脚"选项组中的"页码"按钮，从下拉列表中选择"页面底端"→"普通数字 2"选项，则在页脚中间位置出现了数字"-1-"，调整字体为Times New Roman，字号为五号。

## 3.5.4　创建文档目录

目录是 Word 文档中各级标题及每个标题所在的页码的列表，通过目录可以实现文档内容的快速浏览。在文档中正确应用了标题、正文样式等样式后，用户就可以非常方便地应用 Word 2016 的自动创建目录功能来创建目录。

### 1. 基础知识

（1）创建目录

创建目录的操作步骤如下。

① 打开已经预定义好各级标题样式的文档，将光标定位在要建立目录的位置（一般在文

档的开头），单击"引用"选项卡下"目录"选项组中的"目录"下拉按钮，在弹出的下拉列表中选择一种目录样式。

② 也可以选择下拉列表中的"自定义目录"选项，弹出"目录"对话框，如图 3-112 所示。在对话框中确定目录显示的格式及级别，例如，显示页码、页码右对齐、制表符前导符、格式、显示级别等设置。

③ 单击"确定"按钮，完成创建目录的操作。

（2）修改目录

如果对设置的目录格式不满意，可以对目录进行修改，操作步骤如下。

① 单击"引用"选项卡下"目录"选项组中的"目录"下拉按钮，在弹出的下拉列表中选择"自定义目录"选项，打开"目录"对话框。

② 根据需要修改相应的选项。单击"选项"按钮，弹出"目录选项"对话框，如图 3-113 所示。选择目录标题显示的级别，默认为 3 级，单击"确定"按钮。

图 3-112 "目录"对话框

图 3-113 "目录选项"对话框

③ 单击"修改"按钮，弹出"样式"对话框。如果要修改某级目录格式，可在"样式"列表框中选择该级目录，单击"修改"按钮，弹出"修改样式"对话框。根据需要修改该级目录各种格式，单击"确定"按钮返回"样式"对话框，然后单击"确定"按钮返回"目录"对话框。

④ 单击"确定"按钮，系统会弹出一个是否替换目录的信息提示框，单击"是"按钮完成目录的修改。

（3）更新目录

编制目录后，如果文档内容进行了修改，使标题或页码发生了变化，需要更新目录。更新目录的操作方法有以下 3 种。

① 右击目录区域的任意位置，在弹出的快捷菜单中选择"更新域"命令，然后在弹出的"更新目录"对话框中选择"更新整个目录"单选按钮，单击"确定"按钮完成目录的更新。

② 单击目录区域的任意位置，按 "F9" 键也可实现目录的更新。

③ 单击目录区域的任意位置，然后单击"引用"选项卡下"目录"组中的"更新目录"按钮更新目录。

（4）删除目录

若要删除创建的目录，操作方法为：单击"引用"选项卡下"目录"选项组中的"目录"

下拉按钮，在弹出的下拉列表中选择"删除目录"选项即可。或者在文档中选中整个目录后按"Delete"键进行删除。

### 2. 操作步骤

**步骤 1**　自动生成目录，将目录内容放置在"封面"的后一页，和封面在同一节。目录内容的中文字体为宋体，西文字体为 Times New Roman，字号为五号，两端对齐。二级标题左缩进 2 字符，三级标题左缩进 4 字符，目录（除"目录"标题外）行间距为最小值 18 磅，页码右对齐显示。

（1）将光标定位到"封面"页的结尾处，选择"插入"选项卡，单击"页面"选项组中的"空白页"按钮，创建一个空白页，并且空白页和"封面"页在同一节中。

（2）将光标置于空白页中，并且清除空白页中的所有格式，在起始位置输入"目录"文本，居中显示，并设置合理的字符格式（不设置大纲级别）。将光标定位到第二行中，单击"引用"选项卡下"目录"选项组中的"目录"下拉按钮，在弹出的下拉列表中选择"自定义目录"选项，弹出"目录"对话框。

（3）由于要使用自定义的三级标题样式，因此单击"选项"按钮，打开"目录选项"对话框。对于"目录级别"下方文本框中的数字，除了"一级标题""二级标题""三级标题"保留外，其他全部删除。单击"确定"按钮，返回"目录"对话框。

（4）单击"修改"按钮，打开"修改目录"对话框，分别修改"目录 1""目录 2""目录 3"的字体和段落格式，中文字体为宋体。西文字体为 Times New Roman，两端对齐，二级标题左缩进 2 字符，三级标题左缩进 4 字符，目录（除标题外）行间距为最小值 18 磅。返回"目录"对话框，此时对话框中的设置已经满足要求，直接单击"确定"按钮即可，生成的目录效果如图 3-114 所示。

**步骤 2**　所有的页码编辑完后，如有内容调整，可以在论文目录中右击，从弹出的快捷菜单中选择"更新域"命令，打开"更新目录"对话框，选择"更新整个目录"单选按钮，单击"确定"按钮即可。

图 3-114　步骤 1 效果图

## 3.6　批量制作客户回访函

在利用 Word 2016 编辑文档时，通常会遇到这样一种情况，多个文档文本内容、格式基本相同，只是具体数据有所变化，例如学生的获奖证书、荣誉证书、通知单、成绩报告单、信封、回访函等。对于这类文档的处理，用户可以使用 Word 2016 提供的邮件合并功能，直接从数据源处提取数据，再将它们合并到 Word 文档中，最终自动生成一系列输出文档。客户回访是企业用来进行产品或服务满意度调查、客户消费行为调查、客户维系的常用方法。本节将通过批量制作客户回访函和信封来介绍解邮件合并的操作。效果图如图 3-115、图 3-116 所示。

图 3-115　客户回访函效果图

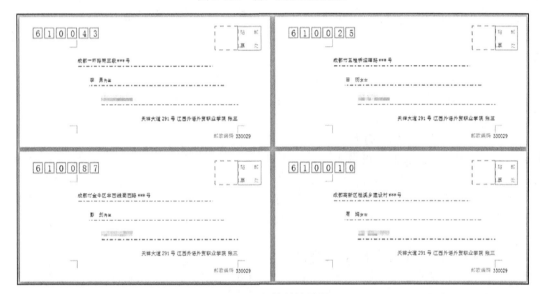

图 3-116　信封效果图

任务要求如下。

（1）按照要求创建客户回访信函。

（2）制作客户个人信息。

（3）批量制作信函，要求性别为"男"则称呼"先生"，性别为"女"则称呼"女士"。

（4）批量制作信封，信封样式为国内信封-DL（220×110），寄件人的信息如下：姓名为张三，单位为江西外语外贸职业学院，地址为天祥大道 291 号，邮政编码为 330029。

### 1．基础知识

以制作学生成绩通知单为例，主文档便是成绩通知单，包含的信息是具体某个学生的班级、姓名、各科成绩等信息，并且已排好它们的位置；数据源文档便是一张具体的成绩表。

制作套用信函的操作步骤如下。

（1）先在 Word 2016 中制作数据源文档——"学生成绩数据表"，如表 3-2 所示，保存该表。

表 3-2　学生成绩数据表

| 班级 | 姓名 | 英语 | 语文 | 数学 | 美术 | 思想品德 |
|---|---|---|---|---|---|---|
| 一（1）班 | 黄思远 | 80 | 81 | 84 | 91 | 93 |
| 一（1）班 | 黎明 | 75 | 85 | 86 | 95 | 94 |
| 一（2）班 | 刘小阳 | 76 | 79 | 81 | 97 | 91 |
| 一（2）班 | 王明 | 84 | 87 | 90 | 90 | 92 |
| 一（3）班 | 李丽 | 83 | 89 | 85 | 86 | 90 |
| 一（3）班 | 曾翔 | 67 | 73 | 71 | 84 | 91 |
| 一（4）班 | 李山 | 76 | 80 | 75 | 82 | 84 |

（2）在 Word 2016 中制作主文档——"成绩通知单"文档（标题、学生班级和姓名信息、正文内容、两行成绩表格，列数由实际情况决定），设置文档格式并保存，如图 3-117 所示。

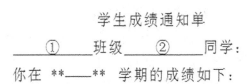

图 3-117　"成绩通知单"文档

（3）打开"成绩通知单"文档，选择"邮件"选项卡，单击"开始邮件合并"下拉按钮，在弹出的下拉列表中选择"信函"选项。

（4）单击"开始邮件合并"选项组中的"选择收件人"下拉按钮，在弹出的下拉列表中选择"使用现有列表"选项，在弹出的"选取数据源"对话框中找到"学生成绩数据表"，并单击"打开"按钮。

（5）将光标定位于要合并数据的位置（见图 3-117 中的①～⑦），单击"编写和插入域"选项组中的"插入合并域"下拉按钮，在弹出的下拉列表中选中对应插入的数据域。

（6）如果要增减收件人则单击"开始邮件合并"选项组中的"编辑收件人列表"按钮。

（7）合并域插入完成后，可单击"预览结果"选项组中的"预览结果"按钮，也可单击"完成"选项组中的"完成并合并"按钮来合并记录、打印记录或发送记录。

**2. 操作步骤**

**步骤 1**　按照要求创建客户回访信函。

启动 Word 2016，新建一个空白文档。录入图 3-118 所示的"客户回访函"，并对"客户回访函"的字体和段落格式进行设置。保存"客户回访函.docx"，将其作为邮件的主文档。

**步骤 2**　制作客户个人信息。

新建一个空白文档，录入图 3-119 所示的"客户个人信息"，保存"客户个人信息表.docx"，将其作为邮件的数据源。

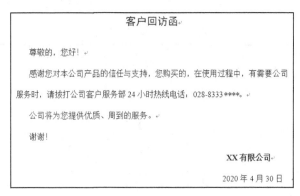

图 3-118　客户回访函

| 客户姓名 | 性别 | 购买产品 | 通讯地址 | 联系电话 | 邮编 | 购买时间 |
|---|---|---|---|---|---|---|
| 李　勇 | 男 | 纽曼 GPS 导航仪 | | | 610043 | 2020-3-27 |
| 田　丽 | 女 | 华硕 253JR 笔记本电脑 | | | 610025 | 2020-3-12 |
| 彭　剑 | 男 | 戴尔 M1210 笔记本电脑 | | | 610087 | 2020-4-5 |
| 周　娟 | 女 | 尼康 D80 数码相机 | | | 610010 | 2020-3-23 |

图 3-119　客户个人信息表

　　**步骤 3**　批量制作信函，要求性别为"男"则称呼"先生"，性别为"女"则称呼"女士"。
　　（1）打开制作好的主文档"客户回访函.docx"，选择"邮件"选项卡下的"开始邮件合并"选项组，选项"选择收件人"下拉列表中的"使用现有列表"选项，在弹出的"选取数据源"对话框中找到"客户个人信息表"，并单击"打开"按钮。将光标定位于"尊敬的"后面，单击"编写和插入域"选项组中的"插入合并域"下拉按钮，在弹出的下拉列表中选择"客户姓名"数据域，单击"插入"按钮，如图 3-120 所示。
　　（2）这时光标前将插入内容"客户姓名"，在"编写和插入域"选项组中选择"规则"下拉列表中的"如果…那么…否则…"选项，弹出"插入 Word 域：如果"对话框，在对话框中设置"域名"为"性别"，"比较条件"为"等于"，"比较对象"为"男"，"则插入此文字中"为"先生"，"否则插入此文字"为"女士"，如图 3-120、图 3-121 所示，单击"确定"按钮。

图 3-120　插入合并域

图 3-121　"插入 Word 域：如果"对话框

（3）单击"完成"选项组中的"完成并合并"按钮，将合并记录、打印记录或发送记录，效果如图 3-122 所示。

图 3-122　完成合并

**步骤 4**　批量制作信封，信封样式为国内信封-DL（220×110），寄件人的信息如下：姓名为张三，单位为江西外语外贸职业学院，地址为天祥大道 291 号，邮政编码为 330029。

（1）新建一个空白文档，单击"邮件"选项卡下"创建"选项组中的"中文信封"按钮，弹出"信封制作向导"对话框，单击"下一步"按钮后在"信封样式"下拉列表中选择"国内信封-DL（220×110）"选项，勾选 4 个复选框，如图 3-123 所示。单击"下一步"按钮进行信封数量的设置，选择"键入收件人信息，生成单个信封"，单选按钮单击"下一步"按钮跳过收件人信息的输入，进入寄件人信息的设置，如图 3-124 所示。按照要求输入信息，单击"下一步"按钮完成信封制作向导。制作好的单个信封如图 3-125 所示。

图 3-123　选择信封样式

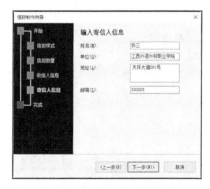

图 3-124　寄件人信息设置

图 3-125　单个信封

（2）选择"邮件"选项卡下的"开始邮件合并"选项组，选择"选择收件人"下拉列表中的"使用现有列表"选项，在弹出的"选取数据源"对话框中找到"客户个人信息表"，并单击"打开"按钮。将光标定位到收件人邮政编码处的文本框中，单击"编写和插入域"选项组中的"插入合并域"下拉按钮，在弹出的下拉列表中选择"邮编"数据域，使用同样的方法，将"通讯地址""客户姓名""性别"（以"先生"或者"女士"称呼）、"联系电话"数据域插入，效果如图 3-126 所示。

图 3-126　使用邮件合并编辑信封

（3）单击"完成"选项组中的"完成并合并"按钮，将合并记录、打印记录或发送记录，效果如图 3-127 所示。

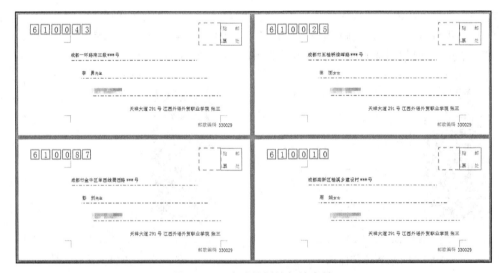

图 3-127　完成信封的邮件合并

## 课后习题

以下选择题皆为单选题。

1. 关于 Word 2016 文档窗口的说法，正确的是（　　　）。
    A. 只能打开一个文档窗口
    B. 可以同时打开多个文档窗口，被打开的窗口都是活动的
    C. 可以同时打开多个文档窗口，只有一个是活动窗口
    D. 可以同时打开多个文档窗口，只有一个窗口是可见文档窗口

2. 在 Word 2016 的编辑状态下，连续进行两次"插入"操作，当单击一次快速访问工具栏中的"撤销"按钮后（      ）。

    A. 将两次插入的内容全部取消         B. 将第一次插入的内容取消

    C. 将第二次插入的内容取消         D. 两次插入的内容都不被取消

3. 将图片插入文档中，不能进行（      ）设置。

    A. 尺寸与旋转     B. 缩放比例     C. 修改图片内容     D. 文字环绕方式

4. 下列关于 Word 2016 对话框的说法，正确的是（      ）。

    A. 对话框有标题栏，可以改变对话框的大小和位置

    B. 对话框有"关闭"按钮、"最大化"按钮、"最小化"按钮

    C. 对话框的标题栏右上角有"控制菜单"按钮，双击该按钮可以关闭对话框

    D. 对话框的标题栏有一个"帮助"按钮

5. 下列（      ）不是 Word 2016 提供的导航方式。

    A. 关键字导航     B. 文档标题导航     C. 文档页面导航     D. 图片导航

6. 在 Word 2016 的选项组中有黑色字体命令和灰色字体命令，灰色字体命令表示（      ）。

    A. 这些命令在当前状态下不起作用     B. 应用程序本身有故障

    C. 这些命令在当前状态下有特殊效果     D. 系统运行故障

7. 用户在"段落"对话框中不能完成下列（      ）操作。

    A. 改变行与行之间的间距         B. 改变段与段之间的间距

    C. 改变段落文字的颜色         D. 改变段落文字的对齐方式

8. 在添加图片题注时，以下（      ）不是预设的标签选项。

    A. 图表     B. 自选图形     C. 表格     D. 公式

9. 在 Word 2016 的编辑状态下，使光标能够快速移到文档尾部的快捷键是（      ）。

    A. End     B. Ctrl+End     C. Home     D. Ctrl+Home

10. 单击 Word 2016 "视图"选项卡下的"显示比例"按钮，可以实现（      ）。

    A. 字符的缩放     B. 字符的缩小     C. 字符放大     D. 前三项都不正确

11. 在 Word 2016 中，更新域所使用的快捷键是（      ）。

    A. Alt+F9     B. F9     C. F8     D. Alt+F8

12. 在使用 Word 2016 时，可以在标尺上直接进行的是（      ）操作。

    A. 对文章分栏     B. 嵌入图片     C. 建立表格     D. 段落首行缩进

13. 在 Word 2016 中显示有页数、总页数、字数、语言等的是（      ）。

    A. 选项卡     B. 工具栏     C. 标题栏     D. 状态栏

14. 可以显示水平标尺和垂直标尺的视图方式是（      ）。

    A. 阅读版式视图     B. 页面视图     C. 大纲视图     D. Web 版式视图

15. 经下列（      ）操作后，可以为 Word 文档指定打开密码和修改密码。

    A. "文件"→"信息"         B. "审阅"→"批注"

    C. "审阅"→"限制编辑"         D. "审阅"→"修订"

16. 下列不能启动 Word 2016 的方法是（      ）。

    A. 单击"开始"菜单，接着找到 Word 2016 图标

    B. 在"资源管理器"中双击一个扩展名为"docx"的文件

    C. 在"计算机"中双击一个扩展名为"docx"的文件

    D. 单击"开始"菜单，然后选择"设置"菜单中的有关命令

17. Word 2016 程序启动后就会自动打开一个名为（　　　）的文档。

    A. Noname　　　　　B. Untitled　　　　　C. 文件 1　　　　　D. 文档 1

18. Word 2016 中字形、字体、字号的默认值是（　　　）。

    A. 常规型、宋体、四号　　　　　　　　B. 常规型、宋体、五号

    C. 常规型、宋体、六号　　　　　　　　D. 常规型、仿宋体、五号

19. 下列叙述正确的是（　　　）。

    A. 单击"最小化"按钮可以结束 Word 2016 的运行

    B. 双击标题栏可以关闭 Word 窗口

    C. 按"Alt+F4"组合键可以退出 Word 2016，结束运行

    D. 窗口"最大化""最小化"和"还原"3 个按钮可以同时出现在 Word 窗口的右上角

20. 在文档编辑过程中，应经常单击"保存"按钮来保存文档，也可以按（　　　）快捷键来保存文档。

    A. Shift+S　　　　　B. Ctrl+S　　　　　C. Enter　　　　　D. Ctrl

21. 在使用 Word 2016 时，光标位置是很重要的，因为文字的增删都将在此处进行，请问光标的形状是（　　　）。

    A. 手形　　　　　B. 箭头形　　　　　C. 闪烁的竖条形　　D. 沙漏形

22. 在 Word 2016 的编辑状态下，有（　　　）两种工作状态。

    A. 插入与改写　　B. 插入与移动　　C. 改写与复制　　D. 复制与移动

23. 在 Word 2016 中，选定整篇文档为文本块时，可按（　　　）快捷键。

    A. Ctrl+A　　　　　B. Shift　　　　　C. Shift+A　　　　D. Alt+Shift+A

24. 在 Word 2016 中，要选择插入点所在段落，可（　　　）该段落。

    A. 单击　　　　　B. 双击　　　　　C. 三击　　　　　D. 用鼠标右键双击

25. 在编辑 Word 文档时，要将一部分选定的文字移动到指定的另一位置去，首先对它进行的操作是（　　　）。

    A. 选择"开始"→"复制"命令　　　　B. 选择"开始"→"清除"命令

    C. 选择"开始"→"剪切"命令　　　　D. 选择"开始"→"粘贴"命令

26. Word 2016 的"剪贴板"选项组的剪贴板中可保存最近（　　　）次复制或者剪切的内容。

    A. 5　　　　　B. 8　　　　　C. 12　　　　　D. 24

27. Word 2016 的查找功能非常强大，查找的对象可以是文本、格式或（　　　）。

    A. 图形　　　　　B. 表格　　　　　C. 图像　　　　　D. 特殊字符

28. 按（　　　）组合键可以执行 Word 2016 中的查找功能。

    A. Alt+X　　　　　B. Ctrl+K　　　　　C. Ctrl+H　　　　D. Ctrl+F

29. 在 Word 2016 中选定文字块时，若块中包含的文字有多种字号，在"字体"选项组的"字号"框中将显示（　　　）。

    A. 空白　　　　　B. 块中最小的字号　C. 块中最大的字号　D. 块首字符的字号

30. 在 Word 2016 中选择某语句后，连续单击两次工具条中的"B"按钮，则（　　　）。

    A. 这句话呈粗体格式　　　　　　　　B. 这句话呈细体格式

    C. 这句话格式不变　　　　　　　　　D. 产生错误报告

31. 在 Word 2016 中，要将文档中一部分选定文字的中、英文字体、字形、字号、颜色

等各种同时进行设置应使用（　　　）。

  A．"开始"选项卡→"字体"选项组  B．工具栏上的"字体"命令

  C．"插入"选项卡        D．在工具栏中的"字号"列表框中选择字号

32．选定文本后，双击"格式刷"按钮，格式刷可以使用的次数是（　　　）。

  A．多次    B．1 次    C．2 次    D．3 次

33．在 Word 2016 中，如果要删除文档中一部分选定的文字的格式设置，可按（　　　）组合键。

  A．Ctrl+Shift+Z  B．Ctrl+Shift  C．Ctrl+Alt+Delete D．Ctrl+F6

34．在 Word 2016 中，设置字体的"动态效果"需选择（　　　）。

  A．"开始"→"字体"→"文字效果"命令

  B．"开始"→"段落"→"文字效果"命令

  C．"开始"→"样式"→"文字效果"命令

  D．"布局"→"段落"→"文字效果"命令

35．可以将段落设置为左对齐、右对齐、居中对齐、两端对齐和（　　　）。

  A．垂直对齐   B．悬挂对齐   C．分散对齐   D．以上都是

36．在 Word 2016 中，段落首行的缩进类型包括首行缩进和（　　　）。

  A．插入缩进   B．悬挂缩进   C．文本缩进   D．整版缩进

37．在 Word 2016 中，段落的缩进方式有 4 种：左缩进、右缩进、悬挂缩进和（　　　）。

  A．凹下缩进   B．凸出缩进   C．首行缩进   D．尾行缩进

38．在 Word 2016 中，下列叙述中正确的是（　　　）。

  A．浮动图片不能与锁定的段落一起移动

  B．浮动图片之间可以相互重叠

  C．嵌入图片不可以随光标的移动而移动

  D．在嵌入图片的位置处，可以放入其他文本层的一般文本

39．在 Word 2016 中，若要移动图形对象，可以先使鼠标指针成为（　　　）形状，再按住鼠标左键将其拖动到所需的位置。

  A．指向右方的箭头 B．指向左方的箭头 C．两头箭头形状 D．四头箭头形状

40．在 Word 2016 中，先按住（　　　）键，再拖动鼠标指针才能复制文字或图形。

  A．Crtl    B．Alt    C．Shift    D．F1

41．在 Word 2016 中，当从中心向外按比例调整图形对象的大小时，应按住（　　　）键并拖动控制点。

  A．Ctrl    B．Shift    C．Shift+Tab   D．Alt

42．在 Word 2016 中，文档模板的文件名类型为（　　　）。

  A．*.wps    B．*.txt    C．*.docx    D．*.dotx

43．在 Word 2016 的"形状"下拉列表中，不可以直接绘制的是（　　　）。

  A．椭圆、长方形 B．大括号、小括号 C．圆形、正方形 D．任意形状的线条

44．选定表格的某一列，按"Delete"键后将（　　　）。

  A．删除这一列，即表格将少一列  B．删除该列各单元格中的内容

  C．删除该列中第一个单元格中的内容  D．删除该列中光标所在单元格中的内容

45．将一表格分成上下两个表格，可以按（　　　）组合键。

  A．Ctrl+空格  B．Ctrl+Enter  C．Shift+Enter  D．Ctrl+Shift+Enter

46. 在 Word 2016 中，可以利用（　　　）上的各种工具，很方便地改变段落的缩排方式，调整左右边界，改变表格列的宽度和行的高度。

    A. 标尺　　　　　　　　B. 格式工具栏　　　　C. 符号工具栏　　　D. 常用工具栏

47. 要想在表格的底部增加一个空白行，正确的操作是（　　　）。

    A. 选定表格的最后一行，选择"表格"→"插入"→"行（在下方）"命令

    B. 将光标定位到表格的右下角的单元格中，按"Tab"键

    C. 将光标定位到表格的右下角的单元格中，按"Enter"键

    D. 将光标定位到表格最后一行任意的单元格中，按"Enter"键

48. 在 Word 表格操作中，若将光标拖动到水平标尺的移动表格列处并同时按下（　　　）键，即可显示出列宽数值。

    A. Tab　　　　　　　　B. Shift　　　　　　　C. Ctrl　　　　　　D. Alt

49. 在 Word 2016 中，关于表格单元格，下列叙述不正确的是（　　　）。

    A. 单元格中可以包含多个段　　　　　　B. 单元格中的内容可以为图形

    C. 同一行的单元格的格式相同　　　　　D. 单元格可以被分隔

50. 在 Word 表格中，下列关于计算功能的描述中正确的是（　　　）。

    A. 只能对一行进行求和计算

    B. 只能对一列进行求和计算

    C. 不能进行加、减、乘、除运算

    D. 可以进行求和、求平均值，以及加、减、乘、除运算

# 第 4 章　电子表格处理软件 Excel 2016

## 本章思维导图

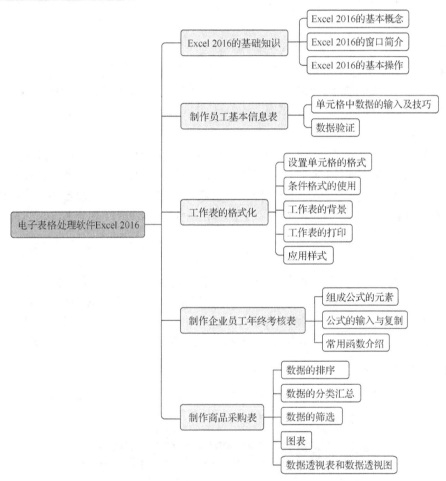

## 本章导学

　　Excel 2016 是 Office 2016 套装软件中的电子表格处理软件。它的核心功能是表格处理，除了可以实现保存信息、数据计算处理、图表处理等基本功能外，它还可以为用户提供强大的数据分析和统计、预测以及 Web 和病毒检查功能等。Excel 由于具有十分友好的人机交互界面和强大的计算功能，因此深受广大办公、财务和统计人员的青睐。其默认的文件类型（扩展名）为 "xlsx"。

計算机应用基础教程（Windows 10+Office 2016）

## 学习目标

- 掌握工作簿、工作表的基本操作。
- 掌握 Excel 工作表的格式化设置方法。
- 掌握单元格中公式与函数的应用。
- 掌握 Excel 表格中数据的管理方法。
- 掌握图表和数据透视表（图）的创建方法。

## 4.1 Excel 2016 的基础知识

### 4.1.1 Excel 2016 的基本概念

#### 1．工作簿

工作簿是计算和储存数据的文件。一个工作簿就是一个 Excel 文件。Excel 启动后，将自动打开一个名为"Book1.xlsx"的工作簿。

#### 2．工作表

工作表又称电子表格。默认情况下，一个工作簿中有一个工作表，名称为 Sheet1，当前工作表为 Sheet1，用户根据实际情况可以增减工作表和选择工作表，一个工作簿可以由多个工作表组成，最多可以包含 5 450 个工作表。这样可以使一个文件中包含多种类型的相关信息，用户可以将若干相关工作表组成一个工作簿，操作时不必打开多个文件，直接在同一个文件的不同工作表中进行切换。

#### 3．单元格

单元格是组成工作表的最小单位。单击单元格即激活单元格，被激活的单元格称为活动单元格。在 Excel 2016 中，每张工作表由 $2^{20}$（1 048 576）行、$2^{14}$（16 384）列组成，每一个行列交叉处即为一单元格，有 $2^{34}$（1 048 576×16 384）个单元格。列名用字母及字母组合表示，行名用正整数表示。每个单元格用它所在的列名和行名来引用，如 A6、D20 等。

### 4.1.2 Excel 2016 的窗口简介

Excel 2016 的窗口（见图 4-1）包括快速访问工具栏、标题栏、选项卡标签、名称框、编

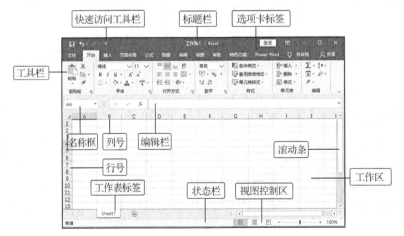

图 4-1　Excel 2016 的窗口

辑栏、状态栏、工作表标签、工作区和视图控制区等。在名称框中显示的是单元格的名称或地址。当创建公式时，这个公式就会出现在编辑栏中。Excel 的状态栏中会显示当前选择的内容、命令或操作的信息。

有关 Excel 2016 的窗口介绍可以参照第 3 章 Word 2016 的窗口简介。

### 4.1.3　Excel 2016 的基本操作

Excel 2016 的基本操作包括工作簿的基本操作、工作表的基本操作、单元格的基本操作以及行或列的基本操作。Excel 2016 中工作簿的基本操作可参考 Word 2016 中对文档的操作，此处不再赘述。

#### 1．工作表的基本操作

（1）工作表的切换

一个工作簿具有多张工作表，而一次只能显示一张工作表，此时用户可以单击工作表标签实现工作表间的快速切换；也可以按"Ctrl+PageDown"组合键切换到后一张工作表，按"Ctrl+PageUp"组合键切换到前一张工作表。

（2）工作表的选定

单击某个工作表的标签即选定了当前 1 张工作表，并以白底显示。选定相邻的工作表时，在按住"Shift"键的同时单击第一个和最后一个标签即可。当选定不连续的工作表时，按住"Ctrl"键依次单击各个需要的工作表标签即可。

（3）窗口的拆分

要查看或滚动查看工作表的不同部分，可以将工作表水平或垂直拆分成多个单独的窗格。将工作表拆分成多个窗格后，可以同时查看工作表的不同部分，如图 4-2 所示。

图 4-2　窗口的拆分

操作步骤如下。

① 确定拆分点，单击某单元格。

② 选择"视图"选项卡，在"窗口"选项组中单击"拆分"按钮。

（4）窗口的冻结

当在较大的工作表区域范围内对数据进行查看需滚动工作表时，上方的行或左侧的列中的数据会被滚动出屏，为了在滚动工作表时保证顶部的一些行、左边的一些列标题或者其他数据不会被滚动出屏幕，而是始终可见，可使用窗口冻结的方法将需查看的数据进行冻结。

操作步骤如下。

① 确定冻节点，如需要单独冻结某行或某列，选中它的下一行或下一列；如需同时冻结行与列，选中该行与该列交点的右下角单元格。

② 选择"视图"选项卡，在"窗口"选项组选择"冻结窗格"下拉列表中的"冻结窗格"选项，结果如图 4-3 所示，第 2 行和第 A 列都被冻结。

图 4-3　冻结窗口

---

！注意

窗口的拆分和窗口的冻结不能同时设置。

---

（5）重命名工作表

在创建一个新的工作簿时，所有工作表以"Sheet1""Sheet2"为默认名称。在实际工作中，用户可以改变这些工作表的名称，以便进行更加有效的管理。

操作步骤如下。

① 选中要重命名的工作表标签，右击，在弹出的快捷菜单中选择"重命名"命令。

② 在工作表标签的名称框中输入新的名称，按"Enter"键即可。

双击工作表标签也可以对工作表进行重命名，工作表的名称最长可有 31 个字符。

（6）工作表的插入与删除

① 插入工作表

先选定当前工作表，然后选择"开始"选项卡，单击"单元格"选项组中的"插入"下拉按钮，在弹出的下拉列表中选择"插入工作表"选项，我们就会看到在当前工作表的前方插入了一张新的工作表，同时被命名为"Sheet2"，新插入的工作表被激活成当前活动工作表（也可以通过单击"新工作表"按钮⊕来创建）。

② 删除工作表

首先单击需要删除的工作表标签，然后选择"开始"选项卡，单击"单元格"选项组中的"删除"下拉按钮，在弹出的下拉列表中选择"删除工作表"选项，就可以看到被选中的工作表立即被删除，同时后面的工作表被激活成了当前活动工作表（也可以通过右击，选择快捷菜单中的"删除"命令来完成）。

（7）工作表的复制与移动

① 在同一工作簿中移动工作表

要在工作簿中改变工作表的顺序，只需选中要移动的工作表标签，按住鼠标左键沿着标签行拖动到新的位置，松开鼠标左键即可。

② 在不同工作簿中移动工作表

操作步骤如下。

- 在原工作簿中单击选中需要移动的工作表标签。
- 选择"开始"选项卡，单击"单元格"选项组中的"格式"下拉按钮，在弹出的下拉列表中选择"移动或复制工作表"选项（也可以通过右击工作表标签，在弹出的快捷菜单中选择"移动或复制"命令进行移动），此时屏幕上弹出图 4-4 所示的对话框。
- 在其中的"工作簿"下拉列表中选择目标工作簿名称，最后单击"确定"按钮即可。

③ 在同一工作簿中复制工作表

要在一个工作簿中复制工作表，只需选中要复制的工作表标签，然后按住"Ctrl"键和鼠标左键沿着标签行拖动到新的位置，松开"Ctrl"键和鼠标左键即可。

④ 在不同工作簿中复制工作表

操作步骤如下。

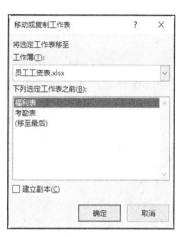

图 4-4　"移动或复制工作表"对话框

- 在原工作簿中单击需要复制的工作表标签。
- 选择"开始"选项卡，单击"单元格"选项组中的"格式"下拉按钮，在弹出的下拉列表中选择"移动或复制工作表"选项，这时屏幕上弹出图 4-4 所示的对话框。
- 在"工作簿"下拉列表中选择目标工作簿，并勾选"建立副本"复选框，单击"确定"按钮即可。

在不同的工作簿间进行复制和移动时，目标工作簿必须是打开的。

（8）隐藏工作表

操作步骤如下。

① 选定要隐藏的工作表。

② 选择"开始"选项卡，单击"单元格"选项组中的"格式"下拉按钮，在弹出的下拉列表中选择"隐藏和取消隐藏"→"隐藏工作表"选项，就可以看到被选定的工作表已经被隐藏。

（9）保护工作表

有时工作表不希望被人修改，此时就需要为工作表设定保护密码，以达到保护工作表的目的。

操作步骤如下。

① 选择需要保护的工作表标签，选择"开始"选项卡，单击"单元格"选项组中的"格式"下拉按钮，在弹出的下拉列表中选择"保护工作表"选项，弹出图 4-5 所示的"保护工作表"对话框。

② 在对话框中输入保护密码，并勾选相关的复选框，单击"确定"按钮即可。

## 2. 单元格的基本操作

（1）单元格的选定

① 选定单个单元格

图 4-5　"保护工作表"对话框

单击相应的单元格，或在名称框中输入相应的单元格名称，如输入"Y10000"，然后按

"Enter"键。

② 选定连续的单元格

**方法一**

- 将鼠标指针指向该区域的第一个单元格。
- 按住鼠标左键，然后沿着对角线从第一个单元格拖动鼠标指针到最后一个单元格。
- 松开鼠标左键即可。

**方法二**

单击选择范围内的左上角的单元格，按住"Shift"键单击右下角的单元格，就会看到所要选择的范围反白显示。

**方法三**

在名称框中输入单元格地址范围（如 B2:E9），然后按"Enter"键。

③ 选定不连续的单元格

首先按住"Ctrl"键，然后单击需要的单元格或者区域，或在名称框中输入单元格地址范围（如 A1:E10,G12:H16），再按"Enter"键。

④ 选定整个工作表

在每一张工作表的左上角都有一个"选定整个工作表"按钮，单击该按钮，即可选定整张工作表。

（2）单元格的移动和复制

操作步骤如下。

① 选定要移动或复制的单元格或单元格区域。

② 选择"开始"→"剪贴板"→"剪切"（"复制"）命令。

③ 单击粘贴区域左上角的单元格。

④ 选择"开始"→"剪贴板"→"粘贴"命令。

（3）单元格的插入和删除

① 插入单元格

单击要插入单元格的单元格，使该单元格成为活动单元格。选择"开始"选项卡，单击"单元格"选项组中的"插入"下拉按钮，在弹出的下拉列表中选择"插入单元格"选项，或在要插入单元格的地方右击，在弹出的快捷菜单中选择"插入"命令，弹出"插入"对话框，如图 4-6 所示。

在"插入"对话框中有 4 种选择，分别是活动单元格右移、活动单元格下移、整行、整列，根据需要选择其中的一个单选按钮，单击"确定"按钮即可。

② 删除单元格

单击要删除的单元格，使该单元格成为活动单元格。选择"开始"选项卡，单击"单元格"选项组中的"删除"下拉按钮，在弹出的下拉列表中选择"删除单元格"选项，或在要删除单元格的地方右击，在弹出的快捷菜单中选择"删除"命令，弹出"删除"对话框，如图 4-7 所示。

在"删除"对话框中同样有 4 种选择，分别是右侧单元格左移、下方单元格上移、整行、整列，根据需要选择其中的一个单选按钮，单击"确定"按钮即可。

（4）单元格批注的编辑

有时在单元格右上角会出现一个红色的三角标记，当将鼠标指针指向该单元格时会显示一些说明信息，这就是批注信息。

图 4-6　"插入"对话框

图 4-7　"删除"对话框

① 添加批注

选中需添加批注的单元格，选择"审阅"选项卡，单击"批注"选项组中的"新建批注"按钮，在弹出的批注框中输入批注文本，如图 4-8 所示。完成后单击批注框外部的工作表区域，结束批注操作。

② 浏览批注

选择"审阅"选项卡，单击"批注"选项组中的"显示所有批注"按钮，如图 4-9 所示。

图 4-8　批注框

图 4-9　"批注"选项组

如果要顺序查看每个批注，请在"批注"选项组中单击"下一条"按钮；如果要按相反的顺序查看批注，可单击"上一条"按钮；如果要查看单独的某个批注，则将鼠标指针移至已添加批注的单元格进行浏览。

③ 更改批注

在需要修改批注的单元格上右击，在弹出的快捷菜单中选择"编辑批注"命令，即能对批注的内容进行更新。

④ 删除批注

选中需要删除批注的单元格，右击，在弹出的快捷菜单中选择"删除批注"命令即可。

（5）清除数据

选择所要清除内容的单元格或单元格区域，选择"开始"选项卡，单击"编辑"选项组中的"清除"下拉按钮，在弹出的下拉列表中根据需要选择"全部清除""清除内容""清除格式""清除批注"和"清除超链接（不含格式）"中任何一项即可。

清除单元格和删除单元格不同。清除单元格是从工作表中清除单元格中的内容，单元格本身还留在工作表中；而删除单元格则是将选定的单元格从工作表中删除，同时和被删除单元格相邻的单元格将会做出相应的位置调整。

**3．行或列的基本操作**

（1）行或列的选定

① 选定连续或不连续的整行

**方法一**

选定整行的操作比较简单，只需在工作表上单击该行的"行号"（如 1 、 2 、 3 等）。

165

若要选定连续的多行应配合使用"Shift"键，而选定不连续的多行则应配合使用"Ctrl"键。

**方法二**

在名称框中输入"行号:行号"，然后按"Enter"键。

如输入"1:5"，选择第 1 行到第 5 行；输入"1:5,8:8"，选择第 1 行到第 5 行和第 8 行。

② 选定连续或不连续的整列

选定整列的操作和选定整行的操作类似。

如输入"A:D"，选择第 1 列到第 4 列；输入"A:D,H:H"，选择第 1 列到第 4 列和第 8 列。

（2）行高或列宽的改变

**方法一**

用鼠标指针拖动行号或列号的中缝即可调整行高与列宽。

**方法二**

选择所需调整的区域，可以是一行、数行或单元格区域。选择"开始"选项卡，单击"单元格"选项组中的"格式"下拉按钮，在弹出的下拉列表中选择"行高"或"列宽"选项，分别弹出"行高"或"列宽"对话框，如图 4-10 和图 4-11 所示。

图 4-10 "行高"对话框

图 4-11 "列宽"对话框

在对话框中输入行高或列宽的精确数值，单击"确定"按钮，整个选定区域的行高、列宽就完全相同了。

选择"开始"选项卡，单击"单元格"选项组中的"格式"下拉按钮，在弹出的下拉列表中选择"自动调整行高"或"自动调整列宽"选项，系统将自动调整到最合适的行高或列宽。

（3）行或列的插入与删除

单击所要插入行或列的行号或列标，选择"开始"选项卡，单击"单元格"选项组中的"插入"下拉按钮，在弹出的下拉列表中选择"插入工作表行"或"插入工作表列"选项，就会出现一个新的"行"或"列"，当前行或列中的内容会自动下移或右移。

单击所要删除行或列的行号或列标，选定该行或列，选择"开始"选项卡，单击"单元格"选项组中的"删除"下拉按钮，在弹出的下拉列表中选择"删除工作表行"或"删除工作表列"选项，即可完成行、列的删除操作。

（4）行或列的隐藏

选中需隐藏的行或列，选择"开始"选项卡，单击"单元格"选项组中的"格式"下拉按钮，在弹出的下拉列表中选择"隐藏和取消隐藏"→"隐藏行"或"隐藏列"选项，所选的行或列将被隐藏起来。如果选择"取消隐藏行"或"取消隐藏列"选项，则会再现被隐藏的行或列。若在弹出的"行高"或"列宽"对话框中输入数值"0"，也可以实现整行或整列的"隐藏"。

**4. 查找与替换**

Excel 2016 的查找与替换功能不仅可以针对内容，还可以针对格式。Excel 2016 的内容查找替换功能允许使用通配符，用问号（?）代替任意单个字符，用星号（*）代替任意字符串。

如："张*"表示查找所有姓张的同学；"张?"表示查找姓张的单名同学。

Excel 2016 中加入了 Bing（必应）搜索功能，只要选中搜索的内容，右击，在弹出的快捷菜单中选择"智能查找"命令，用户无须离开表格，就可以直接调用搜索引擎在在线资源中智能查找相关内容。

注意　搜索时可以搜索整个工作表、某个单元格区域，或者工作簿里的多个工作表。

## 4.2　制作员工基本信息表

数据是用户保存的重要信息，在 Excel 2016 中，用户可以输入的数据类型有很多，如文本、日期、数值等，为了实现数据的快速、正确输入，可以通过设置数据的有效性，还可以通过自定义序列和自动填充来实现。本节将通过制作图 4-12 所示的员工基本信息表，介绍 Excel 2016 中数据的输入和编辑等基本知识。

| 工号 | 姓名 | 性别 | 部门号 | 身份证号 | 出生年月 | 籍贯 | 工资 |
|---|---|---|---|---|---|---|---|
| 2009201001 | 郑林 | 男 | 0102 | | 1997年10月8日 | 上海 | ¥5,500 |
| 2009201002 | 李朝华 | 女 | 0101 | | 1996年5月10日 | 西安 | ¥4,200 |
| 2009201003 | 高明 | 男 | 0104 | | 1998年3月7日 | 天津 | ¥6,600 |
| 2009201004 | 王国明 | 男 | 0101 | | 1997年4月9日 | 上海 | ¥7,000 |
| 2009201005 | 杨敏红 | 女 | 0104 | | 1990年6月18日 | 广州 | ¥5,000 |
| 2009201006 | 马一鸣 | 男 | 0102 | | 1991年12月28日 | 南昌 | ¥5,500 |
| 2009201007 | 王静宜 | 女 | 0103 | | 1996年11月11日 | 武汉 | ¥7,600 |
| 2009201008 | 孙飞 | 男 | 0103 | | 1993年1月9日 | 成都 | ¥5,200 |
| 2009201009 | 徐博 | 女 | 0101 | | 1995年8月16日 | 广州 | ¥7,500 |

图 4-12　员工基本信息表效果图

任务要求如下。

（1）创建工作簿、重命名工作表。

（2）掌握数据的输入及技巧。

（3）掌握行高和列宽的设置。

（4）进行"性别"列的数据验证，"性别"列中的内容只能为"男"或者"女"。

### 4.2.1　单元格中数据的输入及技巧

在 Excel 的单元格中可以输入文本、数字、日期和时间等常量数据，输入数据前必须先确定数据输入的单元格。启动 Excel 2016 之后，用鼠标和快捷键都能激活需输入数据的单元格。Excel 中常用的快捷键及功能如表 4-1 所示。

表 4-1　常用的快捷键及功能

| 快捷键 | 功能 |
|---|---|
| Home | 移到当前行的 A 列 |
| Ctrl+Home | 移到 A1 单元格 |
| Page Down | 工作表向下移一屏 |

续表

| 快捷键 | 功能 |
|---|---|
| Page Up | 工作表向上移一屏 |
| Alt+Page Down | 工作表右移一屏 |
| Alt+Page Up | 工作表左移一屏 |
| Ctrl+→ | 移到当前数据区的右边缘 |
| Ctrl+← | 移到当前数据区的左边缘 |
| Ctrl+↑ | 移到当前数据区的顶部 |
| Ctrl+↓ | 移到当前数据区的底部 |
| Ctrl+Page Down | 移到下一工作表 |
| Ctrl+PageUp | 移到上一工作表 |
| Ctrl+Tab 或 Ctrl+F6 | 移到下一工作簿或窗口 |
| Ctrl+Shift+Tab 或 Ctrl+Shift+F6 | 移到上一工作簿或窗口 |

### 1. 基础知识

（1）文本型数据的输入

① 文本型数据。它是指由字母、汉字或其他符号组成的字符串。其字符个数≤255，在单元格中默认为左对齐。即使输入的字符数超出了单元格宽度，仍可继续输入，表面上它会覆盖右侧单元格中的数据，实际上仍属于本单元格中的内容，不会丢失。

② 数字型文本。有时需把一些数字串当作文本型数据，如电话号码、邮政编码等。为避免直接输入这些纯数字串之后，Excel 2016 把它当作数值型数据，可以在输入项前面添加单引号，输入一经确认，输入项前添加的单引号会自动消失。

文本型数据默认为左对齐显示。文本型数据参与公式与函数运算时，必须用英文的双引号引起来，如= "外语" & "外贸"。

（2）数字的输入

数字类型有很多表现形式，如常规、数值、货币、会计专用、日期、时间、百分比、分数、科学记数等，如图 4-13 所示。用户可以根据具体要求选择具体的表现形式。

在单元格中输入数字的方法和字符的输入方法是一样的，只不过所有数字在单元格中均为右对齐。在 Excel 2016 中，数字只可以为 0，1，2，3，4，5，6，7，8，9，+，-，()，/，$，%，.，E，e 等字符。

① "常规"数字格式。如果单元格使用默认的"常规"数字格式，Excel 2016 会将数字显示为整数或小数（如 789、7.89），或者当数字长度超出单元格宽度时以科学记数法（7.89E+08）来表示。采用"常规"格式的数字长度为 11 位，其中包括小数点和类似"E"和"+"这样的字符。由于计算机的存储限制，一个单元格最多只能存储 15 位有效数据，当超过 15 位数据时，后面的数据用"0"表示。

② 输入分数。为避免系统将输入的分数视作日期，请在分数前输入"0"及一个空格，如 1/2 的输入方式为"0 1/2"。

③ 输入正负数。输入正数时 Excel 2016 将忽略数字前面的正号（+），输入负数时请在负数前输入减号（-），或将其置于括号"()"中。

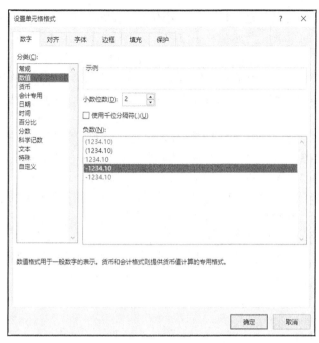

图 4-13 "数字"选项卡

④ 输入货币数值。在数的前面可以加$或¥符号，使其具有货币含义，符号在计算时不受影响。选择"开始"选项卡，单击"单元格"选项组中的"格式"下拉按钮，在弹出的下拉列表中选择"设置单元格格式"选项，在弹出的对话框中选择"数字"选项卡，然后在"分类"列表框中选择"货币"选项，最后从"货币符号"列表框中选择所需的货币符号类型。

⑤ 预置小数位数。如果输入的数字都具有相同的小数位数，或者都是有相同尾数 0 的整数，则可以单击快速访问工具栏右侧的"自定义快速访问工具"按钮，从弹出的下拉列表中选择"其他命令"选项，弹出"Excel 选项"对话框。选择"Excel 选项"对话框左侧的"高级"选项，如图 4-14 所示。

图 4-14 "Excel 选项"对话框

勾选"自动插入小数点"复选框，在"小位数"文本框中，输入正数表示小数位数，输入负数表示尾数为 0 的个数。例如在"小位数"文本框中输入正数"3"，单击"确定"按钮，则在单元格中输入"12345"后按"Enter"键，将自动变为 12.345。如果在"小位数"文本框中输入"−3"并单击"确定"按钮，再在单元格中输入"12345"后按"Enter"键，将自动变为 12345000。如果用户在输入的过程中需要暂时取消该设置，可以在输入完数据后再输入小数点。

⑥ 复杂序号的输入。有时候用户需要输入一些比较长的数据，如学生学号 908020101、908020102、908020103、908020104…它们前面的数字都是一样的，只是后面的按照序号进行变化。对于这样的序号也可以进行快速输入，选中要输入这些复杂序号的单元格，然后选择"开始"选项卡，单击"单元格"选项组中的"格式"下拉按钮，在弹出的下拉列表中选择"设置单元格格式"选项，在弹出的对话框中选择"数字"选项卡，然后在"分类"列表框中选择"自定义"选项，输入"""9080201"00"后单击"确定"按钮，如图 4-15 所示。以后只要在选中的单元格中输入序号 1、2、3…，其就会自动变成已设置的复杂学号。

图 4-15 "设置单元格格式"对话框

⑦ 日期与时间的输入。日期与时间在本质上是数值，所以默认状态下，日期和时间数据在单元格中右对齐。

输入日期的格式为"年/月/日"或"月/日"，如 2016/3/31。日期属于一个整型数值。系统将 1900 年 1 月 1 日设置为数值 1，每增加一天，其对应数值也增加 1。如"2016 年 3 月 31 日"，对应数值是 42460。在单元格中输入"="2016/3/31"+100"，将得到"2016/7/9"，或得到数值 42560，而实际得到的是日期还是数值，取决于用户对该单元格的格式设置。

若按"Ctrl+;"组合键，则输入当前系统日期。日期的格式可以进行设置，选择"开始"选项卡，单击"单元格"选项组中的"格式"下拉按钮，在弹出的下拉列表中选择"设置单元格格式"选项，弹出图 4-16 所示的对话框，进行设置即可。

输入时间的格式为"时:分"，如 7:50。时间属于一个纯小数数据，将时间除以 24，就是该时间所对应纯小数。如中午 12:00，对应的数值是 0.5，18:00 对应的数值是 0.75。如果要表示 15 分钟，可以用"00:15"表示，也可以用 1/24/4 表示。

若按"Ctrl+Shift+;"组合键，则输入当前系统时间。时间的格式同样也可以进行设置，选择"开始"选项卡，单击"单元格"选项组中的"格式"下拉按钮，在弹出的下拉列表中选择"设置单元格格式"选项，弹出图 4-17 所示的"设置单元格格式"对话框，进行设置即可。

图 4-16　设置单元格的日期格式

图 4-17　设置单元格的时间格式

如果要在同一单元格中同时输入日期和时间，应用空格分隔，如"2012/11/22␣20:00"或"20:00␣2012/11/22"。

（3）逻辑值的输入

逻辑值有两种，即 True（真）和 False（假）。一般当两个单元格中的数据进行比较运算后，Excel 2016 会进行判断，自动将产生的结果直接显示，并在单元格中居中对齐。

（4）数据输入的技巧

前面已经介绍了各种类型数据的输入方法。除此以外，Excel 2016 还提供了以下 8 种快速输入数据的方法。

① 连续区域内的输入技巧

如果用户习惯使用按键控制单元格位置，首先选中要输入数据的区域，按"Tab"键会使当前单元格沿行水平右移 1 列，按"Shift+Tab"组合键沿行水平左移 1 列，按"Enter"键会使当前单元格沿列下移 1 行，按"Shift+Enter"组合键则沿列上移 1 行。

② 相同数据一次性输入技巧

选择所要输入的相同内容的单元格（选定的单元格可以是连续的区域，也可以是不连续的区域）。在当前活动单元格中输入数据，再按"Ctrl+Enter"组合键，则刚才所选的单元格内都将被填充同样的数据；如果选定的单元格中已经有数据，则已有数据将被覆盖。

③ 手动换行的技巧

有时单元格内输入的信息量较大，会占用较大的列宽。如果表格中规定了列的宽度，为了显示完输入的信息，只能按"Alt+Enter"组合键手动换行，将一行文本变成两行、三行甚至多行显示。

④ 在同一数据列中快速选择输入

如果在同一列中输入的信息相同，可以使用"复制"命令，也可以按"Alt+↓"组合键进行快速输入。

⑤ 使用填充柄填写数据

在已选定的单元格的右下角会出现一个小黑方块，称为"填充柄"。当鼠标指针指向填充柄时，鼠标指针的形状会变为十字形，此时拖动"填充柄"即可实现快速填写数据。

⑥ 输入相同的数据

选定某一单元格，将鼠标指针移到该单元格右下角的填充柄上，向下拖动填充柄，则可以将该单元格中的数据复制到下面的单元格中。

⑦ 输入等差或等比数列。

操作步骤如下。

- 在上下相邻的两个单元格中输入数列的第一、二项数据值。
- 选定上步中的两个单元格，将鼠标指针移到第二个单元格右下角出现的填充柄上，右击，在弹出的快捷菜单中选择"等差序列"或"等比序列"命令，向下拖动填充柄即可出现相应的数列数值。

⑧ 输入序列数据

用户在输入数据制作表格时，经常会遇到输入有规律的数据的情况。例如星期一、星期二、星期三等。Excel 2016 中自带了一些序列数据，用户也可以添加序列数据。

### 2. 操作步骤

**步骤 1** 创建工作簿、重命名工作表。

（1）启动 Excel 2016，以"员工基本信息表"为名将新建的工作簿保存。

（2）双击 Sheet1 工作表标签，标签将反白显示，输入"员工基本信息表"，重命名工作表。

**步骤 2** 数据的输入。

（1）输入表格标题字段。在 A1:H1 单元格区域中分别输入表格各字段的标题内容，并修改标题内容格式为"12 磅、楷体、加粗"。

（2）输入工号。工号由 9 位数字组成，并存在一定的规律，此处可以使用填充的方式来完成。

① 在 A2 单元格中输入工号"200901001"。

② 将鼠标指针移至该单元格右下角，鼠标指针变成黑十字的填充柄。

③ 按住键盘的"Ctrl"键，鼠标指针变成一个黑十字形状，按住鼠标左键不放向下拖动即可。

---

**注意** 填充的方法有很多种，其他方法前文中有介绍，这里不再重复介绍。

---

（3）输入姓名、籍贯。

（4）输入部门号。部门号是以 0 开头的数字，需要将这里的数字转换成字符型数据。

方法一：输入英文状态下的单引号，再输入部门号。

方法二：选中要输入部门号的 D2:D10 单元格区域，右击，在弹出的快捷菜单中选择"设置单元格格式"命令，在弹出的对话框中选择"文本"类型，再输入部门号。

（5）输入身份证号。身份证号码由 18 位数字组成，根据"常规"数字格式可知，直接输入身份证号码会显示成科学记数法格式，需要将数字转换成字符型数据，方法同部门号的输入。

（6）输入出生年月。出生年月为日期型格式数据，为了输入的简便，可以先将单元格数字类型设置为"日期"，然后在单元格中直接输入数字，并用"/"或"-"隔开，如"87/10/8"或"87-10-8"。

（7）货币符号的输入。选择 H2:H10 单元格区域。选择"开始"→"单元格"→"格式"命令，在"设置单元格格式"对话框中选择"数字"选项卡，将数据类型设置为"货币"，将"小数位数"设置为"0"，再选择货币符号为人民币符号"￥"。单击"确定"按钮后输入工资。

（8）设置除标题字段外的内容格式为"仿宋、12 磅、橙色"。

**步骤 3**　行高和列宽的设置。

（1）选择第 1 行，右击，从弹出的快捷菜单中选择"行高"命令。在弹出的对话框中输入参数"30"，单击"确定"按钮。

（2）选择第 2 至 10 行，设置行高为"25"。

（3）选择 A 至 H 列，选择"开始"→"单元格"→"格式"→"自动调整列宽"命令，调整列宽。

### 4.2.2　数据验证

#### 1. 基础知识

Excel 2016 提供了数据验证功能来保证输入数据的正确性。如果用户输入的数据出现了错误，Excel 2016 将会自动判断检验，并及时地显示告警信息以提示用户更正数据。

对输入内容的单元格进行数据验证，输入"姓名"单元格的有效性条件为"文本长度"介于 2～4 位，输入"性别"单元格的有效性条件为"男"或"女"。具体操作步骤如下。

（1）选定需进行数据验证的单元格区域。

（2）选择"数据"选项卡，单击"数据工具"选项组中的"数据验证"下拉按钮，在弹出的下拉列表中选择"数据验证"选项，弹出"数据验证"对话框，在"设置"选项卡中进行相关设置。"姓名"单元格的设置如图 4-18 所示，设置"允许"为"文本长度"，"数据"为"介于"，"最小值"为"2"，"最大值"为"4"。"性别"单元格的设置如图 4-19 所示，设置"允许"为"序列"，"来源"为"男,女"。注意序列"男,女"之间应用英文的逗号。

图 4-18　设置"姓名"单元格的数据有效性

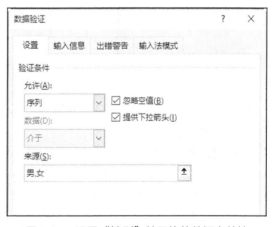

图 4-19　设置"性别"单元格的数据有效性

（3）选择"输入信息"选项卡，进行相关设置，如图 4-20 所示。勾选"选定单元格时显示输入信息"复选框，在设置了数据有效性检验的单元格中输入数据时，系统会显示输入信息，提醒用户输入数据的范围。

（4）选择"出错警告"选项卡，相关设置如图 4-21 所示。如果输入出现错误，系统会显示相关的信息。在"样式"下拉列表中有停止 ⊗、警告 ⚠、信息 ⓘ 3 个选项。

（5）选择"输入法模式"选项卡，相关设置如图 4-22 所示，对所选单元格区域进行输入法的控制。控制模式有 3 种，分别为"随意""打开""关闭（英文模式）"，任选一种即可。

（6）单击"确定"按钮。

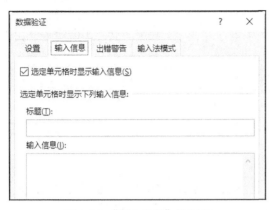
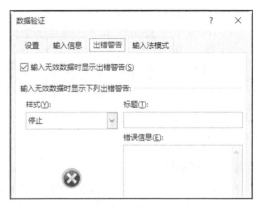

图 4-20 "输入信息"选项卡    图 4-21 "出错警告"选项卡

图 4-22 "输入法模式"选项卡

### 2. 操作步骤

"性别"列的数据验证，"性别"列中的内容只能为"男"或者"女"。

（1）选择 C2:C10 单元格区域。

（2）选择"数据"→"数据工具"→"数据验证"命令，设置单元格"允许"为"序列"，"来源"为"男,女"。注意序列"男,女"之间应用英文的逗号。单击"确定"按钮。

（3）选择对应的内容。

## 4.3 工作表的格式化

当把数据输入 Excel 工作表中，还需要对表格进行美化，用户可以通过设置工作表中单元格格式，如数字、对齐方式、边框、填充等来突出显示表格的外观效果。本节将通过制作图 4-23 所示的产品信息表，介绍 Excel 2016 中工作表的格式化操作。

任务要求如下。

（1）创建工作簿、重命名工作表。

（2）输入产品信息，包括数据、图片、艺术字的输入。

图 4-23　产品信息表效果图

（3）设置单元格格式。

（4）使用条件格式，设置"优惠价格"列中价格低于 4 000 元的产品的字体颜色为深红、底纹颜色为 15%灰色。

（5）添加工作表背景。

（6）设置打印区域。

## 4.3.1　设置单元格的格式

当单元格中的数据输入完成后，通常需要对单元格区域做一些修饰，如字体、对齐方式、边框和底纹等，以便更好地阅读及打印输出。

### 1．基础知识

（1）数字格式

选择"开始"选项卡，单击"单元格"选项组中的"格式"下拉按钮，在弹出的下拉列表中选择"设置单元格格式"选项，弹出"设置单元格格式"对话框。选择"数字"选项卡，在其中设置数字的格式。

（2）对齐格式

在"设置单元格格式"对话框的"对齐"选项卡中，用户可以设置单元格内文本的对齐方式和控制方式。

具体操作步骤如下。

① 选定单元格，右击，在弹出的快捷菜单中选择"设置单元格格式"命令，弹出"设置单元格格式"对话框，如图 4-24 所示。

② 选择"对齐"选项卡，在"水平对齐"和"垂直对齐"下拉列表中选择对齐方式。

图 4-24 "设置单元格格式"对话框

③ 在"文本控制"选项组中可设置"自动换行""缩小字体填充""合并单元格"等功能。

④ 在"文字方向"下拉列表中可以设置单元格内文本的方向。

⑤ 单击"确定"按钮。

（3）字体、边框和图案格式

在"设置单元格格式"对话框中同样可以设置单元格的字体、边框和图案格式，具体操作方式和 Word 2016 中的类似。

**2. 操作步骤**

**步骤 1** 创建工作簿、重命名工作表。

（1）启动 Excel 2016，以"产品信息表"为名将新建的工作簿保存。

（2）双击 Sheet1 工作表标签，标签将反白显示，输入"产品信息表"，重命名工作表。

**步骤 2** 输入产品信息，包括数据、图片的输入。

（1）输入表格标题及各字段。在 A1 单元格中输入标题，在 A2:G2 单元格区域中分别输入表格各字段的内容。

（2）输入产品序号。在 A2 单元格中输入"12-001"，选中 A3 单元格，使用填充的方法输入图 4-25 所示的数据。

（3）参照图 4-26 所示，输入其他的产品信息，并调整表格行高和列宽。分别将鼠标指针移至 B、C、D、F、G 列的右边列线上，双击，Excel 2016 将根据需要自动调整列宽。选中表格的第 1～14 行，调整行高为"50"。

| | A | B |
|---|---|---|
| 1 | 笔记本电脑产品清单 | |
| 2 | 序号 | 品牌 |
| 3 | 12-001 | |
| 4 | 12-002 | |
| 5 | 12-003 | |
| 6 | 12-004 | |
| 7 | 12-005 | |
| 8 | 12-006 | |
| 9 | 12-007 | |
| 10 | 12-008 | |
| 11 | 12-009 | |
| 12 | 12-010 | |
| 13 | 12-011 | |
| 14 | 12-012 | |

图 4-25 填充序号

| | A | B | C | D | E | F | G |
|---|---|---|---|---|---|---|---|
| 1 | 笔记本电脑产品清单 | | | | | | |
| 2 | 序号 | 品牌 | 产品名称 | 规格 | 图片 | 市场价格（元） | 优惠价格（元） |
| 3 | 12-001 | 联想 | ThinkPad SL400 2743NCC 笔记本电脑 | 14.1英寸LED | | 4999 | 4299 |
| 4 | 12-002 | 三星 | Samsung R453-DSOE 笔记本电脑 | 14.1英寸 | | 4999 | 3788 |
| 5 | 12-003 | 华硕 | ASUS F6K42VE-SL 笔记本电脑 | 13.3英寸 | | 7299 | 4769 |
| 6 | 12-004 | 东芝 | Toshiba Satellite L332 笔记本电脑 | 14.1英寸 | | 4999 | 3999 |
| 7 | 12-005 | 联想 | ThinkPad X200S 7462-A14 笔记本电脑 | 12.1英寸 | | 6899 | 6288 |
| 8 | 12-006 | 宏基 | Acer AS4535G-652G32Mn 笔记本电脑 | 14英寸LED | | 4899 | 4099 |
| 9 | 12-007 | 惠普 | HP 4416s VH422PA#AB2 笔记本电脑 | 14英寸高清 | | 4499 | 4199 |
| 10 | 12-008 | 清华同方 | TongFang 锋锐K40笔记本电脑 | 14.1英寸 | | 3299 | 2599 |
| 11 | 12-009 | 苹果 | Apple MacbookAir MB940CH/A 笔记本电脑 | 13英寸 | | 21999 | 19999 |
| 12 | 12-010 | 海尔 | Haier A600-T3400G10160BGLJ 笔记本电脑 | 14.1英寸 | | 5100 | 2799 |
| 13 | 12-011 | 三星 | Samsung N310-KA05 笔记本电脑 | 10.1英寸 | | 4299 | 3699 |
| 14 | 12-012 | 微星 | MSI Wind U100X-615CN 笔记本电脑 | 10英寸 | | 2599 | 2299 |

图 4-26 "产品信息表"数据

（4）插入图片。选择要插入图片的 E3 单元格，选择"插入"→"插图"→"图片"命令，打开"插入图片"对话框，选择图片，单击"插入"按钮。调整图片大小和位置，插入其他图片。调整 E 列的宽度。

**步骤 3**　设置单元格格式。

（1）设置字体格式。选择 A1 单元格中的标题文字，将其设置为"黑体、36 磅"。选择 A2:G2 单元格区域，设置文字格式为"黑体、12 磅、蓝色"。选中 A3:G14 单元格区域，设置中文字体为宋体、其他字符为 Times New Roman 字体，文字大小为 11 磅。

（2）设置对齐方式。选择 A1:G1 单元格区域，将它们合并后居中。选择 A2:G14 单元格区域，选择"开始"→"单元格"→"格式"→"设置单元格格式"命令，在"设置单元格格式"对话框中选择"对齐"选项卡，将对齐方式设置为"水平居中"和"垂直居中"。

（3）设置数据格式。选择 F3:G14 单元格区域。选择"开始"→"单元格"→"格式"→"设置单元格格式"命令，在"设置单元格格式"对话框中选择"数字"选项卡，将数据类型设置为"货币"，将"小数位数"设置为"0"，再选择货币符号为人民币符号"¥"。

图 4-27　设置边框样式

（4）设置边框。选中 A2:G14 单元格区域。选择"开始"→"单元格"→"格式"→"设置单元格格式"命令，在"设置单元格格式"对话框中选择"边框"选项卡。在"颜色"下拉列表中选择"蓝色"。在"线条"样式列表中选择"双实线"，单击"预置"选项组中的"外边框"。在"线条"样式列表中选择"虚线"，单击"预置"选项组中的"内边框"，设置参数如图 4-27 所示。

（5）设置底纹。选中 A2:G2，A3:A14 单元格区域。选择"开始"→"单元格"→"格式"→"设置单元格格式"命令，在"设置单元格格式"对话框中选择"填充"选项卡，在颜色面板中选择"浅绿"，如图 4-28 所示，效果如图 4-29 所示。

图 4-28　设置填充样式

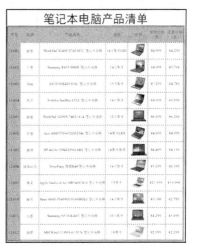

图 4-29　添加底纹效果

### 4.3.2 条件格式的使用

使用条件格式不仅可以将工作表中的数据筛选出来，还可以在单元格中添加颜色以突出显示其中的数据。

#### 1．基础知识

应用条件格式的方法很简单。选择要使用条件格式的单元格区域，然后单击"开始"选项卡下"样式"选项组中的"条件格式"下拉按钮，在弹出的下拉列表中选择自己需要的条件选项并进行相应设置即可。应用各种条件规则的方法如下。

（1）突出显示单元格规则

选择要突出显示的单元格区域，单击"条件格式"下拉按钮，在弹出的下拉列表中选择"突出显示单元格规则"选项中的一种条件规则，如图 4-30 所示。然后在打开的对话框中根据需要设置条件格式并单击"确定"按钮，即可对满足条件的单元格进行突出显示，如图 4-31 所示。

图 4-30 设置突出显示单元格规则

图 4-31 设置条件格式

除了默认的条件格式之外，用户还可以自定义突出显示格式。在弹出的"大于"对话框中，在"设置为"下拉列表中选择"自定义格式"选项，在弹出的"设置单元格格式"对话框中可以设置各种自定义的格式。

（2）项目选取规则

选择要设置项目选取规则的单元格区域，单击"条件格式"下拉按钮，在弹出的下拉列表中选择"项目选取规则"选项中的一种条件规则，如图 4-32 所示。然后在打开的对话框中根据需要设置条件格式并单击"确定"按钮，即可对满足条件的项目应用相应的格式，如图 4-33 所示。

图 4-32 设置项目选取规则

图 4-33 设置前 10%的条件格式

（3）数据条

选择要显示数据条的单元格区域，单击“条件格式”下拉按钮，在弹出的下拉列表中选择“数据条”选项中的数据条样式，如图 4-34 所示，即可在选择的单元格区域中根据数据的大小使用相应的数据条样式，相同值应用的数据条的长短也将相同，如图 4-35 所示。

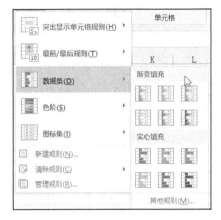

图 4-34　选择数据条样式

| | A | B | C | D | E | F | G |
|---|---|---|---|---|---|---|---|
| 1 | 学号 | 姓名 | 模拟考试1 | 模拟考试2 | 模拟考试3 | 模拟考试4 | 模拟考试5 |
| 2 | 20171001 | 毛莉 | 75 | 85 | 80 | 90 | 87 |
| 3 | 20171002 | 杨青 | 68 | 75 | 64 | 80 | 78 |
| 4 | 20171003 | 陈小鹰 | 58 | 69 | 75 | 68 | 76 |
| 5 | 20171004 | 陆东兵 | 94 | 90 | 91 | 90 | 89 |
| 6 | 20171005 | 闻亚东 | 84 | 87 | 88 | 85 | 82 |
| 7 | 20171006 | 曹吉武 | 72 | 68 | 85 | 80 | 89 |
| 8 | 20171007 | 彭晓玲 | 85 | 71 | 76 | 79 | 80 |
| 9 | 20171008 | 傅珊珊 | 88 | 80 | 75 | 84 | 78 |
| 10 | 20171009 | 钟争秀 | 78 | 80 | 76 | 80 | 81 |
| 11 | 20171010 | 周旻璐 | 94 | 87 | 82 | 89 | 88 |
| 12 | 20171011 | 柴安琪 | 60 | 67 | 71 | 78 | 74 |
| 13 | 20171012 | 吕秀杰 | 81 | 83 | 87 | 81 | 88 |
| 14 | 20171013 | 陈华 | 71 | 84 | 67 | 75 | 83 |
| 15 | 20171014 | 姚小玮 | 68 | 54 | 70 | 72 | 68 |
| 16 | 20171015 | 刘晓瑞 | 75 | 85 | 80 | 76 | 76 |
| 17 | 20171016 | 肖凌云 | 68 | 75 | 64 | 70 | 75 |
| 18 | 20171017 | 徐小君 | 58 | 69 | 75 | 68 | 73 |

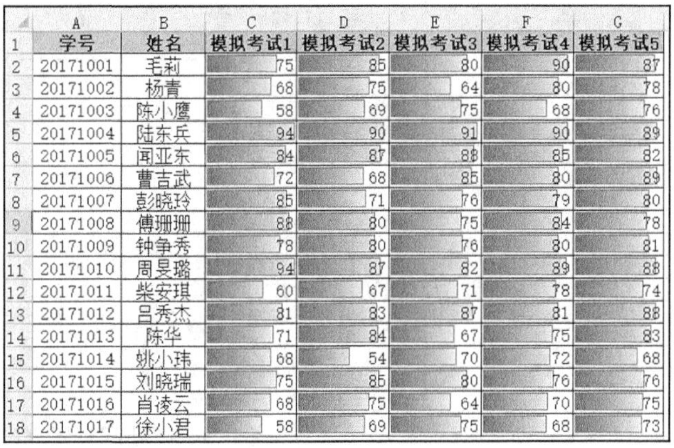

图 4-35　应用数据条样式

（4）色阶

选择要使用色阶的单元格区域，单击“条件格式”下拉按钮，在弹出的下拉列表中选择“色阶”中的一种色阶样式，如图 4-36 所示，即可在选择的单元格区域中根据数值使用相应的色阶样式，相同数值应用的色阶也将相同，如图 4-37 所示。

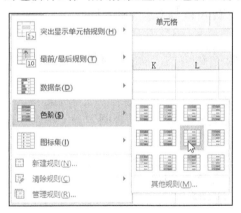

图 4-36　选择色阶样式

| | A | B | C | D | E | F | G |
|---|---|---|---|---|---|---|---|
| 1 | 学号 | 姓名 | 模拟考试1 | 模拟考试2 | 模拟考试3 | 模拟考试4 | 模拟考试5 |
| 2 | 20171001 | 毛莉 | 75 | 85 | 80 | 90 | 87 |
| 3 | 20171002 | 杨青 | 68 | 75 | 64 | 80 | 78 |
| 4 | 20171003 | 陈小鹰 | 58 | 69 | 75 | 68 | 76 |
| 5 | 20171004 | 陆东兵 | 94 | 90 | 91 | 90 | 89 |
| 6 | 20171005 | 闻亚东 | 84 | 87 | 88 | 85 | 82 |
| 7 | 20171006 | 曹吉武 | 72 | 68 | 85 | 80 | 89 |
| 8 | 20171007 | 彭晓玲 | 85 | 71 | 76 | 79 | 80 |
| 9 | 20171008 | 傅珊珊 | 88 | 80 | 75 | 84 | 78 |
| 10 | 20171009 | 钟争秀 | 78 | 80 | 76 | 80 | 81 |
| 11 | 20171010 | 周旻璐 | 94 | 87 | 82 | 89 | 88 |
| 12 | 20171011 | 柴安琪 | 60 | 67 | 71 | 78 | 74 |
| 13 | 20171012 | 吕秀杰 | 81 | 83 | 87 | 81 | 88 |
| 14 | 20171013 | 陈华 | 71 | 84 | 67 | 75 | 83 |
| 15 | 20171014 | 姚小玮 | 68 | 54 | 70 | 72 | 68 |
| 16 | 20171015 | 刘晓瑞 | 75 | 85 | 80 | 76 | 76 |
| 17 | 20171016 | 肖凌云 | 68 | 75 | 64 | 70 | 75 |
| 18 | 20171017 | 徐小君 | 58 | 69 | 75 | 68 | 73 |

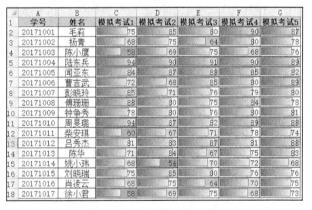

图 4-37　应用色阶样式

（5）新建条件格式规则

用户可以根据自己的需要新建条件格式规则。单击“条件格式”下拉按钮，在弹出的下拉列表中选择“新建规则”选项，在打开的“新建格式规则”对话框中设置条件格式的规则，然后单击“确定”按钮即可，如图 4-38 所示。

（6）清除单元格的条件格式

对单元格区域使用条件格式后，是不能使用普通的格式设置对其进行清除的。要清除单元格的条件格式，应该使用如下方法。

选择要清除条件格式的单元格或单元格区域，然后在“条件格式”下拉列表中选择“清除规则”选项，再根据需要在“清除规则”选项的子菜单中选择要清除条件格式的对象。

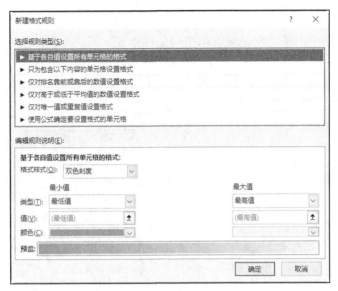

图 4-38 "新建格式规则"对话框

（7）管理条件格式

在"条件格式"下拉列表中选择"管理规则"选项，打开"条件格式规则管理器"对话框，在该对话框中可以对条件格式的规则进行管理。

在"显示其格式规则"下拉列表中可以选择要管理格式规则的工作表；在"应用于"中可以输入要管理格式规则的单元格区域；单击"新建规则"按钮可以新建规则；单击"编辑规则"按钮可以编辑选择的规则；单击"删除规则"按钮可以删除选择的规则。

**2．操作步骤**

（1）使用条件格式，设置"优惠价格"列中价格低于4000的产品的字体颜色为深红、底纹颜色为15%灰色。

（2）选中G3:G14单元格区域。

（3）选择"开始"→"样式"→"条件格式"→"突出显示单无格规则"→"小于"命令，在弹出的对话框中设置条件为"4000"。

（4）单击"设置为"右侧的下拉按钮，在下拉列表中选择"自定义格式"选项，如图 4-39所示。在弹出在"设置单元格格式"对话框中设置字体颜色为深红、底纹颜色为15%灰色。

图 4-39 设置条件格式

### 4.3.3 工作表的背景

为工作表添加背景可以起到美化工作表的作用。

**1．基础知识**

为工作表添加背景的操作步骤如下。

（1）单击"页面布局"选项卡下"页面设置"选项组中的"背景"按钮，弹出"插入图片"对话框，从中找到合适的图片作为工作表的背景。

（2）单击"插入"按钮，即可为工作表添加背景。

添加背景后，如果想删除背景，则单击"页面布局"选项卡下"页面设置"选项组中的"删除背景"按钮，即可将背景删除。

### 2．操作步骤

选择"页面布局"→"页面设置"→"背景"命令，打开"插入图片"对话框，从中找到背景图片作为工作表的背景，效果如图 4-40 所示。

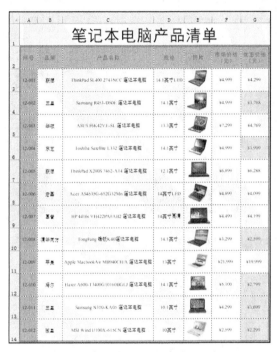

图 4-40　添加工作表背景

## 4.3.4　工作表的打印

在许多情况下，Excel 2016 的电子表格都比较大，无论是在水平方向还是在垂直方向上，表格的宽度和长度都超过一张打印纸。下面介绍如何使表格的打印效果更好。

### 1．基础知识

（1）查看工作表打印效果

Excel 2016 提供了以下 3 种方式来查看和调整工作表外观。

① 普通视图：这是默认的工作方式，适用于在屏幕上查看和处理电子表格，如图 4-41 所示。

② 页面布局：可以看到打印页面的实际效果，即"所见即所得"功能，用户可以根据实际看到的效果调整列和页边距，如图 4-42 所示。

③ 分页预览：显示了工作表中分页所在的位置以及将要打印的工作表区域，用户可以快速调整和预览页面，如图 4-43 所示。

图 4-41　普通视图

图 4-42　页面布局视图

图 4-43　分页预览视图

（2）设置单页工作表的打印

设置单页工作表打印的操作步骤如下。

① 单击工作表的任一单元格。

② 选择"页面布局"选项卡，单击"页面设置"选项组右侧的"对话框启动器"按钮 ，弹出图 4-44 所示的"页面设置"对话框。

③ 在对话框中分别对"页面""页边距""页眉/页脚""工作表"选项卡中的选项进行设置。

④ 单击"确定"按钮。

（3）设置打印部分的工作表内容

有时不需将工作表中的全部内容打印，而只要其中的一部分内容，这时则要对打印区域进行设置，操作步骤如下。

① 打开需要打印的工作簿文件，切换到相应的工作表。

② 选择"视图"选项卡，单击"工作簿视图"选项组中的"分页预览"按钮，进入分页预览视图。

③ 选定该工作表的内容区域，选择"页面布局"选项卡，单击"页面设置"选项组中的"打印区域"下拉按钮，在弹出的下拉列表中选择"设置打印区域"选项，将其设为打印区域，如图 4-45 所示。

④ 选定不需要打印的行或列，右击，在弹出的快捷菜单中选择"隐藏"命令将其隐藏。

图 4-44　"页面设置"对话框

⑤ 在分页预览视图中，如果打印区域内部有分页线（蓝色虚线），则将其向外移除。

⑥ 选择"文件"→"打印"命令进行预览，如图 4-46 所示。单击"打印"按钮，完成打印任务。

图 4-45　设置打印区域

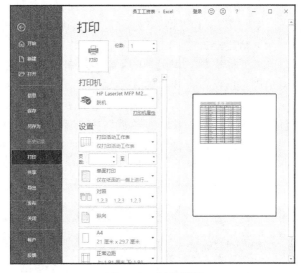

图 4-46　打印预览

#### 2. 操作步骤

选择"文件"→"打印"命令，观察打印预览效果，如果不是自己想要的效果，可选择"页面布局"→"页面设置"命令设置页边距、纸张大小，也可设置行高、列宽、字体大小，直到满足要求为止。

### 4.3.5　应用样式

#### 1. 应用单元格样式

样式是格式设置选项的集合，使用单元格样式可以达到一次应用多种格式，确保得到一致的单元格格式效果。

（1）应用样式

选择要应用样式的单元格或单元格区域，然后选择"开始"选项卡，单击"样式"选项组中的"单元格样式"下拉按钮，在弹出的下拉列表中选择需要的样式即可，如图 4-47 所示。

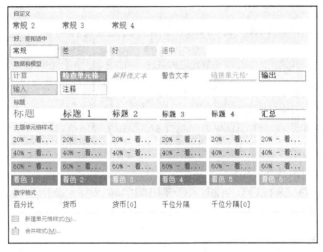

图 4-47　选择单元格样式

在默认情况下，"单元格样式"下拉列表中包括 5 种类型的单元格样式，具体的内容为"好、差和适中""数据和模型""标题""主题单元格样式""数字格式"。

（2）新建样式

单击"样式"选项组中的"单元格样式"下拉按钮，在弹出的下拉列表中选择"新建单元格样式"选项，打开"样式"对话框，如图 4-48 所示。

在"样式名"文本框中输入创建样式的"名称"；在"样式包括（举例）"选项组中选择要包括的样式内容；单击"格式"按钮，可以在打开的"设置单元格格式"对话框中设置样式的各种格式。设置好样式的各个选项后，单击"确定"按钮，即可创建一个新的样式，并且存放于"单元格格式"下拉列表中的"自定义"栏目中，如图 4-49 所示。

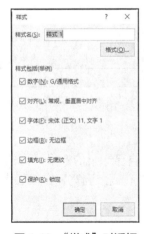

图 4-48　"样式"对话框

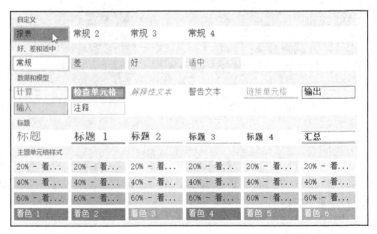

图 4-49　创建新的单元格样式

（3）合并样式

如果需要在当前工作簿中调用另一个工作簿的样式，可以进行合并样式的操作。合并样式的具体操作步骤如下。

① 打开两个工作簿，如"工作簿1"和"工作簿2"。

② 在"工作簿1"中单击"样式"选项组中的"单元格样式"下拉按钮，在弹出的下拉列表中选择"新建单元格样式"选项，将"样式名"命名为"成绩表"，如图4-50所示。

③ 选择"工作簿2"，单击"单元格样式"下拉按钮，在弹出的下拉列表中选择"合并样式"选项。

④ 在打开的"合并样式"对话框中选择要合并样式的来源，如图4-51所示。然后单击"确定"按钮，即可将"工作簿1"中的样式合并到"工作簿2"中，如图4-52所示。

图4-50　创建新样式

图4-51　"合并样式"对话框

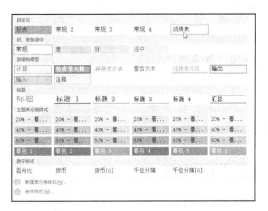

图4-52　合并样式

（4）修改样式

用户可以通过对已有的样式进行修改来满足自己的需要。修改样式的具体操作步骤如下。

① 单击"样式"选项组中的"单元格样式"下拉按钮，在弹出的下拉列表中右击要修改的样式，在弹出的快捷菜单中选择"修改"命令，如图4-53所示。

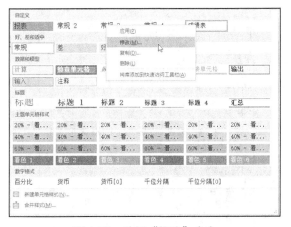

图4-53　选择"修改"命令

② 在打开的"样式"对话框中根据需要进行修改，单击"格式"按钮，可以在打开的"设置单元格格式"对话框中对格式进行修改。

（5）复制样式

在"单元格样式"下拉列表中，用户可以通过复制其中的样式来创建一个该样式的副本，操作方法如下。

① 单击"样式"选项组中的"单元格样式"下拉按钮，在弹出的下拉列表中右击要复制的样式，然后在弹出的快捷菜单中选择"复制"命令。

② 在打开的"样式"对话框中对复制得到的样式进行命名或修改其中的格式。

③ 单击"确定"按钮，即可复制指定的样式，复制得到的样式将存放于"自定义"栏目中。

> **注意** 　在修改样式的操作过程中，用户可以使用复制样式的方法对要修改的样式进行备份，方便以后继续使用原样式。

（6）删除样式

如果用户需要删除样式，可以单击"样式"选项组中的"单元格样式"下拉按钮，在弹出的下拉列表中右击要删除的样式，然后在弹出的快捷菜单中选择"删除"命令，即可删除样式。

> **注意** 　删除样式是一个不可撤销的操作，因此在删除样式之前，需要慎重考虑，不主张用户随意进行删除样式的操作。

### 2. 应用表格样式

Excel 2016 中自带了一些比较常见的工作表样式，这些自带样式可以直接套用。

（1）套用表格格式

Excel 2016 中提供了大量的工作表样式，自动套用这些样式，可以使制表更加快捷、高效。自动套用表格样式的具体操作步骤如下。

① 选择要套用表格样式的单元格区域，单击"样式"选项组中的"套用表格样式"下拉按钮，在弹出的下拉列表中选择需要套用的样式，如图 4-54 所示。

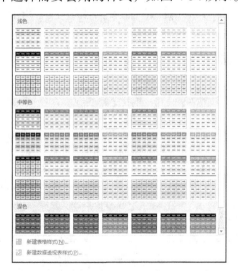

图 4-54　选择套用样式

② 在打开的"套用表格式"对话框中设置数据的来源或直接单击"确定"按钮，如图 4-55 所示。

**注 意**　　如果在"套用表格式"对话框中勾选"表包含标题"复选框，表格的标题将套用样式栏中的标题样式。

③ 在"套用表格式"对话框中单击"确定"按钮，即可套用选择的表格样式，如图 4-56 所示。

图 4-55　"套用表格式"对话框　　　　　　图 4-56　套用表格样式效果

**注 意**　　在套用表格样式后，表格的首行标题处将出现下拉按钮，单击该下拉按钮，可以对其中的数据进行排序和筛选操作。

（2）新建表样式

单击"样式"选项组中的"套用表格样式"下拉按钮，在弹出的下拉列表中选择"新建表样式"选项，在打开的"新建表快速样式"对话框中即可设置新建表样式的格式，然后单击"确定"按钮。

## 4.4　制作企业员工年终考核表

Excel 2016 作为一个电子表格软件，除了可以进行一般的表格处理操作外，还具有数据计算功能。在 Excel 2016 中，我们可以在单元格中输入公式或使用其提供的函数来完成对工作表中数据的计算。本节将通过制作图 4-57 所示的企业员工年终考核表，介绍各种函数在解决实际问题中的应用。

任务要求如下。

（1）使用公式计算制度考核比例分和业绩考核比例分，制度考核比例分=制度考核×40%，业绩考核比例分=业绩考核×60%。

（2）使用函数计算年终考核结果。

（3）使用函数计算平均制度考核和业绩考核结果。

（4）使用函数求出年终考核最高分和最低分。

**企业员工年终考核表**

| 序号 | 部门 | 工号 | 姓名 | 性别 | 出生年月 | 学历 | 学位 | 制度考核 | 业绩考核 | 制度考核比例分 | 业绩考核比例分 | 年终考核 | 排名 |
|---|---|---|---|---|---|---|---|---|---|---|---|---|---|
| 1 | 财务部 | 050008503756 | 何再前 | 女 | 1988-05-04 | 本科 | 学士 | 142.00 | 76.00 | 56.80 | 45.60 | 102.40 | 12 |
| 2 | 财务部 | 050008505099 | 肖伟国 | 男 | 1988-04-14 | 大专 | 无 | 117.50 | 78.00 | 47.00 | 46.80 | 93.80 | 14 |
| 3 | 培训部 | 050008500383 | 黄威 | 男 | 1986-09-04 | 硕士研究生 | 硕士 | 134.50 | 76.75 | 53.80 | 46.05 | 99.85 | 13 |
| 4 | 培训部 | 050008502813 | 何宗文 | 男 | 1989-08-12 | 大专 | 无 | 148.50 | 75.75 | 59.40 | 45.45 | 104.85 | 8 |
| 5 | 人力资源部 | 050008500508 | 肖凌云 | 女 | 1988-06-07 | 本科 | 学士 | 128.00 | 67.50 | 51.20 | 40.50 | 91.70 | 15 |
| 6 | 人力资源部 | 050008503790 | 谢立红 | 男 | 1987-03-04 | 本科 | 学士 | 131.50 | 58.17 | 52.60 | 34.90 | 87.50 | 16 |
| 7 | 市场部 | 050008502550 | 黄芯 | 男 | 1987-07-16 | 本科 | 学士 | 144.00 | 89.50 | 57.60 | 53.70 | 111.30 | 4 |
| 8 | 市场部 | 050008504259 | 项文双 | 女 | 1982-10-31 | 硕士研究生 | 硕士 | 133.50 | 85.00 | 53.40 | 51.00 | 104.40 | 9 |
| 9 | 物流部 | 050008502309 | 郎怀民 | 男 | 1983-07-30 | 硕士研究生 | 硕士 | 134.00 | 86.50 | 53.60 | 51.90 | 105.50 | 7 |
| 10 | 物流部 | 050008505460 | 傅珊珊 | 女 | 1986-07-15 | 本科 | 学士 | 136.00 | 86.90 | 54.40 | 52.14 | 106.54 | 6 |
| 11 | 物业部 | 050008501144 | 谷金力 | 男 | 1980-12-04 | 博士研究生 | 博士 | 134.00 | 89.75 | 53.60 | 53.85 | 107.45 | 5 |
| 12 | 物业部 | 050008503258 | 胡孙权 | 男 | 1982-07-28 | 本科 | 学士 | 147.00 | 89.75 | 58.80 | 53.85 | 112.65 | 2 |
| 13 | 行政部 | 050008502132 | 董江波 | 男 | 1979-03-07 | 博士研究生 | 博士 | 154.00 | 68.75 | 61.60 | 41.25 | 102.85 | 11 |
| 14 | 行政部 | 050008504650 | 贾丽娜 | 女 | 1978-11-04 | 硕士研究生 | 硕士 | 143.00 | 78.00 | 57.20 | 46.80 | 104.00 | 10 |
| 15 | 组织部 | 050008501073 | 简红强 | 男 | 1987-12-11 | 本科 | 学士 | 143.00 | 90.25 | 57.20 | 54.15 | 111.35 | 3 |
| 16 | 组织部 | 050008501663 | 李小珍 | 女 | 1984-02-16 | 硕士研究生 | 硕士 | 153.50 | 90.67 | 61.40 | 54.40 | 115.80 | 1 |
| | | | | | | 各项目平均成绩: | | 139.00 | 80.45 | | | | |
| | | | | | | 博士研究生人数: | | 2 | | 考核总成绩最高分: | | 115.80 | |
| | | | | | | | | | | 考核总成绩最低分: | | 87.50 | |

图 4-57　企业员工年终考核表效果图

（5）使用函数根据“学历”列中的内容来确定员工的相应学位。

① 博士研究生—博士

② 硕士研究生—硕士

③ 本科—学士

④ 其他—无

（6）使用函数求出年终考核排名。

（7）使用函数计算“博士研究生”人数。

### 4.4.1　组成公式的元素

公式可以用来执行各种运算，如加法、减法或比较数值。公式由运算符、常量、单元格地址的引用值、函数等元素构成。

#### 1．运算符

运算符可以对公式中的元素进行特定类型的运算。Excel 2016 中包含 4 种类型的运算符：算术运算符、比较运算符、文本运算符和引用运算符。

（1）算术运算符：完成基本的数学运算，如加法、减法和乘法，如表 4-2 所示。

表 4-2　算术运算符

| 算术运算符 | 含义 | 示例 |
|---|---|---|
| + | 加 | 3+3 |
| – | 减 | 5–3 |
| * | 乘 | 3*6 |
| / | 除 | 5/6 |
| % | 百分比 | 20% |
| ^ | 乘方 | 2^3 |

（2）比较运算符：能将两个单元格中的数据进行比较运算，其结果是一个逻辑值，如表 4-3 所示。

表 4-3　比较运算符

| 比较运算符 | 含义 | 示例 |
| --- | --- | --- |
| = | 等于 | A1=B2 |
| > | 大于 | A1>B2 |
| >= | 大于等于 | A1>=B2 |
| <= | 小于等于 | A1<=B2 |
| <> | 不等于 | A1<>B2 |

（3）文本运算符：使用&连接一个字符串，如"我是"&"一名教师"等于"我是一名教师"。

（4）单元格引用运算符：可以将单元格区域合并，如表 4-4 所示。

表 4-4　单元格引用运算符

| 单元格引用运算符 | 含义 | 示例 |
| --- | --- | --- |
| : | 区域运算符：引用以两个单元格对角线所组成的方形或长方形区域 | A1:C2 所表示的区域包括 A1、A2、B1、B2、C1、C2 共 6 个单元格 |
| , | 联合操作符：引用多个分散的区域 | A1，C3，G6，K8 |

### 2. 常量

Excel 2016 中的常量有 3 种：数值型、文本型、逻辑型。

数值型常量直接输入，如=56+44，SUM(A1+28)。

日期、时间数据的本质虽然是数值，但作为常量，应用英文双引号引起来，如=TEXT("15:30","上午/下午 h 时 mm 分")。

文本型常量应用英文双引号引起来。

逻辑型常量直接输入，如 True 或 Fasle，不需要用英文双引号引起来。

### 3. 单元格地址的引用

对单元格地址进行描述，其格式为[工作簿名]工作表名!列号行号。如果是在当前工作表中，则工作簿和工作表名可省略。工作簿需用方括号括起来，工作表名与单元格之间用感叹号分隔。例如[Book2]Sheet1!B2 表示 Book2 工作簿中 Sheet1 工作表的 B 列的第二行单元格。单元格地址常用以下几种方式表达。

（1）相对地址：列号行号，如 A8。

（2）绝对地址：\$列号\$行号，如\$A\$8。

（3）混合地址：\$列号行号或列号\$行号，如\$A8 或 A\$8；在公式中它们的含义都是一样的，如 C4=A2+C6 等同 C4=\$A\$2+C\$6，只是将公式进行复制后公式所引用的单元格地址会发生相应改变。

（4）区域地址：单元格 1:单元格 2，例如 A2:C3 表示从 A2 到 C3 的单元格区域。

（5）R1C1 样式：R 行数 C 列数，Excel 2016 使用"R"加行数字和"C"加列数字来指示单元格的位置，例如 R4C4 与\$D\$4 等价。

要打开（或关闭）R1C1 引用样式，单击快速访问工具栏右侧的"自定义快速访问工具"按钮，从下拉列表中选择"其他命令"选项，弹出"Excel 选项"对话框。选择"Excel 选项"

对话框左侧的"公式"选项，在"使用公式"选项组中勾选或取消勾选"R1C1引用样式"复选框，如图4-58所示。

图4-58　勾选或取消勾选"R1C1引用样式"复选框

### 4.4.2　公式的输入与复制

Excel 2016中公式为：最前面是等号"="，后面是参与计算的元素（运算数），这些参与计算的元素又是通过运算符隔开的。Excel 2016从等号"="开始，从左到右执行计算（根据运算符优先秩序）。

公式必须是合理的，即它必须是可求的，否则会出错。

#### 1．基础知识

（1）公式的输入

公式的输入一般在编辑栏中进行。编辑栏中会显示出公式的完整信息，而单元格中常常显示了公式的计算值。

操作步骤如下。

① 单击要输入公式的单元格（选定单元格）。

② 在编辑栏中输入"="。

③ 按照公式中操作数和运算符的顺序输入具体的公式内容。

【例4-1】在"学生信息"工作簿中的"第一学期工作表"中求出第一位同学的总分，总分=语文×30%+数学×40%+英语×30%。

操作步骤如下。

- 打开"学生成绩表"。
- 选定G2单元格，在单元格中输入"=D2*0.3+E2*0.4+F2*0.3"，如图4-59所示。
- 按"Enter"键或单击✔按钮，结果如图4-59所示。

（2）输入数组公式

数组公式用于对两组或多组参数进行多重计算，并返回一种或多种结果，其特点是每个数组的参数都必须有相同数量的行或列。

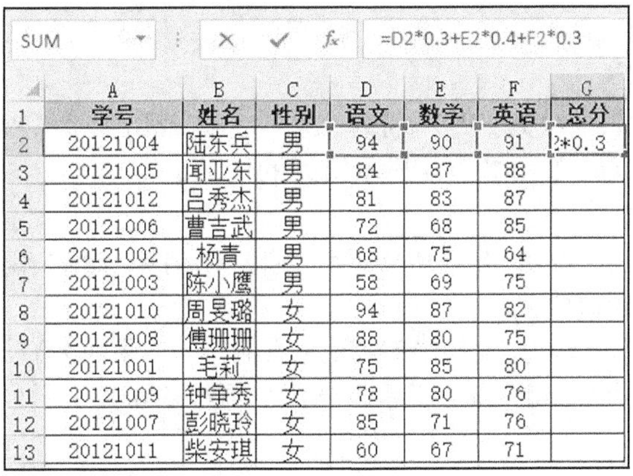

图 4-59　计算结果

按 "Ctrl+Enter" 组合键可以创建数组公式。建立数组公式的步骤如下。

① 选择需建立数组公式的单元格区域，输入等号 "="，开始建立公式。

② 在工作表中指定引用的单元格和输入公式运算符，如图 4-60 所示。

③ 公式输入完成后，按 "Ctrl+Enter" 组合键，即可计算出结果，如图 4-61 所示。

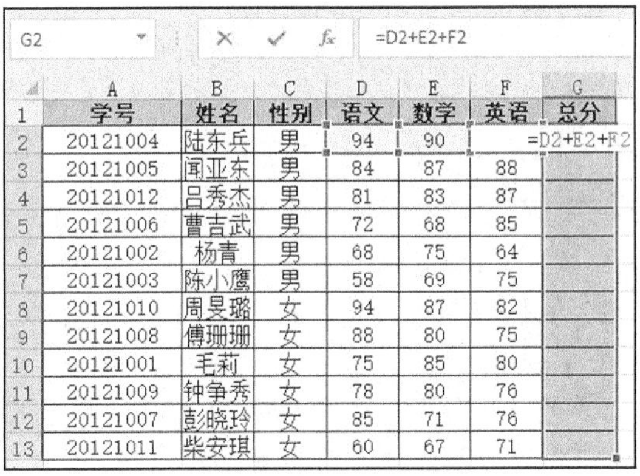

图 4-60　输入数组公式

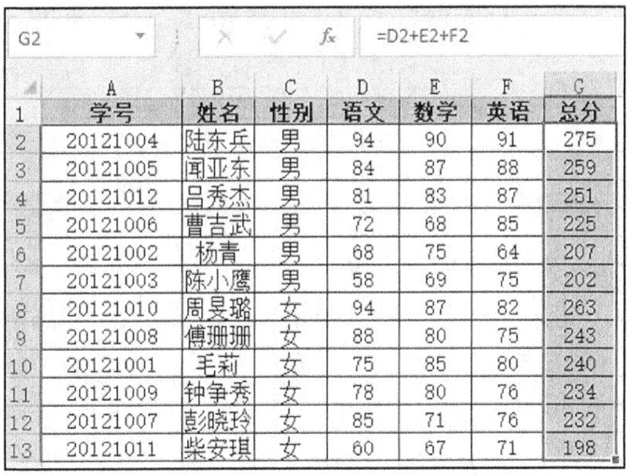

图 4-61　数组计算结果

（3）公式的复制

在 Excel 2016 中，复制是最基本的一种操作。当将一个单元格中的公式复制到另一个单元格中去时，源单元格和目标单元格中的公式是否一样，要看源公式中引用的地址是绝对地址还是相对地址，引用绝对地址其数据不变，而引用相对地址其数据会发生变化。复制操作很简单，可拖动填充柄或者选择 "复制" 命令。例如 D3=A2+$C$1+C$3，若将 D3 单元格中的内容复制到 H6 单元格中，H6 单元格中的公式内容分析如下。

① D3 单元格中为源地址，H6 单元格中为目标地址。从 D3 单元格内容复制到 H6 单元格，即存放结果的单元格从 D 列移到 H 列，右移了 4 列；从第 3 行移到第 6 行，下移了 3 行。

② 在本公式的复制操作中，存在 3 种地址的引用。

③ A2 单元格中为相对地址，复制后行号或列号均要做相对变化，即列右移 4 列至 E 列，行下移 3 行至第 5 行，所以 A2 变为 E5。

④ $C$1 为绝对地址，列号和行号前都有$，限定了移动，所以复制后仍为$C$1。

⑤ C$3 为混合地址，C 列会右移至 G 列，行号前有$的，其行号固定，地址变为 G$3。

所以将公式 D3=A2+$C$1+C3 复制至 H6 单元格后，H6=E5+$C$1+G$3。

（4）公式的审核

在 Excel 2016 中输入的公式如果不符合正确的格式或出现了其他错误内容，公式的计算结果就显示不出来，并且在单元格中会显示错误的信息。

① 显示或隐藏公式

在输入公式后，Excel 2016 将自动计算其结果，并在单元格中隐藏公式的内容。用户可通过如下方法显示公式的内容。

选择"公式"选项卡，单击"公式审核"选项组中的"显示公式"按钮 图 显示公式，即可在工作表中显示存在的公式，如图 4-62 所示，当用户再次单击"显示公式"按钮时，将隐藏公式并显示公式的结果。

| | A | B | C | D | E | F | G |
|---|---|---|---|---|---|---|---|
| 1 | 学号 | 姓名 | 性别 | 语文 | 数学 | 英语 | 总分 |
| 2 | 20121004 | 陆东兵 | 男 | 94 | 90 | 91 | =D2+E2+F2 |
| 3 | 20121005 | 闻亚东 | 男 | 84 | 87 | 88 | =D3+E3+F3 |
| 4 | 20121012 | 吕秀杰 | 男 | 81 | 83 | 87 | =D4+E4+F4 |
| 5 | 20121006 | 曹吉武 | 男 | 72 | 68 | 85 | =D5+E5+F5 |
| 6 | 20121002 | 杨青 | 男 | 68 | 75 | 64 | =D6+E6+F6 |
| 7 | 20121003 | 陈小鹰 | 男 | 58 | 69 | 75 | =D7+E7+F7 |
| 8 | 20121010 | 周旻璐 | 女 | 94 | 87 | 82 | =D8+E8+F8 |
| 9 | 20121008 | 傅珊珊 | 女 | 88 | 80 | 75 | =D9+E9+F9 |
| 10 | 20121001 | 毛莉 | 女 | 75 | 85 | 80 | =D10+E10+F10 |
| 11 | 20121009 | 钟争秀 | 女 | 78 | 80 | 76 | =D11+E11+F11 |
| 12 | 20121007 | 彭晓玲 | 女 | 85 | 71 | 76 | =D12+E12+F12 |
| 13 | 20121011 | 柴安琪 | 女 | 60 | 67 | 71 | =D13+E13+F13 |

图 4-62　显示或隐藏公式

② 查询公式错误

在输入的公式中如果出现了错误，会造成公式的计算错误。不同原因造成的公式错误产生的结果也不一样。下面列举了常见错误公式及产生原因。

- "#####!"：公式计算出的结果长度超出了单元格的宽度，只需增加单元格列宽即可。
- "#DIV/0"：除数为 0，当单元格里为空时，在进行除法运算时，会出现该错误。
- "#N/A"：缺少函数参数，或者没有可用的数值，产生这个错误的原因往往是输入格式不对。
- "#NAME?"：公式中引用了无法识别的元素，当公式中使用的名称被删除时，常会产生这个错误。
- "#NULL"：使用了不正确的单元格或单元格区域引用。
- "#NUM!"：在需要输入数字的函数中输入了其他格式的参数，或者输入的数字超出了函数范围。
- "#REF!"：引用了一个无效的单元格，当公式中所引用的单元格被删除时，会产生该错误。
- "#VALUE!"：公式中的参数产生了运算错误，或者参数的类型不正确。

（!）注意　　为了避免出现错误的公式，用户尽量不要在公式中直接输入数值，而是使用引用单元格，当参数发生改变时，只需改变单元格里的数值即可，这便于对表格的维护和更新。

## 2. 操作步骤

使用公式计算制度考核比例分和业绩考核比例分，制度考核比例分=制度考核×40%，业绩考核比例分=业绩考核×60%。

（1）打开文件"企业员工年终考核表.xlsx"，选择工作表 Sheet1，将光标定位到 K3 单元格中。

（2）输入公式"=I3*40%"，按"Enter"键。

（3）将光标定位到 L3 单元格中。

（4）输入公式"=L3*60%"，按"Enter"键。

（5）选中 K3:L3 单元格区域，将鼠标指针移至单元格区域右下角，出现填充柄后，按住鼠标左键向下拖动填充柄即可，结果如图 4-63 所示。

| 序号 | 部门 | 工号 | 姓名 | 性别 | 出生年月 | 学历 | 学位 | 制度考核 | 业绩考核 | 制度考核比例分 | 业绩考核比例分 | 年终考核 | 排名 |
|---|---|---|---|---|---|---|---|---|---|---|---|---|---|
| | | | | | | | 企业员工年终考核表 | | | | | | |
| 1 | 财务部 | 050008503756 | 何再前 | 女 | 1988/05/04 | 本科 | | 142.00 | 76.00 | 56.80 | 45.60 | | |
| 2 | 财务部 | 050008505099 | 肖伟国 | 男 | 1988/04/14 | 大专 | | 117.50 | 78.00 | 47.00 | 46.80 | | |
| 3 | 培训部 | 050008500383 | 黄威 | 男 | 1986/09/04 | 硕士研究生 | | 134.50 | 76.75 | 53.80 | 46.05 | | |
| 4 | 培训部 | 050008502813 | 何宗文 | 男 | 1989/08/12 | 大专 | | 148.50 | 75.75 | 59.40 | 45.45 | | |
| 5 | 人力资源部 | 050008500508 | 肖凌云 | 女 | 1988/06/07 | 本科 | | 128.00 | 67.50 | 51.20 | 40.50 | | |
| 6 | 人力资源部 | 050008503790 | 谢立红 | 男 | 1987/03/04 | 本科 | | 131.50 | 58.17 | 52.60 | 34.90 | | |
| 7 | 市场部 | 050008502550 | 黄芯 | 男 | 1987/07/16 | 本科 | | 144.00 | 89.50 | 57.60 | 53.70 | | |
| 8 | 市场部 | 050008504259 | 项文双 | 女 | 1982/10/31 | 硕士研究生 | | 133.50 | 85.00 | 53.40 | 51.00 | | |
| 9 | 物流部 | 050008502309 | 郎怀民 | 男 | 1983/07/30 | 硕士研究生 | | 134.00 | 86.50 | 53.60 | 51.90 | | |
| 10 | 物流部 | 050008505460 | 傅鹏鹏 | 女 | 1986/07/15 | 本科 | | 136.00 | 86.90 | 54.40 | 52.14 | | |
| 11 | 物业部 | 050008501144 | 谷金力 | 男 | 1980/12/04 | 博士研究生 | | 134.00 | 89.75 | 53.60 | 53.85 | | |
| 12 | 物业部 | 050008503258 | 胡孙权 | 男 | 1982/07/28 | 本科 | | 147.00 | 89.75 | 58.80 | 53.85 | | |
| 13 | 行政部 | 050008502132 | 董江波 | 男 | 1979/03/07 | 博士研究生 | | 154.00 | 68.75 | 61.60 | 41.25 | | |
| 14 | 行政部 | 050008504650 | 费丽娜 | 女 | 1978/11/04 | 硕士研究生 | | 143.00 | 78.00 | 57.20 | 46.80 | | |
| 15 | 组织部 | 050008501073 | 简红强 | 男 | 1987/12/11 | 本科 | | 143.00 | 90.25 | 57.20 | 54.15 | | |
| 16 | 组织部 | 050008501663 | 李小珍 | 女 | 1984/02/16 | 硕士研究生 | | 153.50 | 90.67 | 61.40 | 54.40 | | |

各项目平均成绩：
博士研究生人数：
考核总成绩最高分：
考核总成绩最低分：

图 4-63 计算制度考核比例分和业绩考核比例分

## 4.4.3 常用函数介绍

Excel 2016 中有 400 多个函数。正因为它的函数众多、功能强大，所以可以应用到各行各业中。Excel 函数分为统计函数、数学函数、文本函数、日期与时间函数、逻辑函数、查找函数等。

## 1. 基础知识

（1）输入函数的方法

① 使用命令

在"公式"选项卡的"函数库"选项组中分类展示了很多不同函数库，可以选择各函数库中的函数命令对工作表中选择的单元格进行计算。这里以"自动求和"为例，单击该下拉按钮，弹出的下拉列表中包括自动求和、求平均、最大值、最小值等。

操作步骤如下。

- 选定求和的单元格，选择"自动求和"下拉列表中的 Σ 求和(S) 选项。
- 编辑栏中出现了求和函数，如图 4-64 所示。
- 检查函数 SUM()括号中的单元格区域是否为所需的单元格，若不是，则将括号内的地址删除后，再重新选择相应单元格区域。
- 单击"输入"按钮 ✔ 确定公式。

② 使用函数向导来创建含有函数的公式

选定要输入函数的单元格，单击"公式"选项卡中的"插入函数"按钮，弹出图 4-65 所示的"插入函数"对话框，输入函数按"Enter"键即可。或者单击"编辑栏"中的"插入函数"按钮，在弹出的"插入函数"对话框输入函数。

图 4-64　编辑栏中的求和函数　　　　　图 4-65　"插入函数"对话框

在公式中输入函数时，"插入函数"对话框中将显示函数的名称、各个参数、函数功能和参数说明等。还可显示函数的当前结果和整个公式的当前结果。用户如果对使用的函数非常熟悉，也可以按照函数的语法规则直接输入。

（2）常用数学和统计函数

① SUM()函数：返回某一单元格区域中的所有数值之和。

语法：SUM(number1,number2,…)。

number1,number2,…为 1 到 30 个需要求和的参数。

例如：如果 A1=34，A2=56，A3=100，则 SUM(A1,A2,A3)=190 或 SUM(A1:A3)=190。

② AVERAGE()函数：返回其参数的算术平均值。

语法格式与 SUM()函数类似。

③ MAX()函数：返回一组值中的最大值。

MIN()函数：返回一组值中的最小值，语法格式与 SUM()函数类似。

④ COUNT()函数：返回数值型单元格的个数。

语法：COUNT(value1,value2,…)。

value1，value2，…为包含或引用各种类型数据的参数，但只有数值类型的数据才会被计算。

⑤ COUNTA()函数：返回参数列表中非空值的单元格个数。

语法：COUNTA(value1,value2,…)。

value1，value2，…为所要计算的值，参数个数为 1～30。在这种情况下，参数值可以是任何类型，它们可以包括空字符（""），但不包括空白单元格。

⑥ RANK()函数：返回一个数字在数字列表中的排位，数字的排位是其大小与列表中其他值的比值（如果列表已排过序，则数字的排位就是它当前的位置）。

语法：RANK(number,ref,order)。

- number 为需要找到排位的数字。
- ref 为数字列表数组或对数字列表的引用。ref 中的非数值型参数将被忽略。

- order 为一数字，指明排位的方式。如果 order 为 0 或省略，按照降序排列。如果 order 不为 0，按照升序排列列表。

例如：Rank(D6,$D$6:$D$56)，是将 D6 单元格的值在 $D$6:$D$56 范围中进行排位，得到其排名的降序名次。

⑦ IF()函数：执行真、假值判断，根据逻辑计算的真、假值，返回不同结果。

语法：IF(logical_test,value_if_true,value_if_false)。

- logical_test 表示计算结果为 True 或 False 的任意值或表达式。
- value_if_true 表示条件为真时返回的值。value_if_true 也可以是其他公式。
- value_if_false 表示条件为假时返回的值。value_if_false 也可以是其他公式。

⑧ COUNTIF()函数：计算指定区域中满足给定条件的单元格的个数。

语法：COUNTIF(range,criteria)。

- range 为需要计算其中满足条件的单元格数目的单元格区域。
- criteria 为确定哪些单元格将被计算在内的条件，其形式可以为数字、表达式或文本。

⑨ SUMIF()函数：根据指定条件对若干个单元格求和。

语法：SUMIF(range,criteria,sum_range)。

- range 为用于条件判断的单元格区域。
- criteria 为确定哪些单元格将被相加求和的条件，其形式可以为数字、表达式或文本。
- sum_range 是需要求和的实际单元格。

⑩ AVERAGEIF()函数：返回某个区域内满足给定条件的所有单元格的平均值（算术平均值）。

语法：AVERAGEIF(range,criteria,[average_range])。

- range 是必需的，表示要计算平均值的一个或多个单元格，其中包括数字或包含数字的名称、数组或引用。
- criteria 是必需的，表示数字、表达式、单元格引用或文本形式的条件，用于定义要对哪些单元格计算平均值。例如，条件可以表示为 32、"32"">32""苹果" 或 B4。
- average_range 是可选的，表示要计算平均值的实际单元格集；如果忽略，则使用 range。

⑪ AGGREGATE()函数：返回列表或数据库中的聚合。

AGGREGATE()不仅可以实现诸如 SUM()、AVERAGE()、COUNT()、LARGE()等 19 个函数的功能，而且还可以忽略隐藏行、错误值、空值等。如果区域中包含错误值，SUM()等函数将返回错误，这时用 AGGREGATE()函数就非常方便了。其引用形式的语法为

AGGREGATE(function_num,options,ref1,[ref2],…)。

其中第一个参数"function_num"为一个介于 1～19 的数字，指定要使用的函数；第二个参数"options"为一个 0～7 的数字，指定要忽略的项目；第三个参数"ref1"为区域引用或一个数组。

如 AGGREGATE(9,6,B10:F10)会忽略错误值而返回 B10:F10 单元格区域的总和。

（3）常用数学函数

① INT()函数：将数字向下舍入到最接近的整数，如 INT(6.8)=6，INT(-6.8)=-7

② ROUND()函数：将数字按指定位数舍入，如 ROUND(45.476,2)，取 2 位小数，将第三位四舍五入，结果为 45.48。

③ QUOTIENT()函数：返回除法的商。

MOD()函数：返回除法的余数。

例如：45÷7 的商是 6，余数是 3，QUOTIENT(45,7)=6，MOD(5,7)=3。

④ PI()函数：返回圆周率 π 的值，如计算半径为 5 的圆的周长，用公式表示为 2*pi()*5。

⑤ RAND()函数：返回 0～1 的一个随机数。

RANDBETWEEN()函数：返回位于两个指定数之间的一个随机整数。

例如：RANDBETWEEN(60,100)将返回 60～100 的随机整数。

⑥ SQRT()函数：返回正平方根，如 3 的平方根为 SQRT(3)。

（4）常用文本函数

① CHAR()函数：返回对应于数字代码的字符，该函数可将其他类型的电脑文件中的代码转换为字符（操作环境为 MacintoshMacintosh 字符集和 WindowsANSI 字符集）。

语法：CHAR(number)。

number 是用于转换的字符代码，介于 1～255（使用当前计算机字符集中的字符）。

例如：CHAR(56)返回"8"，CHAR(36)返回"$"。

② CODE()函数：返回字符串中第一个字符的数字代码（对应于计算机当前使用的字符集）。

语法：CODE(text)。

text 为需要得到其第一个字符代码的文本。

例如：因为 CHAR(65)返回 A，所以公式"=CODE("Alphabet")"返回 65。

③ LEFT()函数：根据指定的字符数返回字符串中的第一个或前几个字符。

语法：LEFT(text,num_chars)。

- text 是包含要提取字符的字符串。
- num_chars 指定函数要提取的字符数，它必须大于或等于 0。

例如：如果 A1="计算机爱好者"，则 LEFT(A1,3)返回"计算机"。

④ RIGHT()函数：RIGHT 根据所指定的字符数返回字符串中最后一个或多个字符。

语法：RIGHT(text,num_chars)。

- text 是包含要提取字符的字符串。
- num_chars 指定希望 RIGHT 提取的字符数，它必须大于或等于 0。如果 num_chars 大于文本长度，则 RIGHT 返回所有文本。如果忽略 num_chars，则假定其为 1。

例如：如果 A1="学习的革命"，则公式"=RIGHT(A1,2)"返回"革命"。

⑤ MID()函数：返回字符串中从指定位置开始的特定数目的字符，该数目由用户指定。

语法：MID(text,start_num,num_chars)。

- text 是包含要提取字符的字符串。
- start_num 是文本中要提取的第一个字符的位置，文本中第一个字符的 start_num 为 1，以此类推。
- num_chars 指定希望 MID()从文本中返回字符的个数。

例如：如果 A1="电子计算机"，则公式"=MID(A1,3,2)"返回"计算"。

⑥ LEN()函数：返回字符串的字符数。

语法：LEN(text)。

text 为待要查找其长度的文本。

例如：如果 A1="计算机爱好者"，则公式"=LEN(A1)"返回 6。

⑦ REPLACE()函数：替换文本中的字符。

REPLACE()使用其他字符串并根据所指定的字符数替换另一字符串中的部分文本。REPLACEB()的用途与 REPLACE()相同，它是根据所指定的字节数替换另一字符串中的部分文本。

语法：REPLACE(old_text,start_num,num_chars,new_text)，

REPLACEB(old_text,start_num,num_bytes,new_text)。

- old_text 是要替换其部分字符的文本。
- start_num 是要 new_text 替换的 old_text 中字符的位置。
- num_chars 是希望 REPLACE()使用 new_text 替换 old_text 中字符的个数。
- num_bytes 是希望 REPLACE()使用 new_text 替换 old_text 的字节数。
- new_text 是用于替换 old_text 中字符的文本。

例如：如果 A1="学习的革命"，A2="计算机"，则公式 "=REPLACE(A1,3,3,A2)" 返回 "学习计算机"。

（5）常用日期与时间函数

① TODAY()函数：一个无参函数，得到系统日期，但括号不能少，如 Today()，返回 "2016/4/3"。

② NOW()函数：也是一个无参函数，得到系统日期与时间。

例如：NOW()返回 "2016/4/3 10:25"。

③ YEAR()函数、MONTH()函数、DAY()函数、HOUR()函数、MINUTE()函数、SECOND()函数：分别表示获取时间序列中的年份、月份、日期、小时、分钟、秒、一周内的第几天。

如 Year("2016/6/12 15:36:26")返回 2016。

Month("2016/6/2 15:36:26")返回 6。

Day("2016/6/12 15:36:26")返回 12。

HOUR("2016/6/6 15:36:26")返回 15。

Minute("2016/6/6 15:36:26")返回 36。

Second("2016/6/6 15:36:26")返回 26。

④ DATE()函数：从给出的年月日中得到一个日期序列，如 DATE(2013,3,6)，返回日期序列 2013/3/6。

⑤ Time()函数：从给出的小时、分钟、秒中得到一个时间序列。

⑥ DATEDIF()函数：返回两个日期之间的年月日间隔数。

语法：DATEDIF(开始日期，结束日期，单位代码)。

例如：DATEDIF("1973-4-1",TODAY(),"Y")返回 33。

（6）常用逻辑函数

① AND()函数：所有参数的计算结果为 TRUE 时，返回 TRUE；只要有一个参数的计算结果为 FALSE，即返回 FALSE。

语法：AND(logical1,logical2],…)。

AND()函数具有以下参数。

- logical1 是必需的，表示要测试的第一个条件，其计算结果可以为 TRUE 或 FALSE。
- logical2 是可选的，表示要测试的其他条件，其计算结果可以为 TRUE 或 FALSE，最多可包含 255 个条件。

② OR()函数：对多个逻辑值做 "或" 运算，如果任一逻辑值为 TRUE 则返回 TRUE，如果所有逻辑值都为 FALSE，则返回 FALSE。

语法：OR(logical1, [logical2], …)。

logical1 是必需的，后续逻辑值是可选的。有 1～255 个需要进行测试的条件，测试结果

可以为 TRUE 或 FALSE。

③ NOT()函数：对参数值求反，当要确保一个值不等于某一特定值时，可以使用 NOT()。

语法：NOT(Logical)。

计算结果为 TRUE 或 FALSE 的任何值或表达式。

（7）常用查找函数

① Lookup()函数：返回向量或数组中的数值。

函数 LOOKUP()有两种语法形式：向量和数组。函数 LOOKUP()的向量形式是在单行区域或单列区域（向量）中查找数值，然后返回第二个单行区域或单列区域中相同位置的数值；函数 LOOKUP()的数组形式在数组的第一行或第一列查找指定的数值，然后返回数组的最后一行或最后一列中相同位置的数值。

第一种：向量形式，其公式为 = LOOKUP(lookup_value,lookup_vector,result_vector)。

• lookup_value 为函数 LOOKUP()在第一个向量中所要查找的数值，它可以为数字、文本、逻辑值或包含数值的名称或引用。

• lookup_vector 为只包含一行或一列的区域，lookup_vector 的数值可以为文本、数字或逻辑值。

• result_vector 为只包含一行或一列的区域，其大小必须与 lookup_vector 相同。

第二种：数组形式，其公式为= LOOKUP(lookup_value,array)。

array 为包含文本、数字或逻辑值的单元格区域或数组，它的值用于与 lookup_value 进行比较。

例如：LOOKUP(5.2,{4.2,5,7,9,10})=5。

---

**注意**　　array 的数值必须按升序排列，否则函数 LOOKUP()不能返回正确的结果。文本不区分大小写。如果函数 kLOOKUP()找不到 lookup_value，则查找 array 中小于或等于 lookup_value 的最大数值。如果 lookup_value 小于 array 中的最小值，函数 LOOKUP()返回错误值#N/A。

---

② Vlookup()函数：垂直查找函数。

用途：在表格或数值数组的首列查找指定的数值，并由此返回表格或数组当前行中指定列处的数值；当比较值位于数据表首列时，可以使用函数 VLOOKUP()代替函数 LOOKUP()。

语法：VLOOKUP(lookup_value,table_array,col_index_num,range_lookup)。

• lookup_value 为需要在数据表第一列中查找的数值，它可以是数值、引用或字符串。

• table_array 为需要在其中查找数据的数据表，可以为对区域或区域名称的引用。col_index_num 为 table_array 中待返回的匹配值的列序号。

• col_index_num 为 1 时，返回 table_array 第一列中的数值；col_index_num 为 2 时，返回 table_array 第二列中的数值，以此类推。

• range_lookup 为一逻辑值，指明函数 VLOOKUP()返回时是精确匹配还是近似匹配。如果为 TRUE 或省略，则返回近似匹配值，也就是说，如果找不到精确匹配值，则返回小于 lookup_value 的最大数值；如果 range_value 为 FALSE，函数 VLOOKUP()将返回精确匹配值。如果找不到，则返回错误值#N/A。

例如：如果 A1=23,A2=45,A3=50,A4=65,则公式"=VLOOKUP(50,A1:A4,1,TRUE)"返回 50。

③ Hlookup()函数：水平查找函数。

用途：在表格或数值数组的首行查找指定的数值，并由此返回表格或数组当前列中指定行处的数值。

语法：HLOOKUP(lookup_value,table_array,row_index_num,range_lookup)。

- lookup_value 是需要在数据表第一行中查找的数值，它可以是数值、引用或字符串。
- table_array 是需要在其中查找数据的数据表，可以为对区域或区域名称的引用，table_array 的第一行的数值可以是文本、数字或逻辑值。
- row_index_num 为 table_array 中待返回的匹配值的行序号。
- range_lookup 为一逻辑值，指明函数 HLOOKUP() 查找时是精确匹配还是近似匹配。

例如：如果 A1:B3 单元格区域存放的数据为 34、23、68、69、92、36，则公式 "=HLOOKUP(34,A1:B3,1,FALSE)" 返回 34；公式 "=HLOOKUP(3,{1,2,3;"a","b","c";"d","e","f"}, 2,TRUE)" 返回 "c"。

### 2. 操作步骤

**步骤 1**　使用函数计算年终考核结果。

（1）将光标定位到 M3 单元格中，选择"自动求和"下拉列表中的 ∑ 求和(S) 选项。

（2）编辑栏中出现了 SUM() 求和函数，修改括号内的单元格区域为 K3:L3，如图 4-66 所示，单击"√"按钮。

图 4-66　自动求和函数

（3）将鼠标指针移至 M3 单元格右下角，出现填充柄后，按住鼠标左键向下拖动填充柄即可。

**步骤 2**　使用函数计算平均制度考核和业绩考核结果。

（1）将光标定位到 I19 单元格中，选择"自动求和"下拉列表中的 平均值(A) 选项。

（2）编辑栏中出现了 AVERAGE() 求平均值函数，修改括号内的单元格区域为 I3:I18，如图 4-67 所示，单击"√"按钮。

| 序号 | 部门 | 工号 | 姓名 | 性别 | 出生年月 | 学历 | 学位 | 制度考核 | 业绩考核 | 制度考核比例分 | 业绩考核比例分 | 年终考核 | 排名 |
|---|---|---|---|---|---|---|---|---|---|---|---|---|---|
| 1 | 财务部 | 050008503756 | 何再前 | 女 | 1988/05/04 | 本科 | | 142.00 | 76.00 | 56.80 | 45.60 | 102.40 | |
| 2 | 财务部 | 050008505099 | 肖伟国 | 男 | 1988/04/14 | 大专 | | 117.50 | 78.00 | 47.00 | 46.80 | 93.80 | |
| 3 | 培训部 | 050008500383 | 黄巍 | 男 | 1986/09/04 | 硕士研究生 | | 134.50 | 76.75 | 53.80 | 46.05 | 99.85 | |
| 4 | 培训部 | 050008502813 | 何宗文 | 男 | 1989/08/12 | 大专 | | 148.50 | 75.75 | 59.40 | 45.45 | 104.85 | |
| 5 | 人力资源部 | 050008500508 | 肖凌云 | 男 | 1988/06/07 | 本科 | | 128.00 | 67.50 | 51.20 | 40.50 | 91.70 | |
| 6 | 人力资源部 | 050008503790 | 谢立红 | 女 | 1987/03/04 | 本科 | | 131.50 | 58.17 | 52.60 | 34.90 | 87.50 | |
| 7 | 市场部 | 050008502550 | 黄芯 | 男 | 1987/07/16 | 本科 | | 144.00 | 89.50 | 57.60 | 53.70 | 111.30 | |
| 8 | 市场部 | 050008504259 | 项双双 | 女 | 1982/10/31 | 硕士研究生 | | 133.50 | 85.00 | 53.40 | 51.00 | 104.40 | |
| 9 | 物流部 | 050008502309 | 郎怀民 | 男 | 1983/07/30 | 硕士研究生 | | 134.00 | 86.50 | 53.60 | 51.90 | 105.50 | |
| 10 | 物流部 | 050008505460 | 博翔鹏 | 女 | 1986/07/15 | 本科 | | 136.00 | 86.90 | 54.40 | 52.14 | 106.54 | |
| 11 | 物业部 | 050008501144 | 谷金力 | 男 | 1980/12/04 | 博士研究生 | | 134.00 | 89.75 | 53.60 | 53.85 | 107.45 | |
| 12 | 物业部 | 050008503258 | 胡孙权 | 男 | 1982/07/28 | 本科 | | 147.00 | 89.75 | 58.80 | 53.85 | 112.65 | |
| 13 | 行政部 | 050008502132 | 董江波 | 男 | 1979/03/07 | 博士研究生 | | 154.00 | 68.75 | 61.60 | 41.25 | 102.85 | |
| 14 | 行政部 | 050008504650 | 贾丽娜 | 女 | 1978/11/04 | 硕士研究生 | | 143.00 | 78.00 | 57.20 | 46.80 | 104.00 | |
| 15 | 物流部 | 050008501073 | 简红强 | 男 | 1987/12/11 | 本科 | | 143.00 | 90.25 | 57.20 | 54.15 | 111.35 | |
| 16 | 组织部 | 050008501663 | 李小珍 | 女 | 1984/02/16 | 硕士研究生 | | 153.50 | 90.67 | 61.40 | 54.40 | 115.80 | |

SUM ▼ : ✕ ✓ fx =AVERAGE(I3:I18)

各项目平均 =AVERAGE(I3:I18)

博士研究生人数： AVERAGE(number1, [number2], ...) 最高分：

考核总成绩最低分：

图 4-67　求平均值函数

（3）将鼠标指针移至 I19 单元格右下角，出现填充柄后，按住鼠标左键向右拖动填充柄，并修改数字格式为保留两位小数。

**步骤 3** 使用函数求出年终考核最高分和最低分。

（1）将光标定位到 M20 单元格中，选择"自动求和"下拉列表中的 最大值(M) 选项。

（2）编辑栏中出现了 MAX()求最大值函数，修改括号内的单元格区域为 M3:M18，如图 4-68 所示，单击"√"按钮。

（3）将光标定位到 M21 单元格中，选择"自动求和"下拉列表中的 最小值(I) 选项。

（4）编辑栏中出现了 MIN()求最小值函数，修改括号内的单元格区域为 M3:M18，如图 4-69 所示，单击"√"按钮。

图 4-68　求最大值函数　　　　　　　　图 4-69　求最小值函数

**步骤 4** 使用函数根据"学历"列中的内容来确定员工的相应学位。

分析：先根据单元格内容是否满足等于"博士研究生"进行判断，如果满足则学位为"博士"，不满足则再次判断单元格内容是否等于"硕士研究生"，满足则学位为"硕士"，不满足则再次判断单元格内容是否等于"本科"，满足则学位为"学士"，否则就是"无"学位。

（1）将光标定位到 H3 单元格中。

（2）选择"公式"→"插入函数"命令，弹出"插入函数"对话框，找到"IF"函数，单击"确定"按钮。

（3）弹出的"函数参数"对话框中有 3 个参数文本框，Logical_test 用于进行条件判断，Value_if_true 返回条件为真时的值，Value_if_false 返回条件为假时的值。

（4）此处需要使用 IF 条件嵌套函数，第一个 IF 条件函数对是否满足"博士研究生"进行判断，在第一个参数文本框中输入"G3="博士研究生""，在第二个参数文本框中输入"博士"。函数参数设置如图 4-70 所示。

图 4-70　第一个 IF 条件函数

（5）对是否满足"硕士研究生"进行判断。将光标定位到第三个文本框后，单击"名称框"中的 IF 插入第一个嵌套函数，弹出 IF"函数参数"对话框，在第一个参数文本框中输入"G3="硕士研究生""，在第二个参数文本框中输入"硕士"。函数参数设置如图 4-71 所示。

（6）对是否满足"本科"进行判断。将光标定位到第三个文本框后，单击"名称框"中的 IF 插入第二个嵌套函数，弹出 IF"函数参数"对话框。在第一个参数文本框中输入内容 G3="本科"，在第二个参数文本框中输入内容"学士"，在第三个参数文本框中输入内容"无"，单击"确定"按钮。函数参数设置如图 4-72 所示。

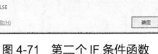

图 4-71　第二个 IF 条件函数　　　　　　　图 4-72　第三个 IF 条件函数

（7）将鼠标指针移至 H3 单元格区域右下角，出现填充柄后，按住鼠标左键向下拖动填充柄即可。

**步骤 5**　使用函数求出年终考核排名。

（1）将光标定位到 N3 单元格中。

（2）选择"公式"→"插入函数"命令，弹出"插入函数"对话框，找到"RANK"函数，单击"确定"按钮。

（3）弹出的"函数参数"对话框中有 3 个参数文本框，Number 为需要找到排位的数字，Ref 为数字列表数组或对数字列表的引用，Order 为一个数字，指明排位的方式。如果 Order 为 0 或省略，按照降序排列。如果 Order 不为 0，按照升序排列。

（4）在"Number"文本框中输入"M3"，在"Ref"文本框中输入"$M$3:$M$18"（注意此处是绝对引用），参数设置如图 4-73 所示，单击"确定"按钮。

（5）将鼠标指针移至 N3 单元格区域右下角，出现填充柄后，按住鼠标左键向下拖动填充柄即可。

**步骤 6**　使用函数计算"博士研究生"人数。

（1）将光标定位到 I20 单元格中。

（2）选择"公式"→"插入函数"命令，弹出"插入函数"对话框，找到"COUNTIF"函数，单击"确定"按钮。

（3）弹出的"函数参数"对话框中有两个参数文本框，Range 为需要计算其中满足条件的单元格数目的单元格区域；Criteria 为确定哪些单元格将被计算在内的条件，其形式可以为数字、表达式或文本。

（4）在"Range"文本框中输入"G3:G18"，在"Criteria"文本框中输入"博士研究生"，参数设置如图 4-74 所示，单击"确定"按钮，效果图如图 4-75 所示。最后保存文件。

图 4-73　RANK()排位函数　　　　　　　图 4-74　COUNTIF()统计函数

201

| 企业员工年终考核表 | | | | | | | | | | | | | |
|---|---|---|---|---|---|---|---|---|---|---|---|---|---|
| 序号 | 部门 | 工号 | 姓名 | 性别 | 出生年月 | 学历 | 学位 | 制度考核 | 业绩考核 | 制度考核比例分 | 业绩考核比例分 | 年终考核 | 排名 |
| 1 | 财务部 | 050008503756 | 何再前 | 女 | 1988/05/04 | 本科 | 学士 | 142.00 | 76.00 | 56.80 | 45.60 | 102.40 | 12 |
| 2 | 财务部 | 050008505099 | 肖伟国 | 男 | 1988/04/14 | 大专 | 无 | 117.50 | 78.00 | 47.00 | 46.80 | 93.80 | 14 |
| 3 | 培训部 | 050008500383 | 黄威 | 男 | 1986/09/04 | 硕士研究生 | 硕士 | 134.50 | 76.75 | 53.80 | 46.05 | 99.85 | 13 |
| 4 | 培训部 | 050008502813 | 何宗文 | 男 | 1989/08/12 | 大专 | 无 | 148.50 | 75.75 | 59.40 | 45.45 | 104.85 | 8 |
| 5 | 人力资源部 | 050008500508 | 肖凌云 | 女 | 1988/06/07 | 本科 | 学士 | 128.00 | 67.50 | 51.20 | 40.50 | 91.70 | 15 |
| 6 | 人力资源部 | 050008503790 | 谢立红 | 男 | 1987/03/04 | 本科 | 学士 | 131.50 | 58.17 | 52.60 | 34.90 | 87.50 | 16 |
| 7 | 市场部 | 050008502550 | 黄芯 | 男 | 1987/07/16 | 本科 | 学士 | 144.00 | 89.50 | 57.60 | 53.70 | 111.30 | 4 |
| 8 | 市场部 | 050008504259 | 项文双 | 女 | 1982/10/31 | 硕士研究生 | 硕士 | 133.50 | 85.00 | 53.40 | 51.00 | 104.40 | 9 |
| 9 | 物流部 | 050008502309 | 郎怀民 | 男 | 1983/07/30 | 硕士研究生 | 硕士 | 134.00 | 86.50 | 53.60 | 51.90 | 105.50 | 7 |
| 10 | 物流部 | 050008505460 | 傅珊珊 | 女 | 1986/07/15 | 本科 | 学士 | 136.00 | 86.90 | 54.40 | 52.14 | 106.54 | 6 |
| 11 | 物业部 | 050008501144 | 谷金力 | 男 | 1980/12/04 | 博士研究生 | 博士 | 134.00 | 89.75 | 53.60 | 53.85 | 107.45 | 5 |
| 12 | 物业部 | 050008503258 | 胡孙权 | 男 | 1982/07/28 | 本科 | 学士 | 147.00 | 89.75 | 58.80 | 53.85 | 112.65 | 2 |
| 13 | 行政部 | 050008502132 | 董江波 | 男 | 1979/03/07 | 博士研究生 | 博士 | 154.00 | 68.75 | 61.60 | 41.25 | 102.85 | 11 |
| 14 | 行政部 | 050008504650 | 贾丽娜 | 女 | 1978/11/04 | 硕士研究生 | 硕士 | 143.00 | 78.00 | 57.20 | 46.80 | 104.00 | 10 |
| 15 | 组织部 | 050008501073 | 简红强 | 男 | 1987/12/11 | 本科 | 学士 | 143.00 | 90.25 | 57.20 | 54.15 | 111.35 | 3 |
| 16 | 组织部 | 050008501663 | 李小珍 | 女 | 1984/02/16 | 硕士研究生 | 硕士 | 153.50 | 90.67 | 61.40 | 54.40 | 115.80 | 1 |
| | | | | | | 各项目平均成绩： | | 139.00 | 80.45 | | | | |
| | | | | | | 博士研究生人数： | | 2 | | 考核总成绩最高分： | | 115.80 | |
| | | | | | | | | | | 考核总成绩最低分： | | 87.50 | |

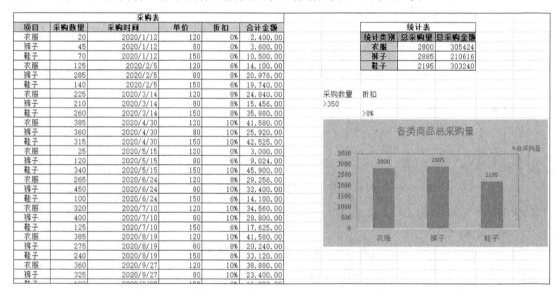

图 4-75 统计计算结果

## 4.5 制作商品采购表

Excel 2016 不仅具有简单数据计算处理的功能，还具有数据库管理功能。而且 Excel 2016 在制表、作图等数据分析方面的能力十分出色，淋漓尽致地发挥了在表格处理方面的优势。本节将通过制作图 4-76 所示的商品采购表，介绍如何使用 Excel 2016 对数据进行排序、筛选、分类汇总，以及如何将工作表制作成各类图表、数据透视图（表）等。

| 采购表 | | | | | |
|---|---|---|---|---|---|
| 项目 | 采购数量 | 采购时间 | 单价 | 折扣 | 合计金额 |
| 衣服 | 20 | 2020/1/12 | 120 | 0% | 2,400.00 |
| 裤子 | 45 | 2020/1/12 | 80 | 0% | 3,600.00 |
| 鞋子 | 70 | 2020/1/12 | 150 | 0% | 10,500.00 |
| 衣服 | 125 | 2020/2/5 | 120 | 6% | 14,100.00 |
| 裤子 | 285 | 2020/2/5 | 80 | 8% | 20,976.00 |
| 鞋子 | 140 | 2020/2/5 | 150 | 6% | 19,740.00 |
| 衣服 | 225 | 2020/3/14 | 120 | 8% | 24,840.00 |
| 裤子 | 210 | 2020/3/14 | 80 | 8% | 15,456.00 |
| 鞋子 | 260 | 2020/3/14 | 150 | 8% | 35,880.00 |
| 衣服 | 385 | 2020/4/30 | 120 | 10% | 41,580.00 |
| 裤子 | 360 | 2020/4/30 | 80 | 10% | 25,920.00 |
| 鞋子 | 315 | 2020/4/30 | 150 | 10% | 42,525.00 |
| 衣服 | 25 | 2020/5/15 | 120 | 0% | 3,000.00 |
| 裤子 | 120 | 2020/5/15 | 80 | 6% | 9,024.00 |
| 鞋子 | 340 | 2020/5/15 | 150 | 10% | 45,900.00 |
| 衣服 | 265 | 2020/6/24 | 120 | 8% | 29,256.00 |
| 裤子 | 450 | 2020/6/24 | 80 | 10% | 32,400.00 |
| 鞋子 | 100 | 2020/6/24 | 150 | 6% | 14,100.00 |
| 衣服 | 320 | 2020/7/10 | 120 | 10% | 34,560.00 |
| 裤子 | 400 | 2020/7/10 | 80 | 10% | 28,800.00 |
| 鞋子 | 125 | 2020/7/10 | 150 | 6% | 17,625.00 |
| 衣服 | 385 | 2020/8/19 | 120 | 10% | 41,580.00 |
| 裤子 | 275 | 2020/8/19 | 80 | 8% | 20,240.00 |
| 鞋子 | 240 | 2020/8/19 | 150 | 8% | 33,120.00 |
| 衣服 | 360 | 2020/9/27 | 120 | 10% | 38,880.00 |
| 裤子 | 325 | 2020/9/27 | 80 | 10% | 23,400.00 |
| [illegible] | [illegible] | [illegible] | [illegible] | [illegible] | [illegible] |

| 统计表 | | |
|---|---|---|
| 统计类别 | 总采购量 | 总采购金额 |
| 衣服 | 2800 | 305424 |
| 裤子 | 2885 | 210616 |
| 鞋子 | 2195 | 303240 |

| 采购数量 | 折扣 |
|---|---|
| >350 | |
| | >8% |

图 4-76 商品采购表效果图

任务要求如下。

（1）使用函数填充采购表中的“单价”列。

（2）根据折扣表中的商品折扣率，使用函数计算采购表中的“折扣”列结果。

（3）对采购表的“合计”列进行计算。

（4）分别使用分类汇总功能和函数计算各类商品的采购总量和采购总金额。

（5）筛选出“采购数量”>350 或“折扣”>8%的产品。

（6）根据统计表创建一个各类商品采购总量的柱形图。

（7）根据“采购表”新建一个数据透视图 Chart1。

### 4.5.1　数据的排序

在 Excel 2016 中，数据清单实际上就是工作表中的一个区域，一列单元格就是一个字段，每行中的字段内容就是一条记录，用户可以通过在 Excel 2016 中创建数据清单来对数据进行管理。

在 Excel 2016 中，用户可以根据一列或多列的内容按升序或降序对数据清单进行排序。

下面对图 4-77 所示的"学生成绩表"按照"总分"值进行高低排名，并且"总分"如有相同，则按照"数学"值进行高低排名。

| | A | B | C | D | E | F | G |
|---|---|---|---|---|---|---|---|
| 1 | 学号 | 姓名 | 性别 | 语文 | 数学 | 英语 | 总分 |
| 2 | 20121001 | 毛莉 | 女 | 75 | 85 | 83 | 243 |
| 3 | 20121002 | 杨青 | 男 | 68 | 75 | 64 | 207 |
| 4 | 20121003 | 陈小鹰 | 男 | 58 | 69 | 75 | 202 |
| 5 | 20121004 | 陆东兵 | 男 | 94 | 90 | 91 | 275 |
| 6 | 20121005 | 闻亚东 | 男 | 84 | 87 | 88 | 259 |
| 7 | 20121006 | 曹吉武 | 男 | 72 | 68 | 85 | 225 |
| 8 | 20121007 | 彭晓玲 | 女 | 85 | 71 | 76 | 232 |
| 9 | 20121008 | 傅珊珊 | 女 | 88 | 80 | 75 | 243 |
| 10 | 20121009 | 钟争秀 | 女 | 78 | 80 | 76 | 234 |
| 11 | 20121010 | 周旻璐 | 女 | 94 | 87 | 82 | 263 |
| 12 | 20121011 | 柴安琪 | 女 | 60 | 67 | 71 | 198 |
| 13 | 20121012 | 吕秀杰 | 男 | 81 | 83 | 87 | 251 |

图 4-77　学生成绩表

操作步骤如下。

（1）选定需要排序的数据清单。

（2）选择"数据"选项卡，然后单击"排序和筛选"选项组中的"排序"按钮，弹出"排序"对话框，参数设置如图 4-78 所示。

图 4-78　"排序"对话框

（3）将"主要关键字"设为"总分"，将"次要关键字"设为"数学"，均设置为"降序"次序。

（4）单击"确定"按钮，完成操作，结果如图 4-79 所示。

| | A | B | C | D | E | F | G |
|---|---|---|---|---|---|---|---|
| 1 | 学号 | 姓名 | 性别 | 语文 | 数学 | 英语 | 总分 |
| 2 | 20121004 | 陆东兵 | 男 | 94 | 90 | 91 | 275 |
| 3 | 20121010 | 周旻璐 | 女 | 94 | 87 | 82 | 263 |
| 4 | 20121005 | 闻亚东 | 男 | 84 | 87 | 88 | 259 |
| 5 | 20121012 | 吕秀杰 | 男 | 81 | 83 | 87 | 251 |
| 6 | 20121001 | 毛莉 | 女 | 75 | 85 | 83 | 243 |
| 7 | 20121008 | 傅珊珊 | 女 | 88 | 80 | 75 | 243 |
| 8 | 20121009 | 钟争秀 | 女 | 78 | 80 | 76 | 234 |
| 9 | 20121007 | 彭晓玲 | 女 | 85 | 71 | 76 | 232 |
| 10 | 20121006 | 曹吉武 | 男 | 72 | 68 | 85 | 225 |
| 11 | 20121002 | 杨青 | 男 | 68 | 75 | 64 | 207 |
| 12 | 20121003 | 陈小鹰 | 男 | 58 | 69 | 75 | 202 |
| 13 | 20121011 | 柴安琪 | 女 | 60 | 67 | 71 | 198 |

图 4-79　排序结果

> **注意** 在选定数据清单时，应勾选"数据包含标题"复选框，否则关键字会用列号代表；关键字的数据类型为字符型时，按字符的内码值进行大小比较。

### 4.5.2 数据的分类汇总

在实际工作中往往需要对一系列数据进行小计、合计，这时使用 Excel 2016 的分类汇总功能很方便。

#### 1. 基础知识

分类汇总是对数据表中的某个字段进行分类，在分类过程中实现分类计算，在当前工作表中插入分类汇总行和总计行，并将计算结果分级显示出来。在分类汇总之前，必须对分类字段进行排序。下面对"学习成绩表"按性别进行分类汇总，操作步骤如下。

（1）对分类的字段"性别"进行排序，如图 4-80 所示。

（2）选定数据清单。

（3）选择"数据"选项卡，单击"分级显示"选项组中的"分类汇总"按钮，弹出"分类汇总"对话框，如图 4-81 所示。

（4）在对话框中依次进行以下操作。

① 在"分类字段"下拉列表中选择"性别"作为分类排序字段。

| | A | B | C | D | E | F | G |
|---|---|---|---|---|---|---|---|
| 1 | 学号 | 姓名 | 性别 | 语文 | 数学 | 英语 | 总分 |
| 2 | 20121004 | 陆东兵 | 男 | 94 | 90 | 91 | 275 |
| 3 | 20121005 | 闻亚东 | 男 | 84 | 87 | 88 | 259 |
| 4 | 20121012 | 吕秀杰 | 男 | 81 | 83 | 87 | 251 |
| 5 | 20121006 | 曹吉武 | 男 | 72 | 68 | 85 | 225 |
| 6 | 20121002 | 杨青 | 男 | 68 | 75 | 64 | 207 |
| 7 | 20121003 | 陈小鹰 | 男 | 58 | 69 | 75 | 202 |
| 8 | 20121010 | 周旻璐 | 女 | 94 | 87 | 82 | 263 |
| 9 | 20121001 | 毛莉 | 女 | 75 | 85 | 83 | 243 |
| 10 | 20121008 | 傅珊珊 | 女 | 88 | 80 | 75 | 243 |
| 11 | 20121009 | 钟争秀 | 女 | 78 | 80 | 76 | 234 |
| 12 | 20121007 | 彭晓玲 | 女 | 85 | 71 | 76 | 232 |
| 13 | 20121011 | 柴安琪 | 女 | 60 | 67 | 71 | 198 |

**图 4-80 对"性别"字段进行排序**

② 在"汇总方式"下拉列表中选择"平均值"作为汇总计算方式。

③ 在"选定汇总项"列表中选择需要的汇总项，如"英语""数学""语文"。

（5）单击"确定"按钮，完成操作，结果如图 4-82 所示。

**图 4-81 "分类汇总"对话框**

| 1 2 3 | | A | B | C | D | E | F | G |
|---|---|---|---|---|---|---|---|---|
| | 1 | 学号 | 姓名 | 性别 | 语文 | 数学 | 英语 | 总分 |
| | 2 | 20121004 | 陆东兵 | 男 | 94 | 90 | 91 | 275 |
| | 3 | 20121005 | 闻亚东 | 男 | 84 | 87 | 88 | 259 |
| | 4 | 20121012 | 吕秀杰 | 男 | 81 | 83 | 87 | 251 |
| | 5 | 20121006 | 曹吉武 | 男 | 72 | 68 | 85 | 225 |
| | 6 | 20121002 | 杨青 | 男 | 68 | 75 | 64 | 207 |
| | 7 | 20121003 | 陈小鹰 | 男 | 58 | 69 | 75 | 202 |
| | 8 | | | 男 平均值 | 76.16667 | 78.66667 | 81.66667 | |
| | 9 | 20121010 | 周旻璐 | 女 | 94 | 87 | 82 | 263 |
| | 10 | 20121001 | 毛莉 | 女 | 75 | 85 | 83 | 243 |
| | 11 | 20121008 | 傅珊珊 | 女 | 88 | 80 | 75 | 243 |
| | 12 | 20121009 | 钟争秀 | 女 | 78 | 80 | 76 | 234 |
| | 13 | 20121007 | 彭晓玲 | 女 | 85 | 71 | 76 | 232 |
| | 14 | 20121011 | 柴安琪 | 女 | 60 | 67 | 71 | 198 |
| | 15 | | | 女 平均值 | 80 | 78.33333 | 77.16667 | |
| | 16 | | | 总计平均值 | 78.08333 | 78.5 | 79.41667 | |

**图 4-82 分类汇总的结果**

在分类汇总结果工作表中，单击屏幕左边的"-"按钮，可以仅显示小计、总计数，而隐藏原始数据，这时屏幕左边显示"+"按钮，如果再次单击"+"按钮，将恢复显示隐藏的数据。在分类汇总结果工作表的左上方有 3 个按钮，分别单击可以显示相应级别的汇总结果。若要删除分类汇总结果，在"分类汇总"对话框中单击"全部删除"按钮即可。

### 2. 操作步骤

打开"商品采购表.xlsx"，按照要求完成操作后保存文件。

**步骤 1** 使用函数填充采购表中的"单价"列。

分析：VLOOKUP()的功能是在表格的首列查找指定的数据，并返回指定的数据所在行中的指定列处的数据。

（1）选择 Sheet1 工作表，将光标定位到 D11 单元格中。

（2）选择"公式"→"插入函数"命令，弹出"插入函数"对话框，找到"VLOOKUP"函数，单击"确定"按钮。

（3）弹出"函数参数"对话框，在"Lookup_value"文本框中输入"A11"，在"Table_array"文本框中输入"$F$3:$G$5"（此处为绝对引用），在"Col_index_num"文本框中输入"2"，在"Range_lookup"文本框中输入"0"，参数设置如图 4-83 所示。

图 4-83 "函数参数"对话框

（4）将鼠标指针移至 D11 单元格右下角，出现填充柄后，按住鼠标左键向下拖动填充柄即可。

**步骤 2** 根据折扣表中的商品折扣率，使用函数计算采购表中的"折扣"列结果。

分析：根据折扣表中的"说明"列，可以判断出此处需要使用 IF 嵌套函数；先根据采购数量判断是否满足小于 100 件（即 0~99 件），如果满足则给予 0%的折扣率；不满足则再次判断采购数量是否小于 200 件（即 100~199 件），满足则给予 6%的折扣率；不满足则再次判断采购数量是否小于 300 件（即 200~299 件），满足则给予 8%的折扣率，否则给予 10%的折扣率。

（1）将光标定位到 E11 单元格中。

（2）在编辑栏中输入函数"=IF(B11<100,0%,IF(B11<200,6%,IF(B11<300,8%,10%)))"，按"Enter"键。

（3）将鼠标指针移至 E11 单元格右下角，出现填充柄后，按住鼠标左键向下拖动填充柄即可。

**步骤 3** 对采购表的"合计"列进行计算。

分析：根据"采购数量""单价""折扣"，可以计算出采购的合计金额，计算公式为单价*采购数量*（1-折扣率）。

（1）将光标定位到 F11 单元格中。

（2）在编辑栏中输入公式"=B11*D11*(1-E11)"，按"Enter"键。

（3）将鼠标指针移至 F11 单元格区域右下角，出现填充柄后，按住鼠标左键向下拖动填充柄即可。

**步骤 4** 使用分类汇总功能计算各类商品的采购总量和采购总金额。

（1）选中 Sheet1 工作表进行复制，得到 Sheet2 工作表。

（2）在 Sheet2 工作表中进行分类汇总计算，计算各种商品的采购总量和采购总金额。选中 A10:F43 单元格区域。

（3）选择"数据"→"排序"命令，设置排序的主要关键字为"项目"，升序排序，单击"确定"按钮。

（4）选择"数据"→"分类汇总"命令，设置分类字段为"项目"，汇总方式为"求和"，汇总项包括"采购数量"和"合计金额"。

（5）单击"确定"按钮后，各类商品的采购总量和采购总金额在"汇总"项中显示，如图 4-84 所示。

| | A | B | C | D | E | F |
|---|---|---|---|---|---|---|
| 9 | | | 采购表 | | | |
| 10 | 项目 | 采购数量 | 采购时间 | 单价 | 折扣 | 合计金额 |
| 11 | 裤子 | 45 | 2020/1/12 | 80 | 0% | 3,600.00 |
| 12 | 裤子 | 285 | 2020/2/5 | 80 | 8% | 20,976.00 |
| 13 | 裤子 | 210 | 2020/3/14 | 80 | 8% | 15,456.00 |
| 14 | 裤子 | 360 | 2020/4/30 | 80 | 10% | 25,920.00 |
| 15 | 裤子 | 120 | 2020/5/15 | 80 | 6% | 9,024.00 |
| 16 | 裤子 | 450 | 2020/6/24 | 80 | 10% | 32,400.00 |
| 17 | 裤子 | 400 | 2020/7/10 | 80 | 10% | 28,800.00 |
| 18 | 裤子 | 275 | 2020/8/19 | 80 | 8% | 20,240.00 |
| 19 | 裤子 | 325 | 2020/9/27 | 80 | 10% | 23,400.00 |
| 20 | 裤子 | 255 | 2020/10/24 | 80 | 8% | 18,768.00 |
| 21 | 裤子 | 160 | 2020/11/4 | 80 | 6% | 12,032.00 |
| 22 | 裤子 汇总 | 2885 | | | | 210,616.00 |
| 23 | 鞋子 | 70 | 2020/1/12 | 150 | 0% | 10,500.00 |
| 24 | 鞋子 | 140 | 2020/2/5 | 150 | 6% | 19,740.00 |
| 25 | 鞋子 | 260 | 2020/3/14 | 150 | 8% | 35,880.00 |
| 26 | 鞋子 | 315 | 2020/4/30 | 150 | 10% | 42,525.00 |
| 27 | 鞋子 | 340 | 2020/5/15 | 150 | 10% | 45,900.00 |
| 28 | 鞋子 | 100 | 2020/6/24 | 150 | 6% | 14,100.00 |
| 29 | 鞋子 | 125 | 2020/7/10 | 150 | 6% | 17,625.00 |
| 30 | 鞋子 | 240 | 2020/8/19 | 150 | 8% | 33,120.00 |
| 31 | 鞋子 | 120 | 2020/9/27 | 150 | 6% | 16,920.00 |
| 32 | 鞋子 | 210 | 2020/10/24 | 150 | 8% | 28,980.00 |
| 33 | 鞋子 | 275 | 2020/11/4 | 150 | 8% | 37,950.00 |
| 34 | 鞋子 汇总 | 2195 | | | | 303,240.00 |
| 35 | 衣服 | 20 | 2020/1/12 | 120 | 0% | 2,400.00 |
| 36 | 衣服 | 125 | 2020/2/5 | 120 | 6% | 14,100.00 |
| 37 | 衣服 | 225 | 2020/3/14 | 120 | 8% | 24,840.00 |
| 38 | 衣服 | 385 | 2020/4/30 | 120 | 10% | 41,580.00 |
| 39 | 衣服 | 25 | 2020/5/15 | 120 | 0% | 3,000.00 |
| 40 | 衣服 | 265 | 2020/6/24 | 120 | 8% | 29,256.00 |
| 41 | 衣服 | 320 | 2020/7/10 | 120 | 10% | 34,560.00 |
| 42 | 衣服 | 385 | 2020/8/19 | 120 | 10% | 41,580.00 |
| 43 | 衣服 | 360 | 2020/9/27 | 120 | 10% | 38,880.00 |
| 44 | 衣服 | 295 | 2020/10/24 | 120 | 8% | 32,568.00 |
| 45 | 衣服 | 395 | 2020/11/4 | 120 | 10% | 42,660.00 |
| 46 | 衣服 汇总 | 2800 | | | | 305,424.00 |
| 47 | 总计 | 7880 | | | | 819,280.00 |

图 4-84　各类商品的分类汇总结果

**步骤 5** 使用函数计算各类商品的采购总量和采购总金额。

（1）在 Sheet1 工作表中使用函数计算各种商品的采购总量和采购总金额。选中 Sheet1 工作表中的 J12 单元格。

（2）选择"公式"→"插入函数"命令，弹出"插入函数"对话框，找到"SUMIF"函数，单击"确定"按钮。

（3）在弹出的"函数参数"对话框中，Range 为用于条件判断的单元格区域；Criteria 为确定哪些单元格将被相加求和的条件，其形式可以为数字、表达式或文本；Sum_range 是需要求和的实际单元格。

（4）在"Range"文本框中输入"$A$11:$A$43"，在"Criteria"文本框中输入"I12"，在"Sum_ range"文本框中输入"$B$11:$B$43"，如图 4-85 所示，单击"确定"按钮。

（5）将鼠标指针移至 J12 单元格右下角，出现填充柄后，按住鼠标左键向下拖动填充柄即可。

（6）用同样的方法在 K12 单元格中插入函数"=SUMIF($A$11:$A$43,I12,$F$11:$F$43)"，按"Enter"键。再使用填充方法填充其他数据，结果如图 4-86 所示。

图 4-85　函数参数设置

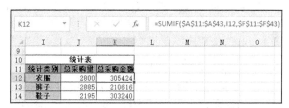

图 4-86　填充"总采购量"和"总采购金额"结果

### 4.5.3　数据的筛选

当数据清单中的记录较多，我们只需要显示满足某些字段条件的记录时，可以使用 Excel 2016 的数据筛选功能，即把不需要的记录暂时隐藏起来，只显示需要的数据。

#### 1．基础知识

（1）自动筛选

使用自动筛选功能可以创建按列表值、按格式和按条件 3 种筛选类型。对于每个单元格区域或列而言，这 3 种筛选类型都是互斥的。具体操作步骤如下。

① 在进行筛选的数据清单中选择任意单元格，然后选择"数据"选项卡，单击"排序和筛选"选项组中的"筛选"按钮，这时在数据标题行字段的右侧出现了下拉按钮，如图 4-87 所示。

| | A | B | C | D | E | F | G |
|---|---|---|---|---|---|---|---|
| 1 | 学号 | 姓名 | 性别 | 语文 | 数学 | 英语 | 总分 |
| 2 | 20121001 | 毛莉 | 女 | 75 | 85 | 83 | 243 |
| 3 | 20121002 | 杨青 | 男 | 68 | 75 | 64 | 207 |
| 4 | 20121003 | 陈小鹰 | 男 | 58 | 69 | 75 | 202 |
| 5 | 20121004 | 陆东兵 | 男 | 94 | 90 | 91 | 275 |
| 6 | 20121005 | 闻亚东 | 男 | 84 | 87 | 88 | 259 |
| 7 | 20121006 | 曹吉武 | 男 | 72 | 68 | 85 | 225 |
| 8 | 20121007 | 彭晓玲 | 女 | 85 | 71 | 76 | 232 |
| 9 | 20121008 | 傅珊珊 | 女 | 88 | 80 | 75 | 243 |
| 10 | 20121009 | 钟争秀 | 女 | 78 | 80 | 76 | 234 |
| 11 | 20121010 | 周昊璐 | 女 | 94 | 87 | 82 | 263 |
| 12 | 20121011 | 柴安琪 | 女 | 60 | 67 | 71 | 198 |
| 13 | 20121012 | 吕秀杰 | 男 | 81 | 83 | 87 | 251 |

图 4-87　"筛选"按钮

② 单击标题行字段右侧的下拉按钮，会弹出相应的下拉列表，在其中可对数据进行各种方式的自动筛选，例如，单击"英语"字段右侧的下拉按钮，然后选择"数字筛选"→"高于平均值"选项，如图 4-88 所示。

③ 将自动筛选出高于平均分的项目，如图 4-89 所示。

图 4-88　设置"筛选"方式

图 4-89　筛选结果

（2）使用自定义自动筛选

使用自动筛选方法筛选记录时，不能筛选出满足"或""与"条件的数据，如想筛选出"总分"成绩为 240～250 分的学生信息，可以使用自定义自动筛选。

操作步骤如下。

① 选中"总分"列。

② 选择"数据"选项卡，单击"排序和筛选"选项组中的"筛选"按钮，此时"总分"字段右侧显示出了下拉按钮，即为筛选器箭头，如图 4-90 所示。

③ 单击"总分"字段右侧的下拉按钮，然后选择"数字筛选"→"自定义筛选"选项，则显示出图 4-91 所示的对话框。

图 4-90　"自动筛选"下拉按钮

图 4-91　"自定义自动筛选方式"对话框

④ 在"自定义自动筛选方式"对话框中，依次输入筛选的条件（筛选出"总分"成绩为 240～250 分的学生信息）。

⑤ 单击"确定"按钮，使用"自定义自动筛选"功能筛选出来的数据如图 4-92 所示。

| | A | B | C | D | E | F | G |
|---|---|---|---|---|---|---|---|
| 1 | 学号 | 姓名 | 性别 | 语文 | 数学 | 英语 | 总分 |
| 2 | 20121001 | 毛莉 | 女 | 75 | 85 | 83 | 243 |
| 9 | 20121008 | 傅珊珊 | 女 | 88 | 80 | 75 | 243 |

图 4-92　自定义自动筛选的结果

如果不需要自动筛选的结果，而需要恢复原来的数据清单，可以选择"数据"选项卡，单击"排序和筛选"选项组中的"清除"按钮。如果要撤销对数据清单的筛选，再次选择"数据"选项卡，单击"排序和筛选"选项组中的"筛选"按钮，即可取消筛选操作。

**注意**　自动筛选可以对若干字段进行多次使用，以达到多级筛选的效果，即在前一字段的筛选结果基础上再对另一字段的筛选，如"语文"和"英语"都大于80分的筛选，也就是说能实现字段之间"与"关系的筛选，而不能实现字段之间"或"关系的筛选。

（3）使用高级筛选

高级筛选与先前的两种筛选方法相比更加灵活和实用，能实现复杂条件的筛选。高级筛选的条件由用户自己设置，这样提高了筛选的灵活度。例如，使用高级筛选筛选出成绩表中英语≥80分或数学≥80分的所有学生信息。

操作步骤如下。

① 在工作表的空白处输入筛选条件（条件区），如英语≥80分或数学≥80分，如图4-93所示（倘若条件处在同一行，则两者是一种"与"的关系）。

② 单击A1:G13单元格区域中的任一单元格，选择"数据"选项卡，单击"排序和筛选"选项组中的"高级"按钮，弹出图4-94所示的"高级筛选"对话框，进行相关设置。

图4-93　设置筛选条件　　　　　　　　图4-94　"高级筛选"对话框

③ 对筛选"方式"的确定，对话框中有两种选择，两者之间的区别在于是否将筛选结果显示在原有区域。这里选择"将筛选结果复制到其他位置"。选择数据区域为"$A$1:$G$13"，条件区域为"$A$15:$B$17"，将结果复制到"$A$19"单元格中，单击"确定"按钮，显示出图4-95所示的结果。

| | A | B | C | D | E | F | G |
|---|---|---|---|---|---|---|---|
| 19 | 学号 | 姓名 | 性别 | 语文 | 数学 | 英语 | 总分 |
| 20 | 20121001 | 毛莉 | 女 | 75 | 85 | 83 | 243 |
| 21 | 20121004 | 陆东兵 | 男 | 94 | 90 | 91 | 275 |
| 22 | 20121005 | 闻亚东 | 男 | 84 | 87 | 88 | 259 |
| 23 | 20121006 | 董吉武 | 男 | 72 | 68 | 85 | 225 |
| 24 | 20121008 | 傅珊珊 | 女 | 88 | 80 | 75 | 243 |
| 25 | 20121009 | 钟争秀 | 女 | 78 | 80 | 76 | 234 |
| 26 | 20121010 | 周昊璐 | 女 | 94 | 87 | 82 | 263 |
| 27 | 20121012 | 吕秀杰 | 男 | 81 | 83 | 87 | 251 |

图4-95　"高级筛选"的结果

**注意**　高级筛选的关键是条件的设置。第一行写条件的关键字，以下各行写条件值；同行中的条件为"与"关系，不同行中的条件为"或"关系。下面举例加以说明。

数学>80and英语>70or英语<85

数学>80or（英语>70and英语<85）

**2．操作步骤**

筛选出"采购数量">350 或"折扣">8%的商品

图 4-96　条件区域

（1）选择 Sheet1 工作表，将条件区域建立在 H24:I26 单元格区域中，如图 4-96 所示。

（2）选择 Sheet1 工作表中的 A10:F43 单元格区域。

（3）选择"数据"→"筛选"→"高级筛选"命令，打开"高级筛选"对话框。

（4）设置筛选参数如图 4-97 所示。

（5）单击"确定"按钮，生成图 4-98 所示的筛选结果。

图 4-97　"高级筛选"对话框

| 45 | 项目 | 采购数量 | 采购时间 | 单价 | 折扣 | 合计金额 |
|----|------|---------|----------|------|------|----------|
| 46 | 衣服 | 385 | 2020/4/30 | 120 | 10% | 41,580.00 |
| 47 | 裤子 | 360 | 2020/4/30 | 80 | 10% | 25,920.00 |
| 48 | 鞋子 | 315 | 2020/4/30 | 150 | 10% | 42,525.00 |
| 49 | 鞋子 | 340 | 2020/5/15 | 150 | 10% | 45,900.00 |
| 50 | 裤子 | 450 | 2020/6/24 | 80 | 10% | 32,400.00 |
| 51 | 衣服 | 320 | 2020/7/10 | 120 | 10% | 34,560.00 |
| 52 | 裤子 | 400 | 2020/7/10 | 80 | 10% | 28,800.00 |
| 53 | 衣服 | 385 | 2020/8/19 | 120 | 10% | 41,580.00 |
| 54 | 衣服 | 360 | 2020/9/27 | 120 | 10% | 38,880.00 |
| 55 | 裤子 | 325 | 2020/9/27 | 80 | 10% | 23,400.00 |
| 56 | 衣服 | 395 | 2020/11/4 | 120 | 10% | 42,660.00 |

图 4-98　高级筛选结果

### 4.5.4　图表

为了更形象地表示表格的数据效果，用户可以将当前创建好的工作表生成为图表，Excel 2016 中内置了多种样式的图表，用户可以根据需要生成具有某种样式的图表。图表具有较好的视觉效果，可方便用户查看数据间的差异、图案和预测趋势。

**1．基础知识**

（1）创建图表

① 使用"F11"键创建图表

例如，将表格中的数据直接转换成图表，用户不必分析"学生成绩表"（见图 4-99）中的多个数据列，直接查看学生成绩图表（见图 4-100）即可知道学生各门成绩的高低，能直观地看到每个学生 3 科成绩的情况，能很方便地进行比较。

选中数据所在的单元格区域（B1,D1:F13），按"F11"键即可生成图表。

| | A | B | C | D | E | F | G |
|---|------|------|------|------|------|------|------|
| 1 | 学号 | 姓名 | 性别 | 语文 | 数学 | 英语 | 总分 |
| 2 | 20121001 | 毛莉 | 女 | 75 | 85 | 80 | 240 |
| 3 | 20121002 | 杨青 | 男 | 68 | 75 | 64 | 207 |
| 4 | 20121003 | 陈小鹰 | 男 | 58 | 69 | 75 | 202 |
| 5 | 20121004 | 陆东兵 | 男 | 94 | 90 | 91 | 275 |
| 6 | 20121005 | 闻亚东 | 男 | 84 | 87 | 88 | 259 |
| 7 | 20121006 | 曹吉武 | 男 | 72 | 68 | 85 | 225 |
| 8 | 20121007 | 彭晓玲 | 女 | 85 | 71 | 76 | 232 |
| 9 | 20121008 | 傅珊珊 | 女 | 88 | 80 | 75 | 243 |
| 10 | 20121009 | 钟争秀 | 女 | 78 | 80 | 76 | 234 |
| 11 | 20121010 | 周旻璐 | 女 | 94 | 87 | 82 | 263 |
| 12 | 20121011 | 柴安琪 | 女 | 60 | 67 | 71 | 198 |
| 13 | 20121012 | 吕秀杰 | 男 | 81 | 83 | 87 | 251 |

图 4-99　学生成绩表

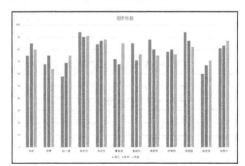

图 4-100　学生成绩图表

Excel 2016 支持广泛的图表类型选择。把数据绘制到哪类图表中由用户的数据和想要表述的目的决定。下面介绍 6 种图表类型。

● 柱形图：用于显示一段时间内的数据变化或说明项目之间的比较结果，通过水平组织分类、垂直组织值可以强调说明一段时间内的变化情况。

● 条形图：显示了各个项目之间的比较情况，纵轴表示分类，横轴表示值，它主要强调各个值之间的比较而并不太关心时间。

● 折线图：显示了相同间隔内数据的预测趋势。

● 面积图：强调了随时间的变化幅度，由于也显示了绘制值的总和，因此面积图也可以显示部分相对于整体的关系。

● 饼形图：显示了构成数据系列的项目相对于项目总和的比例大小，饼形图总是只显示一个数据序列；当用户希望强调某个重要元素时，饼形图很有用。

● XY 散点图：XY 散点图中的点一般不连，每一点都代表了两个变量的数值，用来分析两个变量之间是否相关。

除了前面介绍的 6 种图表类型外，Excel 2016 中还有股价图、曲面图、雷达图、树状图等，用于较复杂数据系列的处理。当需要增强图表的视觉效果时，用户还可以使用相应的三维图表，如三维饼图、三维折线图、三维条形图及三维柱形图等。

② 用图表工具创建图表

选择数据单元格区域，或者选择其中一个单元格。然后选择"插入"选项卡，在"图表"选项组中单击相应的图表类型下拉按钮，在弹出的下拉列表中选择需要的图表样式即可，例如，选择"柱形图"中的"二维簇状柱形图"图表样式，如图 4-101 所示。创建的图表效果如图 4-102 所示。

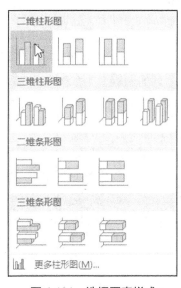

图 4-101　选择图表样式

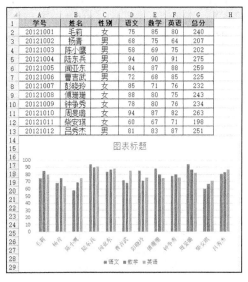

图 4-102　图表创建效果

③ 使用"插入图表"对话框创建图表

选择数据单元格区域，或者选择其中的一个单元格。单击"图表"选项组右侧的"对话框启动器"按钮，打开"插入图表"对话框，如图 4-103 所示。在对话框中选择"所有图表"选项卡，选择要插入的图表样式，然后单击"确定"按钮即可，如图 4-104 所示。

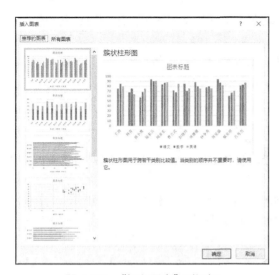

图 4-103　"插入图表"对话框　　　　　　　　　图 4-104　选择图表样式

（2）编辑图表

在对图表加以修饰前，首先要选择图表。如果是嵌入式图表，则单击图表；如果是图表工作表（独立的图表），则单击此工作表的标签。

① 设置图表区格式

右击图表空白区域，在弹出的快捷菜单中选择"设置图表区域格式"命令，在右侧打开"设置图表区格式"窗格，如图 4-105 所示。

例如，在"设置图表区格式"窗格中选择"填充"选项卡，在"填充"下拉列表中选择"渐变填充"单选按钮，然

图 4-105　"设置图表区格式"窗格

后在"类型"中选择"矩形"类型，如图 4-106 所示，得到的图表效果如图 4-107 所示。

图 4-106　选择"渐变填充"单选按钮

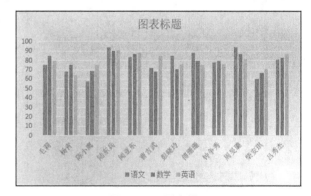

图 4-107　图表效果

② 设置绘图区格式

在右侧打开的"设置图表区格式"窗格中，单击"图表选项"右侧的下拉按钮，在弹出的下拉列表中选择"绘图区"选项，如图 4-108 所示。可以切换到"设置绘图区格式"窗格，如图 4-109 所示。

图 4-108　选择"绘图区"选项

图 4-109　"设置绘图区格式"窗格

在"设置绘图区格式"窗格中的"填充""效果"操作与"设置图表区格式"中的相似，此处不再赘述。

③ 设置图例格式

使用同上的操作方法，在弹出的下拉列表中选择"图例"选项，可以将右侧打开的窗格切换为"设置图例格式"，如图 4-110 所示。在此窗格中，前两项的功能与前面介绍的相似，只是增加了一个"图例"选项，如图 4-111 所示。

图 4-110　选择"图例"选项

图 4-111　图例设置

④ 设置坐标轴格式

使用同上的操作方法，在弹出的下拉列表中选择"垂直轴"或"水平轴"选项，将右侧打开的窗格切换为"设置坐标轴格式"。在此窗格中可设置坐标轴的位置、数字、填充、刻度等，如图 4-112 所示。

⑤ 设置数据系列格式

使用同上的操作方法，在弹出的下拉列表中选择"系列"值，将右侧打开的窗格切换为"设置数据系列格式"。在此窗格中可设置数据系列的填充、效果、系列选项等，如图 4-113 所示。

图 4-112　"设置坐标轴格式"窗格

图 4-113　"设置数据系列格式"窗格

### 2．操作步骤

根据统计表创建一个各类商品采购总量的柱形图。

（1）选择 Sheet1 工作表中的 I11:J14 单元格区域。

（2）选择"插入"→"图表"命令，打开"图表向导"对话框。选择图表类型为"簇状柱形图"，系列产生在"列"上。

（3）设置图表标题为"各类商品总采购量"，$x$ 轴标题为"项目"，在柱形图上显示数据的"值"，取消图中的所有网格线，图表的背景色为浅绿色。

（4）调整好图表格式后，将图放在 H28:M40 单元格区域中，如图 4-114 所示。

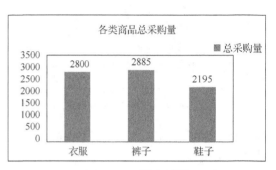

图 4-114　图表效果

## 4.5.5　数据透视表和数据透视图

所谓数据透视表，是指通过随意组织的数据库清单，是"分类汇总"的延伸，一般的分类汇总只能针对一个字段进行分类汇总。而数据透视表可以根据多个字段进行分类汇总，生成适应各种用途的分类汇总表格，并且汇总前不用预先排序。而数据透视图以图形的形式显示数据透视表中的数据。

### 1．基础知识

（1）创建数据透视表

根据图 4-115 所示的数据清单创建数据透视表。

要创建数据透视表，首先要选择相应的单元格区域，然后选择"插入"选项卡下的"表格"选项组，单击"数据透视表"按钮，在打开的"创建数据透视表"对话框中进行相应的设置即可，如图 4-116 所示。

| | A | B | C | D | E | F | G |
|---|---|---|---|---|---|---|---|
| 1 | 学号 | 姓名 | 性别 | 语文 | 数学 | 英语 | 总分 |
| 2 | 20121001 | 毛莉 | 女 | 75 | 85 | 80 | 240 |
| 3 | 20121002 | 杨青 | 男 | 68 | 75 | 64 | 207 |
| 4 | 20121003 | 陈小鹰 | 男 | 58 | 69 | 75 | 202 |
| 5 | 20121004 | 陆东兵 | 男 | 94 | 90 | 91 | 275 |
| 6 | 20121005 | 闻亚东 | 男 | 84 | 87 | 88 | 259 |
| 7 | 20121006 | 曹吉武 | 男 | 72 | 68 | 85 | 225 |
| 8 | 20121007 | 彭晓玲 | 女 | 85 | 71 | 76 | 232 |
| 9 | 20121008 | 傅珊珊 | 女 | 88 | 80 | 75 | 243 |
| 10 | 20121009 | 钟争秀 | 女 | 78 | 80 | 76 | 234 |
| 11 | 20121010 | 周昊璐 | 女 | 94 | 87 | 82 | 263 |
| 12 | 20121011 | 柴安琪 | 女 | 60 | 67 | 71 | 198 |
| 13 | 20121012 | 吕秀杰 | 男 | 81 | 83 | 87 | 251 |

图 4-115　数据清单

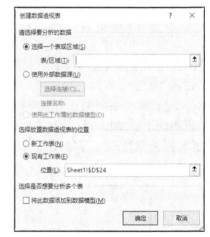

图 4-116　"创建数据透视表"对话框

例如，在"创建数据透视表"对话框中选择"新工作表"单选按钮，即可将数据透视表创建到新的工作表中，然后在"数据透视表字段"窗格中选择要添加到报表的字段，如图 4-117所示。

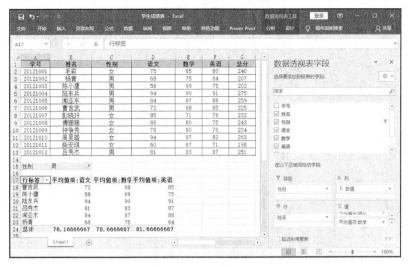

图 4-117　创建数据透视表结果

（2）创建数据透视图

选择包含数据的单元格区域，然后选择"插入"选项卡，单击"图表"选项组中的"数据透视图"下拉按钮，在弹出的下拉列表中选择"数据透视图"选项，然后在打开的对话框中进行设置，如图 4-118 所示。

例如，在"创建数据透视图"对话框中选择"新工作表"单选按钮，即可将数据透视图创建到新的工作表中，然后在"数据透视图字段"窗格中选择要添加到报表的字段，如图 4-119所示。

图 4-118　"创建数据透视图"对话框

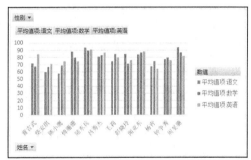

图 4-119　创建数据透视图结果

### 2. 操作步骤

根据"采购表"新建一个数据透视图 Chart1。

要求：该图形显示每个采购时间点所采购的所有项目数量汇总情况；将 X 坐标设置为"采购时间"；求和项设置为"采购数量"；将对应的数据透视表保存在 Sheet3 工作表中。

（1）选择 Sheet1 工作表中的 A10:F43 单元格区域。

（2）选择"插入"→"图表"→"数据透视表"命令，打开"数据透视表"对话框。在对话框中选择"新工作表"单选按钮，即可将数据透视图创建到新的工作表中。

（3）将"采购时间"字段拖至"行"上，"项目"字段拖至"列"上，"采购数量"字段拖至"数据"中进行求和，单击"确定"按钮，调整好数据透视图的位置，效果如图 4-120所示。

图 4-120　创建数据透视图

## 课后习题

以下选择题皆为单选题。

1. 启动 Excel 2016 时，会自动产生一个名为"Book1"的工作簿，其含有（　　）张工作表。

    A. 1　　　　　　　　B. 3　　　　　　　　C. 8　　　　　　　　D. 10

2. 一个 Excel 工作簿最多可以包含（　　）个工作表。

    A. 10　　　　　　　B. 64　　　　　　　C. 128　　　　　　　D. 255

3. Excel 工作簿的最小组成单位是（　　）。

    A. 工作表　　　　　B. 单元格　　　　　C. 字符　　　　　　D. 标签

4. 在 Excel 工作表中，活动单元格只能是（　　）。

    A. 选定的一行　　　B. 选定的一列　　　C. 一个　　　　　　D. 选定的整个区域

5. 把单元格定位到 Y100 的最简单的方法是（　　）。

    A. 拖动滚动条

    B. 先按"Ctrl+→"组合键移到 Y 列，再按"Ctrl+↓"组合键移到 100 行

    C. 按"Ctrl+Y100"组合键

    D. 在名称框中输入"Y100"后按"Enter"键

6. 在 Excel 2016 中，每张工作表最多能有（　　）个单元格。

    A. 128×128　　　　B. 256×256　　　　C. 65 536×256　　　D. 220×214

7. 在 Excel 2016 中，单击列标可以（　　）。

    A. 自动调整列宽为最适合的列宽　　　　B. 隐藏列

    C. 锁定列　　　　　　　　　　　　　　D. 选中列

8. 保存 Excel 文件时，默认的文件类型是（　　）。

    A. .doc　　　　　　B. .txt　　　　　　C. .ppt　　　　　　D. .xlsx

9. 在 Excel 2016 的编辑状态下，打开文档 ABC，修改后另存为 CBA，则文档 ABC（　　）。

  A. 被文档 CBA 覆盖      B. 未修改被关闭

  C. 被修改并关闭       D. 被修改未关闭

10. 关于 Excel 2016 窗口的管理，下列（　　）描述是正确的。

  A. 只能进行水平拆分和水平冻结

  B. 只能进行垂直拆分和垂直冻结

  C. 不能进行水平、垂直的同时拆分与冻结

  D. 可以进行水平、垂直同时拆分，还可以水平、垂直同时冻结

11. 按（　　）组合键可退出 Excel 2016。

  A. Alt+F4    B. Alt+F5    C. Ctrl+F4    D. Ctrl+F5

12. 当打开一个工作簿时，显示在当前屏幕上的工作表为激活工作表。若要激活当前工作表的后一张工作表，可按（　　）组合键来实现。

  A. Ctrl+Home   B. Ctrl+End   C. Ctrl+Page Up  D. Ctrl+Page Down

13. Excel 2016 中提供的工作表默认都以"Sheet?"来命名，重新命名工作表的正确操作是（　　）输入名称，单击"确定"按钮。

  A. 选择"插入"→"名称"→"指定"命令，在弹出的对话框中

  B. 选择"插入"→"名称"→"定义"命令，在弹出的对话框中

  C. 双击选中的工作表标签，在"工作表"文本框中

  D. 单击选中的工作表标签，在"重新命名工作表"对话框中

14. 要在已打开的工作簿中复制一张工作表的正确操作是单击被复制的工作表标签，（　　）。

  A. 选择"编辑"→"复制"→"选择性粘贴"命令，在弹出的对话框中选定粘贴内容后单击"确定"按钮

  B. 选择"编辑"→"移动或复制工作表"命令，在弹出的对话框中选定复制位置后，勾选"建立副本"复选框，再单击"确定"按钮

  C. 选择"编辑"→"移动或复制工作表"命令，在弹出的对话框中选定复制位置后，再单击"确定"按钮

  D. 选择"编辑"→"复制"→"粘贴"命令

15. 工作表经过保护后（　　）。

  A. 任何人也不可以修改    B. 只有知道密码才可以修改

  C. 系统管理员可以修改    D. 工作表被隐藏

16. 在 Excel 2016 中，如果需要选择几个不连续区域，只需在选择不同区域同时按住（　　）键即可。

  A. Shift    B. Alt    C. Ctrl    D. Tab

17. 若要选定 A1:C5 和 D3:E5 单元格区域，应（　　）。

  A. 按住鼠标左键从 A1 拖动到 C5，然后按住鼠标左键从 D3 拖动到 E5

  B. 按住鼠标左键从 A1 拖动到 C5，然后按住"Ctrl"键和鼠标左键从 D3 拖动到 E5

  C. 按住鼠标左键从 A1 拖动到 C5，然后按住"Shift"键和鼠标左键从 D3 拖动到 E5

  D. 按住鼠标左键从 A1 拖动到 C5，然后按住"Tab"键和鼠标左键从 D3 拖动到 E5

18. 将 A3:E3 单元格区域中的内容移到 A12:E12 单元格区域中的操作步骤是（　　）。

    A. 选定 A12:E12 单元格区域，右击，在弹出的快捷菜单中选择"剪切"命令；选定
       A3:E3 单元格区域，右击，在弹出的快捷菜单中选择"复制"命令

    B. 选定 A3:E3 单元格区域，右击，在弹出的快捷菜单中选择"剪切"命令；选定
       A12:E12 单元格区域，右击，在弹出的快捷菜单中选择"粘贴"命令

    C. 选定 A12:E12 单元格区域，右击，在弹出的快捷菜单中选择"剪切"命令；选定
       A3:E3 单元格区域，右击，在弹出的快捷菜单中选择"粘贴"命令

    D. 选定 A3:E3 单元格区域，右击，在弹出的快捷菜单中选择"剪切"命令；选定
       A12:E12 单元区域，右击，在弹出的快捷菜单中选择"复制"命令

19. 在 Excel 2016 中，选定某单元格，选择"编辑"→"删除"命令后，（　　　）是不可能。

    A. 删除该行　　　　B. 右侧单元格左移　C. 删除该列　　　　D. 左侧单元格右移

20. 在 Excel 2016 中，选择"编辑"→"清除"命令，不能实现（　　　）。

    A. 清除单元格数据的格式　　　　　　　B. 清除单元格中的批注
    C. 清除单元格中的数据　　　　　　　　D. 移除单元格

21. 下列关于行高的操作中，错误的叙述是（　　　）。

    A. 行高是可以调整的
    B. 选择"编辑"→"行"→"行高"命令可以改变行高
    C. 选择"编辑"→"单元格"命令可以改变行高
    D. 使用鼠标指针可以改变行高

22. 在单元格中输入数字字符串 330029（邮政编码）时，应输入（　　　）。

    A. 330029　　　　B. 330029"　　　　C. '330029　　　　D. 330029'

23. 在单元格中输入（　　　）后，该单元格显示 0.3。

    A. 6/20　　　　B. =6/20　　　　C. "6/20"　　　　D. ="6/20"

24. Excel 2016 单元格中的数值型数据的默认对齐方式是（　　　）。

    A. 右对齐　　　　B. 左对齐　　　　C. 居中　　　　D. 说不清楚

25. 在 Excel 2016 中，输入当前系统时间可按（　　　）组合键来实现。

    A. Ctrl+;　　　　B. Shift+;　　　　C. Ctrl+Alt+;　　　　D. Ctrl+Shift+;

26. 在表格的单元格中出现一连串的"####"符号，则表示（　　　）。

    A. 使用错误的参数　　　　　　　　　　B. 需调整单元格的宽度
    C. 公式中无可用数值　　　　　　　　　D. 单元格引用无效

27. 在 Excel 2016 中选择了部分单元格后，在当前单元格内输入"英语"后，按（　　　）组合键，可实现在选中的单元格内都显示"英语"。

    A. Alt+Enter　　　　B. Esc+Enter　　　　C. Ctrl+Enter　　　　D. Shift+Enter

28. 在 Excel 工作表中输入数据时，如果需要在单元格中手动换行，应按（　　　）组合键。

    A. Alt+Enter　　　　B. Ctrl+Enter　　　　C. Shift+Enter　　　　D. Ctrl+Shift+Enter

29. 在 Excel 2016 中，利用数据的自动填充功能可以自动快速输入（　　　）。

    A. 任意文本数据　　　　　　　　　　　B. 公式和函数
    C. 任意数字数据　　　　　　　　　　　D. 具有某种内在规律的数据

30. 在 Excel 工作表中，设 A1 单元格的值为 10，B1 单元格的值为 9.5，选中 A1:B1 单元格区域，用鼠标指针拖动该区域的填充柄至 E1 单元格，则 E1 单元格的值为（　　　）。

    A. 9　　　　B. 8.5　　　　C. 8　　　　D. 7.5

31. Excel 2016 提供了大量的数据格式，并将它们分成了常规、数值、货币、特殊、自定义等。如果不进行设置，输入数据时使用默认（　　　）单元格格式。

  A. 数值　　　　　　　B. 货币　　　　　　　C. 自定义　　　　　　D. 常规

32. 设定数字显示格式的作用是：设定数字显示格式后，（　　　）格式显示。

  A. 整个工作簿在显示数字时将会依照所设定的统一

  B. 整个工作表在显示数字时将会依照所设定的统一

  C. 在被设定显示格式的单元格区域外的单元格在显示数字时将会依照所设定的统一

  D. 在被设定了显示格式的单元格区域内的数字在显示时将会依照该单元格所设定的

33. 设置单元格中数据居中对齐方式的简便操作方法是（　　　）。

  A. 单击格式工具栏中的"跨列居中"按钮

  B. 选定单元格区域，单击格式工具栏中的"跨列居中"按钮

  C. 选定单元格区域，单击格式工具栏中的"居中"按钮

  D. 单击格式工具栏中的"居中"按钮

34. 在 Excel 2016 中，"DATE" & "TIME" 的结果是（　　　）。

  A. "DATETIME"　　　　　　　　　　　　B. "DATE&TIME"

  C. 逻辑值"真"　　　　　　　　　　　　D. 逻辑值"假"

35. 在 Excel 2016 中，对单元格地址绝对引用的方法是（　　　）。

  A. 在构成单元格地址的字母和数字之间加符号"$"

  B. 在构成单元格地址的字母和数字之前分别加符号"$"

  C. 在单元格地址后面加符号"$"

  D. 在单元格地址前面加符号"$"

36. 在下列 Excel 的单元格地址中，（　　　）为混合地址。

  A. C7　　　　　　　B. $B$3　　　　　　C. F$8　　　　　　D. A1

37. 某区域由 A1、A2、A3、B1、B2、B3 6 个单元格组成，下列不能表示该单元格区域的是（　　　）。

  A. A1:B3　　　　　　B. A3:B1　　　　　　C. B3:A1　　　　　　D. A1:B1

38. 在 Excel 2016 中，下列（　　　）表示 Sheet5 工作表中的 A2:H8 单元格区域。

  A. Sheet5%A2:H8　　　　　　　　　　　B. Sheet5$A2:H8

  C. Sheet5!A2:H8　　　　　　　　　　　D. Sheet5@A2:H8

39. 在 Excel 2016 中，公式必须以（　　　）开头。

  A. 文字　　　　　　B. 字母　　　　　　C. 数字　　　　　　D. =

40. 选定一个单元格后，可以在单元格或编辑栏中输入公式，单元格和编辑栏中都将显示出公式的内容，输入公式完成后按"Enter"键或单击编辑栏上的（　　　）按钮，公式的计算结果显示在该单元格内。

  A. √　　　　　　　B. =　　　　　　　C. ×　　　　　　　D. %

41. 在 Excel 操作中，假设 A1、B1、C1、D1 单元格中分别为 2、3、7、3，则 SUM(A1:C1)/D1 的值为（　　　）。

  A. 15　　　　　　　B. 18　　　　　　　C. 3　　　　　　　D. 4

42. 在 Excel 工作表中，若 A1 单元格为"20"，B1 单元格为"40"，A2 为"15"，B2 单元格为"30"，在 C1 单元格中输入公式"=A1+B1"，将公式从 C1 单元格中复制到 C2 单元格，再将公式复制到 D2 单元格，则 D2 单元格的值为（　　　）。

　　A. 35　　　　　　　B. 45　　　　　　　C. 75　　　　　　　D. 90

43. Excel 2016 中有多个常用的简单函数，其中函数 AVERAGE()的功能是（　　　）。

　　A. 求区域内数据的个数　　　　　　　　B. 求区域内所有数字的平均值

　　C. 求区域内数字的和　　　　　　　　　D. 返回函数的最大值

44. INT(6.8)=（　　　）。

　　A. 6　　　　　　　　B. 6.8　　　　　　　C. 7　　　　　　　D. 6 和 8

45. 函数 IF(3*4>=12,0,1)返回的结果是（　　　）。

　　A. 1　　　　　　　　B. 0　　　　　　　　C. True　　　　　　D. False

46. 在 Excel 2016 的"排序"对话框中，在"当前数据清单"框中选择"有标题行"选项时，该标题行（　　　）。

　　A. 将参加排序　　　　　　　　　　　　B. 将不参加排序

　　C. 位置总在第一行　　　　　　　　　　D. 位置总在最后一行

47. 高级筛选的条件区域在（　　　）。

　　A. 数据表的前几行　　　　　　　　　　B. 数据表的后几行

　　C. 数据表中间的某单元格　　　　　　　D. 数据表的前几行或后几行

48. 对工作表建立柱形图表，若删除图表中某数据系列柱形图，（　　　）。

　　A. 则数据表中相应的数据消失

　　B. 则数据表中相应的数据不变

　　C. 若事先选定了与被删柱形图相应的数据区域，则该区域数据消失，否则保持不变

　　D. 若事先选定了与被删柱形图相应的数据区域，则该区域数据不变，否则消失

49. 以下 4 个计数函数，返回数值单元格的是（　　　）。

　　A. CountBlank()　　B. CountA()　　　　C. CountIf()　　　　D. Count()

50. 函数 ROUND(39.35,1)的结果为（　　　）。

　　A. 39　　　　　　　B. 40　　　　　　　C. 39.4　　　　　　D. 39.3

# 第 5 章　演示文稿软件 PowerPoint 2016

## 本章思维导图

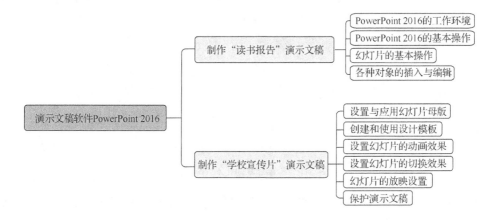

## 本章导学

PowerPoint 2016 是 Office 2016 套装软件中的演示文稿软件。PowerPoint 可以用文字、图形、色彩及动画等方式，将用户需要表达的内容直观、形象地展示给观众。

## 学习目标

- 了解 PowerPoint 2016 的基本界面和基本操作。
- 理解演示文稿、幻灯片、模板、母版等基本概念。
- 熟练掌握 PowerPoint 2016 幻灯片的编辑和美化方法。
- 熟练掌握 PowerPoint 2016 中动画效果、超链接、动作按钮的设置与操作。
- 熟练掌握 PowerPoint 2016 演示文稿的放映设置。

## 5.1　制作"读书报告"演示文稿

### 5.1.1　PowerPoint 2016 的工作环境

#### 1. PowerPoint 2016 的窗口介绍

启动 PowerPoint 2016 后即打开 PowerPoint 2016 窗口，如图 5-1 所示。PowerPoint 2016 窗口与 Word 2016 和 Excel 2016 窗口的布局和界面相似，有标题栏、快速访问工具栏、选项卡、功能区、编辑区、导航窗格、备注窗格、视图控制区、状态栏等。

图 5-1　PowerPoint 2016 窗口

（1）标题栏：显示当前演示文稿的名称及应用程序名称，同时可以实现窗口的最大化（或还原）、最小化及关闭操作。

（2）快速访问工具栏：为了方便操作，快速访问工具栏中提供了最常用的命令按钮，如"保存""撤销""恢复"，如需自定义其他按钮，可单击快速访问工具栏右侧的"自定义快速访问工具栏"下拉按钮，在弹出的下拉列表中选择所需选项，将其添加到快速访问工具栏中。

（3）选项卡：每个选项卡都存放着分好类的功能命令，可以通过单击选项卡显示功能命令。

（4）功能区：PowerPoint 2016 的基本操作都是由功能区中的命令完成的。

（5）编辑区：用于输入和编辑所选幻灯片的对象区域。

（6）导航窗格：用于显示幻灯片的缩略图，对演示文稿中的幻灯片进行查看和编辑。

（7）备注窗格：主要用来添加或编辑幻灯片的注释文本。

（8）视图控制区：用于快速切换视图的区域，4 个视图分别是普通视图、幻灯片浏览视图、阅读视图、幻灯片放映视图；拖动右侧的"显示比例"滑块，可以改变文档的显示比例。

（9）状态栏：显示正在编辑的演示文稿的相关信息。

### 2. PowerPoint 2016 的视图方式

PowerPoint 2016 提供了 7 种常用的视图，分别是普通视图、大纲视图、幻灯片浏览视图、备注页视图、阅读视图、幻灯片放映视图和母版视图。可分别单击"视图控制区"中的视图切换按钮 □ 88 ▥ 〒，依次进入普通视图、幻灯片浏览视图、阅读视图和幻灯片放映视图。另外，单击"视图"选项卡，在"演示文稿视图"选项组中可进入大纲视图、备注页视图；在"母版视图"选项组中可进入母版视图，母版视图又包含"幻灯片母版""讲义母版""备注母版"3 种视图方式。下面介绍其中常用的几种视图。

（1）普通视图

普通视图是默认的编辑视图。单击"视图控制区"中的 ▣ 按钮或"视图"选项卡下"演示文稿视图"选项组中的"普通"按钮▦，可切换至普通视图。在普通视图下，窗口可分为导航窗格、幻灯片窗格和备注窗格 3 部分，拖动窗格边框可调整各个窗格的大小。普通视图界面如图 5-2 所示。

图 5-2　普通视图

① 导航窗格

在导航窗格中，演示文稿中的幻灯片是用缩略图的形式显示的，使用缩略图能方便地遍历演示文稿，并能观看任何设计更改的效果。另外，还可以轻松地重新排列、添加、复制或删除幻灯片。

② 幻灯片窗格

在幻灯片窗格中，用户可以逐张编辑幻灯片，如添加文本、剪贴画、图形图像、声音和影片等对象，为幻灯片中的对象创建超链接、动作和设置动画等，细致地设置和修饰演示文稿，也可以格式化幻灯片。

③ 备注窗格

在备注窗格中，用户可添加与观众共享的演说者备注或信息，以便在观众面前进行幻灯片演讲时参考。

（2）大纲视图

大纲视图是以大纲形式显示幻灯片文本的，主要用于撰写幻灯片的内容。单击"视图"选项卡下"演示文稿视图"选项组中的"大纲视图"按钮▦，可切换至大纲视图。在大纲视图下，导航窗格中仅显示幻灯片中的文本内容，其他对象不显示，如图形、图像、表格和艺术字等。大纲视图界面如图 5-3 所示。

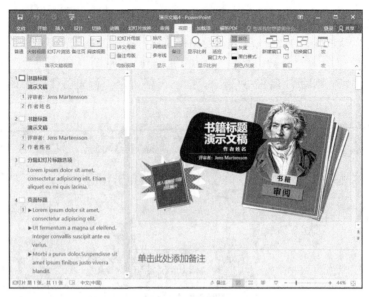

图 5-3　大纲视图

（3）幻灯片浏览视图

幻灯片浏览视图是以缩略图的形式显示幻灯片的。单击"视图控制区"中的 按钮或"视图"选项卡下"演示文稿视图"选项组中的"幻灯片浏览"按钮，可切换至幻灯片浏览视图。幻灯片浏览视图界面如图 5-4 所示。

在幻灯片浏览视图中，用户可以在屏幕中同时看到演示文稿中的多张幻灯片，这些幻灯片以缩略图方式整齐地显示在同一窗格中。在该视图中可以看到改变幻灯片的背景设计、配色方案或更换模板后的整体变化效果，可以检查各个幻灯片是否前后协调、图标的位置是否合适等，也可以很方便地浏览整个演示文稿或随意地添加、删除或移动幻灯片。通过此视图，用户在创建演示文稿以及准备打印演示文稿时，可以轻松地对演示文稿的顺序进行排列和组织。

图 5-4　幻灯片浏览视图

（4）备注页视图

备注页视图是以整页的形式查看和使用备注的。单击"视图"选项卡下"演示文稿视图"选项组中的"备注页"按钮，可切换至备注页视图。备注页视图界面如图 5-5 所示。

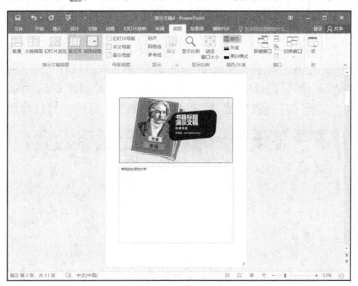

图 5-5　备注页视图

在备注页视图中，用户可以输入和查看演讲者所需要的备注内容，以便在演讲中使用，也可以打印一份备注页作为参考。在普通视图下，用户在备注窗格中只能添加文本内容，而在备注页视图中，用户可在备注页中插入图片。

（5）阅读视图

阅读视图是以阅读书籍的形式显示幻灯片内容的。单击"视图控制区"中的按钮或"视图"选项卡下"演示文稿视图"选项组中的"阅读视图"按钮，可切换至阅读视图。如果需要退出阅读视图，则按"Esc"键即可。阅读视图界面如图 5-6 所示。

图 5-6　阅读视图

（6）母版视图

母版用于设置演示文稿中每张幻灯片的预设格式，用户可以对母版的格式及背景进行设置，并快速应用到一系列幻灯片中。PowerPoint 2016 提供的母版有 3 种类型，分别是幻灯片母版、讲义母版和备注母版。

① 幻灯片母版

每个演示文稿至少包含一个幻灯片母版。使用和修改幻灯片母版的主要优点是用户可以对演示文稿中的每张幻灯片（包括以后添加到演示文稿中的幻灯片）进行统一的样式更改。无论插入何种版式的幻灯片，都会应用相同的效果设置。若要退出幻灯片母版视图，单击"讲义母版"选项卡下"关闭"选项组中的"关闭母版视图"即可。幻灯片母版如图 5-7 所示。

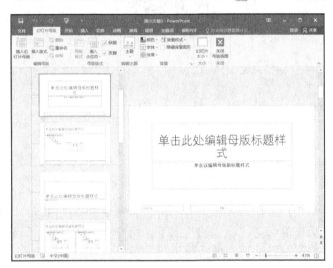

图 5-7　幻灯片母版

② 讲义母版

讲义母版用于设置讲义的打印格式。运用讲义母版，可以将多张幻灯片放在一页中打印。在"讲义母版"选项卡下的"页面设置"选项组中单击"讲义方向"按钮，可以设置讲义的方向。讲义母版如图 5-8 所示。

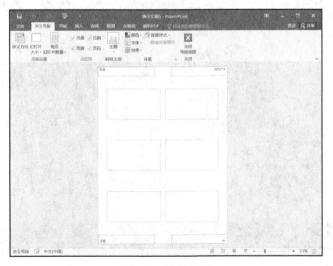

图 5-8　讲义母版

③ 备注母版

备注母版可以设置演示文稿与备注一起打印时的外观。备注母版如图 5-9 所示。

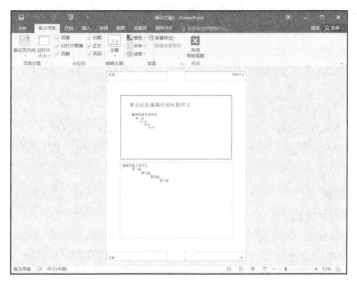

图 5-9 备注母版

PowerPoint 2016 有多个"视图"，用户使用何种视图方式查看演示文稿，具体取决于手边的任务，如表 5-1 所示。

表 5-1 PowerPoint 2016 的视图

| 执行的操作 | 使用的视图方式 |
| --- | --- |
| 设计和编辑单个幻灯片 | 普通视图 |
| 在一个屏幕上查看所有幻灯片，并重新排列它们 | 幻灯片浏览视图 |
| 全屏查看演示文稿 | 幻灯片放映视图 |
| 使用演讲者备注向观众演示，只有你可以看到备注内容 | 演讲者视图 |
| 处理基本大纲 | 大纲视图 |
| 查看使用备注母版打印演示文稿时的外观 | 备注页视图 |
| 以体验的方式观看幻灯片放映 | 阅读视图 |
| 自定义演示文稿的整体外观——字体、颜色、背景图像 | 幻灯片母版视图 |
| 自定义演示文稿作为讲义时的打印外观 | 讲义母版视图 |
| 自定义演示文稿与备注一起打印时的外观 | 备注母版视图 |

## 5.1.2 PowerPoint 2016 的基本操作

### 1. PowerPoint 2016 的启动与退出

（1）PowerPoint 2016 的启动

PowerPoint 2016 的启动一般有以下 3 种方法。

方法一：双击桌面上的 PowerPoint 2016 应用程序图标。

方法二：选择"开始"菜单，找到 PowerPoint 2016 图标并单击。

方法三：双击 PowerPoint 2016 演示文稿也可以启动 PowerPoint 2016 应用程序，并可以打开指定的文档。

另外，也可在"开始"菜单右侧的"搜索框"中输入"PowerPoint"，在搜索到的结果中单击"PowerPoint 2016"启动。

（2）PowerPoint 2016 的退出

PowerPoint 2016 的退出是指关闭当前打开的演示文稿，并退出 PowerPoint 2016 窗口。方法有以下几种。

方法一：选择"文件"→"关闭"命令。

方法二：单击 PowerPoint 2016 窗口标题栏右侧的"关闭"按钮。

方法三：双击 PowerPoint 2016 窗口快速访问工具栏最左侧，即可退出 PowerPoint 2016 窗口。

### 2. 新建演示文稿

（1）创建空白演示文稿

用 PowerPoint 2016 制作的文件称为"演示文稿"，其文件扩展名为".pptx"。启动 PowerPoint 2016 后，默认会新建一个空演示文稿，如果希望再创建一个空演示文稿，则选择"文件"→"新建"命令打开"新建演示文稿"窗格，如图 5-10 所示。

创建空白演示文稿的操作步骤如下。

① 启动 PowerPoint 2016 后，在"新建演示文稿"窗格中选择"空白演示文稿"，即可创建一个空白的演示文稿。

② 在"开始"选项卡下的"幻灯片"选项组中单击"新建幻灯片"按钮，在展开的库中选择需要的幻灯片版式，单击或者按"Enter"键可插入一张幻灯片，如图 5-11 所示。

③ 选择导航窗格中的一张幻灯片后按"Enter"键，可以快速插入一张相同版式的幻灯片，但标题幻灯片除外。

图 5-10 "新建演示文稿"窗格

图 5-11 "幻灯片版式"库

（2）根据"模板或主题"创建

主题是一组预定义的颜色、字体和视觉效果，可应用于幻灯片以实现统一专业的外观。通过使用主题，用户可以轻松赋予演示文稿协调的外观。例如将图形（表格、形状等）添加到幻灯片中时，PowerPoint 2016 将应用与其他幻灯片元素兼容的主题颜色。

　　模板具有可以协同工作的设计元素（颜色、字体、背景、效果）和样本内容，用户可以创建、存储、重复使用以及与他人共享自己的自定义模板。

　　根据"模板或主题"创建演示文稿的操作步骤如下。

　　① 启动 PowerPoint 2016 后，在"新建演示文稿"窗格预览区中选择已有的模板或主题演示文稿，单击创建一个基于选定模板或主题的演示文稿。

　　② 若要搜索联机模板和主题演示文稿，可在"搜索联机模板和主题"框中输入要搜索的模板或主题的名称，如"读书报告"，单击"搜索"按钮或按"Enter"键搜索出与"读书报告"相关的模板和主题演示文稿。

　　③ 在任务窗格预览区中选择一种演示文稿，单击该"模板"或"主题"演示文稿，等待下载完成后，即可单击"创建"按钮，如图 5-12 所示。

图 5-12　根据"模板或主题"创建演示文稿

　　④ 创建演示文稿以后，可以根据模板或主题创建的演示文稿内容进行输入、编辑和修改，也可以在"开始"选项卡下单击"新建幻灯片"按钮，在展开的库中选择需要的幻灯片版式。选择幻灯片后按"Enter"键，可以快速插入一张除标题幻灯片以外的相同版式的幻灯片。

### 3. 打开演示文稿

　　若要打开现有的演示文稿，操作步骤如下。

　　（1）选择"文件"→"打开"命令，可选择"最近"命令，在浏览任务窗格中选择最近打开过的演示文稿；也可选择"这台电脑"或"浏览"命令找到要打开的演示文稿的位置。这里选择"浏览"命令，弹出"打开"对话框，如图 5-13 所示。

　　（2）在"打开"对话框中选择所需的文件，单击"打开"按钮。

　　默认情况下，PowerPoint 2016 在"打开"对话框中仅显示 PowerPoint 演示文稿。若要查看其他文件类型，单击图 5-13 所示的"所有 PowerPoint 演示文稿"，然后选择要查看的文件类型。

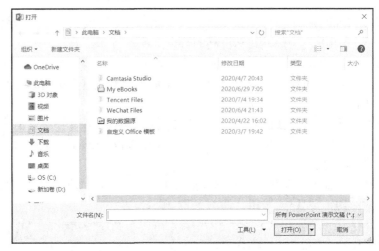

图 5-13 "打开"对话框

### 4．保存演示文稿

如果用户需要保存编辑的演示文稿，就需要执行"保存"操作，常用方法如下。

方法一：选择"文件"→"保存"命令。

方法二：按"Ctrl+S"组合键进行保存。

方法三：选择"文件"→"另存为"命令，打开"另存为"对话框。

默认情况下，PowerPoint 2016 将文件保存为 PowerPoint 演示文稿（.pptx）文件格式。若要以非.pptx 格式保存演示文稿，展开图 5-14 所示的"保存类型"下拉列表，然后选择所需的文件格式。

图 5-14 "另存为"对话框

### 5．关闭演示文稿

关闭演示文稿，是指关闭 PowerPoint 2016 所打开的演示文稿，在打开了多个演示文稿的情况下，并不会退出 PowerPoint 2016 应用程序。关闭演示文稿的方法是选择"文件"→"关闭"命令。

### 5.1.3　幻灯片的基本操作

#### 1. 幻灯片的管理

演示文稿的每一页称为"幻灯片"，在同一个演示文稿中，每张幻灯片都应有统一布局，以及字体、背景等统一外观。因此，用户常常需要检查前后幻灯片有无重复、有无缺漏、顺序有无颠倒等，这就需要对幻灯片进行选定、插入、删除、复制、移动和隐藏等管理工作。

（1）幻灯片的选定

① 单击导航窗格中的幻灯片缩略图，即可选定该幻灯片。

② 如果要选定连续一组幻灯片，可以先单击第一张要选定的幻灯片，然后按住"Shift"键单击最后一张要选定的幻灯片。

③ 如果要选定一组不连续的幻灯片，可以按住"Ctrl"键，分别单击需要选定的幻灯片。

注：以上选定操作也可在幻灯片浏览视图中进行。

（2）幻灯片的插入

用户可以在多种视图方式下插入新幻灯片，相对来说，在幻灯片浏览视图下，整个演示文稿看得比较清晰，有利于查看所插入的新幻灯片。

操作步骤如下。

① 在幻灯片浏览视图下确定要插入新幻灯片的位置。

② 单击"开始"选项卡下"幻灯片"选项组中的"新建幻灯片"按钮，并选择要应用的幻灯片版式。

如果插入的幻灯片与当前幻灯片格式相同，也可以通过按"Ctrl+Shift+D"组合键的方式来实现。

（3）幻灯片的删除

用户可以轻松地删除没有用的幻灯片，方法如下。

方法一：选中要删除的幻灯片，按"Delete"键即可。

方法二：右击要删除的幻灯片，在弹出的快捷菜单中选择"删除幻灯片"命令即可。

如果误删幻灯片，可以单击"快速访问工具栏"中的"撤销"按钮 或按"Ctrl+Z"组合键来恢复。

（4）幻灯片的复制

复制幻灯片时，用户要先选定需要复制的幻灯片。对选定的幻灯片进行复制，有如下几种操作方法。

方法一：在幻灯片浏览视图下，单击"开始"选项卡下的"复制"命令与"粘贴"命令，或按"Ctrl+C"与"Ctrl+V"组合键。

方法二：在幻灯片浏览视图下，按住"Ctrl"键的同时拖动鼠标指针可以复制幻灯片。

（5）幻灯片的移动

用户在制作演示文稿时，常要对幻灯片的顺序进行重新排列，这就需要移动幻灯片，操作步骤如下。

① 切换至幻灯片浏览视图，选定要移动的幻灯片。

② 按住鼠标左键并拖动幻灯片到要插入的位置时，原来占据该位置的幻灯片会自动向前或向后移动。

③ 移至目标位置后松开鼠标左键，即可将幻灯片移动到新的位置。

如果是近距离的移动，用户也可以在普通视图或大纲视图下拖动左侧导航窗格幻灯片缩略图来实现幻灯片的移动。如果是远距离的移动，用户还可以使用"剪切"与"粘贴"命令来完成。

（6）幻灯片的隐藏

PowerPoint 2016 中允许将某些暂时不用的幻灯片隐藏起来，从而在幻灯片放映时不放映这些幻灯片，操作步骤如下。

① 在普通视图的导航窗格或幻灯片浏览视图中，选定需要隐藏的幻灯片，如需选择多个，可同时按住"Ctrl"或"Shift"键进行选定。

② 右击，在弹出的快捷菜单中选择"隐藏幻灯片"命令即可。

进行隐藏操作后，相应的幻灯片缩略图序号上有一条删除斜线，且在幻灯片放映视图下不再显示该幻灯片。如需取消幻灯片的隐藏操作，再进行一次上述操作即可。

### 2. 格式化幻灯片

（1）幻灯片的版式应用

幻灯片版式即幻灯片版面样式，是制作幻灯片时的一个重要工具，在制作不同对象时，用户可以分别选取不同的幻灯片版式，从而有效地解决对不同对象的不同操作问题。幻灯片版式包含幻灯片上显示的所有内容的格式、位置和占位符。占位符是幻灯片版式上的虚线容器，可以包含标题、正文文本、表格、图表、SmartArt 图形、图片、剪贴画、视频和声音等内容。幻灯片版式还包含幻灯片的颜色、字体、效果和背景。PowerPoint 2016 有内置幻灯片版式，如图 5-15 所示，用户可以修改这些版式以满足特定需求。

图 5-15　幻灯片的内置版式类型

应用幻灯片版式的操作步骤如下。

① 选定幻灯片。

② 在"开始"选项卡下单击"幻灯片"选项组中的"版式"按钮。

③ 在"Office 主题"窗格中选择一种版式。

如果用户要自定义应用于单个幻灯片的幻灯片版式，选择"视图"→"幻灯片母版"命令，在幻灯片母版视图下，版式母版在导航窗格中显示为缩略图。

（2）设置幻灯片的主题

主题是指应用至幻灯片的颜色、字体和背景设计方案。通过使用主题，用户可以轻松赋予演示文稿协调的外观。PowerPoint 2016 提供了预设主题，它们位于"设计"选项卡下。

设置幻灯片主题的操作步骤如下。

① 选择"设计"选项卡下的"主题"选项组，将鼠标指针指向"主题"缩略图，可以预览主题效果。

② 若要查看完整的主题库，单击"主题"缩略图右侧的下拉按钮展开主题库。

③ 找到所需主题后，单击其缩略图以将其应用于演示文稿中的所有幻灯片上。

注：鼠标指针停留在"主题"缩略图上会显示主题名称，如"水滴"。

（3）设置幻灯片的背景

设置幻灯片背景的操作步骤如下。

① 选择"设计"选项卡，单击"背景"选项组中的"设置背景格式"按钮。

② 在"设置背景格式"窗格中，可以设置幻灯片的背景，如图 5-16 所示。

③ 选择"纯色填充"，设置一种颜色和透明度，单击"全部应用"按钮，可以将背景应用于所有幻灯片上。

④ 用同样的方法可以选择"渐变填充""图片或纹理填充"和"图案填充"等命令来设置背景效果。

### 5.1.4　各种对象的插入与编辑

为了增强幻灯片的展示效果，给观众留下更深刻的印象，用户需要在幻灯片中插入一些有吸引力或独特的图片、艺术字、声音及影片等。除了应用幻灯片版式外，用户还可以通过执行相应的操作来实现这些对象的插入。

图 5-16　"设置背景格式"窗格

#### 1. 插入表格

（1）插入表格

插入表格的方法如下。

① 单击"插入"选项卡下"表格"选项组中的"表格"按钮，如图 5-17 所示。

② 在下拉列表中选择行数和列数即可，或者选择 插入表格(I)...选项，在打开的对话框中输入行数和列数。

图 5-17　插入表格

（2）绘制表格

绘制表格的方法如下。

① 单击"插入"选项卡下 "表格"选项组中的"表格"按钮。

② 在下拉列表中选择 绘制表格(D)选项，这时鼠标指针变成一支笔的形状。

③ 在幻灯片中一个一个地绘制表格，直至绘制完成。

（3）插入 Excel 电子表格

① 单击"插入"选项卡下"表格"选项组中"表格"按钮。

② 在下拉列表中选择 Excel 电子表格(X) 选项，即可在当前幻灯片中插入一个空的 Excel 电子表格。

如需在演示文稿中插入已有数据的 Excel 电子表格，方法如下。

① 单击"插入"选项卡下"文本"选项组中的"对象"按钮，打开"插入对象"对话框，如图 5-18 所示。

② 在"插入对象"对话框中选择"由文件创建(F)"单选按钮，单击"浏览(B)…"按钮，选择要插入的 Excel 电子表格，即可完成插入。

图 5-18　"插入对象"对话框

### 2. 插入"图像"选项组中的对象

在 PowerPoint 2016 中，在幻灯片中插入的图片有图片、联机图片、屏幕截图和相册。一般情况下，用户可以插入文件中的图片，如果文件中不包含需要的图片，也可以添加联机图片、屏幕截图或从相册中添加。

（1）插入文件中的图片

操作步骤如下。

① 在普通视图下选择要插入图片的幻灯片。

② 单击"插入"选项卡下"图像"选项组中的"图片"按钮，在弹出的"插入图片"对话框中选择文件中提前准备好的图片。

③ 选择之后，单击"插入"按钮即可插入一张图片。

（2）插入联机图片

操作步骤如下。

① 在普通视图下选择要插入图片的幻灯片。

② 单击"插入"选项卡下"图像"选项组中的"联机图片"按钮。

③ 打开"必应图像搜索"界面，在搜索框中输入要搜索的图片关键词，单击"搜索"按钮，搜索出相关图片后，选择合适的图片，单击"插入"按钮即可插入联机图片。

（3）插入屏幕截图

操作步骤如下。

① 在普通视图下选择要插入图片的幻灯片。

② 单击"插入"选项卡标签下"图像"选项组中的"屏幕截图"按钮。

③ 在下拉列表中可选择"可用的视窗"中的屏幕截图，如果要新建屏幕截图，选择 屏幕剪辑(C)选项，可自定义截图区域，在幻灯片中插入联机图片，如图 5-19 所示。

（4）插入相册

操作步骤如下。

① 在普通视图下选择要插入图片的幻灯片。

② 单击"插入"选项卡下"图像"选项组中的"相册"按钮，在下拉列表中选择 新建相册(A)… 选项。

③ 在打开的"相册"对话框中选择需要插入的相册，并创建相册，如图 5-20 所示。

图 5-19　插入"屏幕截图"图片

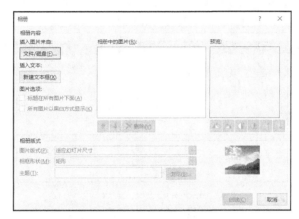

图 5-20　"相册"对话框

### 3. 插入"插图"选项组中的对象

PowerPoint 2016 中的插图包括形状、SmartArt 图形和图表。形状包括线条、矩形、基本形状、箭头总汇、公式形状、流程图、星与旗帜、标注和动作按钮等。SmartArt 图形的功能更加强大、种类更丰富、效果更生动。SmartArt 图形包括列表、流程、循环、层次结构、关系、矩阵、棱锥图和图片等。图表包括柱形图、折线图、饼图、条形图、面积图、XY（散点图）、股价图、曲面图、雷达图、树状图、旭日图、直方图、箱形图、瀑布图和组合等。

（1）插入形状

操作步骤如下。

① 选择需要插入形状的幻灯片。

② 单击"插入"选项卡下"插图"选项组中的"形状"按钮，在下拉列表中选择所需插入的形状。

③ 在幻灯片需要插入形状的位置单击，即可插入形状。插入的形状可以调整大小、编辑格式。

（2）插入 SmartArt 图形

操作步骤如下。

① 选择需要插入 SmartArt 图形的幻灯片，如选择版式为"标题和内容"的幻灯片。

② 单击"插入"选项卡下"插图"选项组中的"SmartArt"按钮，打开"选择 SmartArt 图形"对话框。选择 SmartArt 图形类型，如"组织结构图"，如图 5-21 所示，单击"确定"按钮，插入一个 SmartArt 图形，如图 5-22 所示。

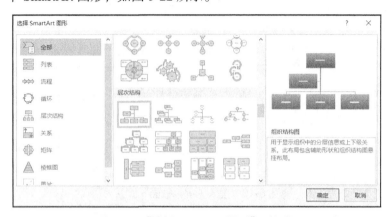

图 5-21 "选择 SmartArt 图形"对话框

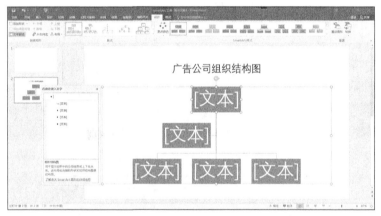

图 5-22 插入的"组织结构图"SmartArt 图形

③ 在需要添加文本的地方插入文本后，可以为每个文本插入图片。也可以根据需要调整图形的级别。最终效果如图 5-23 所示。

图 5-23 广告公司组织结构图

（3）插入图表

操作步骤如下。

① 选择需要插入图表的幻灯片。

② 单击"插入"选项卡标签下"插图"选项组中的"图表"按钮。

③ 在打开的"插入图表"对话框中选择一种图表，如"柱形图"，并选择右边的"三维簇状柱形图"，如图 5-24 所示。

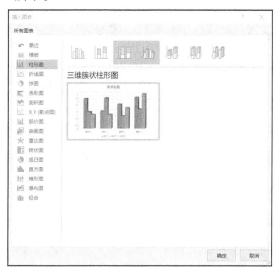

图 5-24 "插入图表"对话框

④ 单击"确定"按钮可打开图 5-25 所示的界面，在右侧的 Excel 工作表中修改需要的系列名称，在左侧的幻灯片演示文稿中会显示图表。

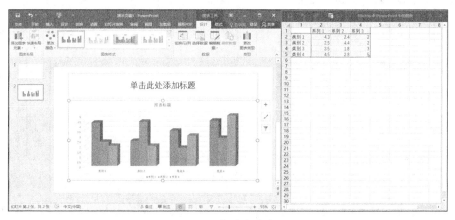

图 5-25 修改图表窗口

### 4. 插入"链接"选项组中的对象

创建超链接的起点可以是任意的文本或对象，激活超链接最好的方法是单击。设置了超链接后，代表超链接起点的文本会添加下画线，并显示系统配色方案中制定的颜色。在幻灯片放映时，当鼠标指针移到下画线处时，会出现一个超链接标志（鼠标指针呈小手状），单击即可激活超链接，跳转到超链接设置的位置。

下面以在演示文稿内添加链接为例介绍创建超链接的两种方法：使用"超链接"命令和

"动作"命令。

（1）使用"超链接"命令

操作步骤如下。

① 在普通视图下选择代表超链接起点的文本对象，如选择"第一段"作为起点。

② 单击"插入"选项卡下"链接"选项组中的"超链接"按钮，或右击，在弹出的快捷菜单中选择 🖹 超链接(H)... 命令，弹出图 5-26 所示的"插入超链接"对话框。

③ 在"链接到"列表框中选择"本文档中的位置"选项。

④ 在"本文档中的位置"列表框中选择对应的幻灯片，如图 5-27 所示。

⑤ 单击"确定"按钮，即可创建超链接。

⑥ 按"F5"键放映，将鼠标指针移到添加了超链接的位置，单击激活链接。

⑦ 选择"文件"→"保存"命令，设置文件名为"超链接.pptx"。

图 5-26 "插入超链接"对话框

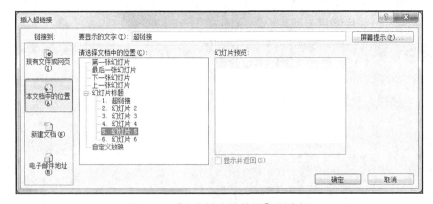

图 5-27 "本文档中的位置"列表框

> ⚠ **注意**　设置超链接时，链接到的目标位置还可以是"原有文件或网页""新建文档"或"电子邮件地址"。

（2）使用"动作"命令

操作步骤如下。

① 在普通视图下选择一张要添加动作的幻灯片。

② 单击"插入"选项卡下"链接"选项组中的"动作"按钮，即可打开动作的"操作设置"对话框，如图 5-28 所示。

③ 选择"超链接到"单选按钮，在其下拉列表中选择具体的链接对象，单击"确定"按钮。

④ 按"F5"键放映，将鼠标指针移动到动作按钮并单击，激活该动作按钮。

⑤ 选择"文件"→"保存"命令，在弹出的对话框中将文件命名为"动作按钮.pptx"。

（3）编辑和删除超链接

① 编辑超链接的方法。

右击，在弹出的快捷菜单中选择"编辑超链接"命令，弹出"编辑超链接"对话框，在其中改变超链接的位置即可。

② 删除超链接的方法。

右击，在弹出的快捷菜单中选择"取消超链接"命令，或在"编辑超链接"对话框中单击"删除链接"按钮即可。

图 5-28　"操作设置"对话框

### 5. 插入"文本"选项组中的对象

（1）插入文本框

操作步骤如下。

① 单击"插入"选项卡下"文本"选项组中的"文本框"按钮，在弹出的下拉列表中选择要插入文本框的类型，这里选择"横排文本框"选项。

② 当鼠标指针变成十字形后，在幻灯片编辑区中拖动即可创建一个空白文本框。

③ 文本框创建之后，可以对其进行颜色和线条、填充、大小、形状效果等进行设置。选中文本框后，其周围会出现 8 个控制点，拖动鼠标指针可以改变文本框的位置，拖动控制点可以改变文本框的尺寸。双击文本框，即可进入"绘图工具"的"格式"选项卡下，可对文本框的格式进行设置。

（2）插入页眉和页脚

操作步骤如下。

① 单击"插入"选项卡下"文本"选项组中的"页眉和页脚"按钮，弹出图 5-29 所示的"页眉和页脚"对话框，在"幻灯片"选项卡中可以设置幻灯片的页眉和页脚等内容。

② 选择"备注和讲义"选项卡，可以设置备注和讲义的页眉和页脚等内容，如图 5-30 所示。

图 5-29　"页眉和页脚"对话框

图 5-30　"备注和讲义"选项卡

（3）插入对象

在演示文稿中插入对象的方法如下。

① 单击"插入"选项卡下"文本"选项组中的"对象"按钮，打开"插入对象"对话框，如图 5-31 所示。

② 在"插入对象"对话框中选择"新建（N）"单选按钮，在"对象类型"列表中选择要插入的对象类型，单击"确定"按钮即可。

图 5-31 "插入对象"对话框

### 6. 插入"符号"选项组中的对象

（1）插入公式

操作步骤如下。

① 单击"插入"选项卡下"符号"选项组中的"公式"按钮，在下拉列表中已经列出了一些常用公式。

② 选择想要插入的公式，单击即可直接输出公式。如果输出的公式为选择状态，就可以在"设计"选项卡下通过提供的各种公式工具对公式进行编辑修改。

③ 也可以直接单击"符号"选项组中的"公式"按钮，选择下拉列表中的 π 插入新公式(I) 选项，插入一个空白公式框，在"设计"选项卡下进行公式编辑。

（2）插入符号

操作步骤如下。

① 单击"插入"选项卡标签下"符号"选项组中的"符号"按钮，弹出"符号"对话框。

② 选择需要插入的符号，单击"插入"按钮即可。

### 7. 插入"媒体"选项组中的对象

（1）插入视频

① 添加视频

用户可以为幻灯片添加视频，使演示文稿更加生动有趣。

在 PowerPoint 2016 中可以添加"联机视频"和"PC 上的视频"。联机视频即为插入来自网站的视频，可以搜索视频插入，也可以粘贴网站视频的嵌入代码插入，如图 5-32 所示。

图 5-32 "插入视频"对话框

插入"PC 上的视频"的操作步骤如下。

- 单击"插入"选项卡下"媒体"选项组中的"视频"按钮。
- 在弹出的下拉列表中选择"PC 上的视频"选项，将打开"插入视频文件"对话框，找到视频文件，单击"插入"按钮。

- 此时幻灯片中会出现图 5-33 所示的视频播放窗口，用户可以根据需要调节窗口的大小。

② 编辑视频格式

用户可以对演示文稿中的视频文件进行编辑，包括调整视频的样式、播放的形状，以及改变视频的亮度和对比度，同时可以在影片中使用书签来控制播放的进度。

- "预览"选项组

在视频播放时，单击"预览"选项组中的"播放"按钮，可以暂停和开始视频的播放。

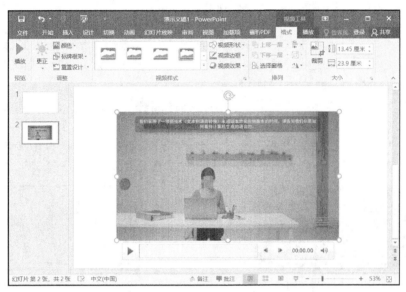

图 5-33　插入 PC 上的视频

- "调整"选项组

更正：可以更改视频的亮度和对比度。

颜色：可以为视频重新着色。

标牌框架：视频播放或静止的封面图像的设置。

重置设计：可以重新设置视频的大小以及摆放位置。

- "视频样式"选项组

视频形状：根据系统自带的图形或者绘制图形更改视频样式。

视频边框：可以为视频设置边框的颜色以及边框线条的粗细等。

视频效果：可以为视频添加阴影、映像以及发光灯效果。

- "排列"选项组

设置视频文件与演示文稿中其他文件的排列方式，可以上移一层或下移一层，也可以设置视频的对齐效果。

- "大小"选项组

设置视频的大小样式或者根据需要对视频窗口进行裁剪。

③ 设置视频播放格式

- "书签"选项组

可以为视频添加书签，指示视频中的时间，同时使用书签可触发动画或跳转至视频中的特定位置。在演示文稿播放时，用户可以使用书签来快速查找视频。

- "视频选项"选项组

可以设置视频的音量以及视频开始和播放的方式，如图 5-34 所示。

图 5-34 "视频选项"选项组

（2）插入音频

① 添加音频

制作演示文稿时，用户可以为其添加声音文件，使其变得有声有色，更具感染力。PowerPoint 2016 可以添加 "PC 上的音频" 和 "录制音频"。

插入音频的操作步骤如下。

- 单击 "插入" 选项卡下 "媒体" 选项组中的 "音频" 按钮，在下拉列表中选择 🔊 PC 上的音频(P)... 选项，这一步需要用户提前准备好要插入幻灯片中的音频文件。如果需要通过录制声音插入音频，则选择 录制音频(R)... 选项。

- 选择 "PC 上的音频" 选项，则会弹出 "插入音频" 对话框，选择需要插入的音频文件单击 "插入" 按钮后，幻灯片中自动添加了一个声音图标，如图 5-35 所示。

- 选择 "录制音频" 选项，则会弹出 "录制声音" 对话框，如图 5-36 所示，单击 ⏺ 按钮开始录制声音，录制完成单击 "确定" 按钮，即可在幻灯片中添加一个声音图标。

图 5-35 插入声音文件后的幻灯片

图 5-36 "录制声音"对话框

② 编辑音频文件格式

声音文件的格式设置与视频文件的格式设置类似，用户可以通过为声音文件添加和删除书签来控制播放的时间点，同时可以对音频文件设置播放时间和裁剪播放时间。

- "调整"选项组

删除背景：删除声音图标的背景效果。

更正：设置图片的锐化与柔化，更改图片的亮度与对比度。

颜色：设置图标的色调、色相与饱和度等。

艺术效果：设置图标的艺术效果等。

压缩更改和重置图片：设置图片的大小样式，如果图片设置错误可以重新插入一张新的图片。

- "图片样式"选项组

可以为声音图标添加图片边框与艺术效果。

- "排列"选项组

操作方法与排列视频文件的方法一样。

- "大小"选项组

可以对声音图标进行裁剪或者根据确定的大小设置图标。

③ 编辑音频文件播放效果。

添加书签的操作步骤如下。

- 选择 "播放" 选项卡。

- 选择"书签"选项组，单击"添加书签"按钮，结果如图 5-37 所示。
- 在进度条上需要添加书签的位置单击，并单击"添加书签"按钮，此时可以看到一个黄色的标识，用同样的方法继续添加书签。

编辑音频的操作步骤如下。

- 在"播放"选项卡下，单击"编辑"选项组中的"裁剪音频"按钮，弹出"裁剪音频"对话框，如图 5-38 所示。

图 5-37 为声音文件插入书签

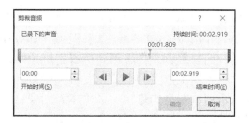

图 5-38 "裁剪音频"对话框

- 在"裁剪音频"对话框中拖动左侧的蓝色滑块来设置音频开始时间，拖动右侧的红色滑块来设置音频结束时间。
- 设置完成后单击"确定"按钮，即可根据所设置的时间播放声音文件。

设置音频选项的操作步骤如下。

- 单击"音量"按钮，可以设置声音大小，有低、中、高和静音 4 个选项。
- 设置"开始"方式，有"单击时"和"自动"两种方式，也可以同时设置"跨幻灯片播放"和"循环播放，直到停止"，如图 5-39 所示。

图 5-39 设置播放效果

## 5.2 制作"学校宣传片"演示文稿

宣传片是宣传学校形象的有效手段之一，优秀的宣传片能有效地提升学校形象，更好地把学校推介给他人。宣传片可以以多种方式制作，如视频宣传片、动画宣传片等。本节将通过制作学校宣传片，介绍演示文稿母版的使用和动画效果的设置等。

任务要求如下。

（1）掌握演示文稿母版和设计模板的使用。

（2）掌握设置幻灯片动画效果和幻灯片切换效果的方法。

（3）了解演示文稿的保护设置。

### 5.2.1　设置与应用幻灯片母版

学习了幻灯片的相关操作以后，相信读者已经能够制作一些简单的幻灯片。如果要使制作的幻灯片美观、协调和简洁，还必须学习幻灯片母版和设计模板的编辑操作。如果要使所有的幻灯片都包含相同的字体和图像（如 Logo），在一个位置便可以进行这些更改，即幻灯片母版，而这些更改将应用到所有幻灯片中。

母版是用来定义整个演示文稿的幻灯片页面格式的，可设置统一的幻灯片外观风格。母版能同步更改所有幻灯片中的文本及对象，对幻灯片母版做的任何更改，都将影响到基于这一母版的所有幻灯片。母版分为幻灯片母版、讲义母版和备注母版，分别控制相应幻灯片中各对象占位符的大小和位置、标题和文本样式、项目符号的设定、日期与时间、页眉与页脚、数字位置与大小、背景等。

#### 1. 设置幻灯片母版

最常用的母版是幻灯片母版。在幻灯片母版中，可一次性对标题样式、五级文本样式、日期、页脚、数字等进行统一设置，而不必逐张修改幻灯片。单击"视图"选项卡下"母版视图"选项组中的"幻灯片母版"按钮，即可进入幻灯片母版视图。

（1）基础幻灯片母版

单击"视图"选项卡下"母版视图"选项组中的"幻灯片母版"按钮，左侧导航窗格中的第 1 张幻灯片即是"Office 主题幻灯片母版"，也称为"基础幻灯片母版"，如图 5-40 所示。如果在"基础幻灯片母版"上添加元素，其他的页面中都会相应添加，所以，在制作"学校宣传片"演示文稿时，可以将学校的 Logo 放在这一张幻灯片上，在普通视图下所有的幻灯片都会继承它的设置。

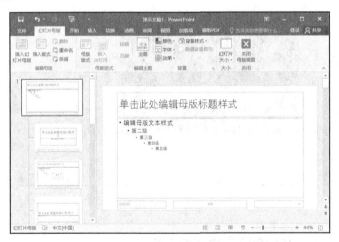

图 5-40　基础幻灯片母版

（2）标题幻灯片版式

标题幻灯片在演示文稿中用于创建封面。单击"视图"选项卡下"母版视图"选项组中的"幻灯片母版"按钮，左侧导航窗格中的第 2 张幻灯片即是标题母版。

（3）标题和内容版式

标题和内容版式在演示文稿中用于创建内页内容，这个页面是在普通视图下的首页中按"Enter"键后创建的默认页面。单击"视图"选项卡下"母版视图"选项组中的"幻灯片母版"按钮，左侧导航窗格中的第 3 张幻灯片即是标题和内容版式母版。

（4）节标题版式

节标题版式是节的标题，在演示文稿中用于创建过渡页。单击"视图"选项卡下"母版视图"选项组中的"幻灯片母版"按钮，左侧导航窗格中的第 4 张幻灯片即是节标题版式母版。

另外，还有"两栏内容"版式、"比较"版式、"仅标题"版式、"空白"版式、"内容与标题"版式、"图片与标题"版式、"标题和竖排文字"版式和"竖排标题与文本"版式。

 **注意**　在幻灯片母版视图中更改版式和幻灯片母版时，正在处理你的演示文稿（在普通视图中）的其他人无法删除或编辑你进行的更改。相反，如果你在普通视图中进行处理，并发现无法编辑幻灯片上的元素，如无法删除图片，这可能是因为尝试更改的内容是在幻灯片母版上定义的。若要编辑该内容，必须切换到幻灯片母版视图。

### 2. 应用幻灯片母版

设置幻灯片母版后，用户可以退出幻灯片母版视图，回到普通视图下应用幻灯片母版设置的版式，操作步骤如下。

（1）选定幻灯片。

（2）单击"开始"选项卡下"幻灯片"选项组中的"版式"按钮。

（3）在"Office 主题"窗格中选择一种版式即可。

## 5.2.2　创建和使用设计模板

PowerPoint 2016 提供了大量的设计模板，这些设计模板不仅可在创建演示文稿时使用，在演示文稿创建后，也可以重新选择设计模板，从而改变演示文稿的外观。

### 1. 创建模板

下面以为幻灯片添加 Logo 图片为例，介绍创建模板的操作步骤。

（1）切换到幻灯片母版视图，选择第 1 张"Office 主题幻灯片母版"。

（2）单击"插入"选项卡下"图像"选项组中的"图片"按钮，选择 Logo 图片并插入，将其调整到合适位置，如图 5-41 所示。

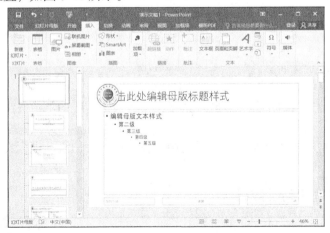

图 5-41　插入 Logo 图片

（3）选择"关闭母版视图"命令，此时可看到其他幻灯片应用了幻灯片母版中的设置（见图 5-42）。

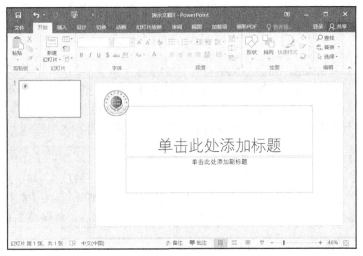

图 5-42　设置母版窗口

（4）选择"文件"→"保存"命令，在弹出的"保存"对话框中选择保存类型为"PowerPoint 模板（*.potx）"，如图 5-43 所示，单击"保存"按钮即可。

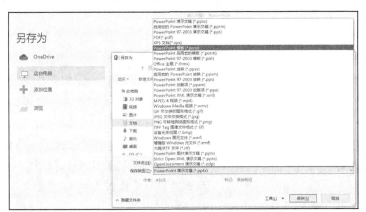

图 5-43　保存设计模板

### 2. 应用模板

应用模板的操作步骤如下。

（1）新建一张空白幻灯片。

（2）在"设计"选项卡下的"主题"选项组中，单击右侧的下拉按钮，在弹出的窗格中单击"浏览主题"。

（3）在"选择主题或主题文档"对话框中，找到创建好的设计模板文件，然后单击"应用"按钮即可。

## 5.2.3　设置幻灯片的动画效果

用户可为幻灯片上的文本、形状、声音、图像和其他对象设置动画效果，这样既可以突出重点，又可以增强趣味性，例如可以让一段文本从屏幕一侧飞入屏幕等。PowerPoint 2016

提供了很多进入、强调、退出和动作路径的动画效果。

### 1. "动画"选项组

如果用户仅需要简单地设置动画的效果，可以使用 PowerPoint 2016 自带的"动画方案"进行设置，操作步骤如下。

（1）在普通视图中选择需要动态显示的对象，如标题、文本、图片等。

（2）单击"动画"选项卡下"动画"选项组右侧的下拉按钮，弹出"动画效果"窗格，如图 5-44 所示。

（3）选择一种"进入"动画效果，如"进入"库中的"轮子"效果。

（4）单击"动画"选项卡下"动画"选项组中的"效果选项"按钮，在弹出的下拉列表中选择需要的图案。

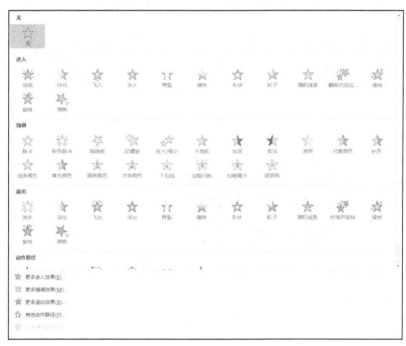

图 5-44　"动画效果"库

### 2. "高级动画"选项组

"高级动画"选项组中包括"添加动画""动画窗格""触发""动画刷"按钮。

（1）"添加动画"：为幻灯片添加动画效果，如需为动画添加强调效果可单击"添加动画"，在"动画效果"库中选择一种"强调"动画效果。

（2）"动画窗格"：单击"动画窗格"按钮，可打开图 5-45 所示的面板。

（3）"动画刷"：复制一个对象的动画到其他对象。

用户如果需要为其他对象设置相同的动画效果，可以在设置了一个对象的动画后通过"动画刷"来复制动画，操作步骤如下。

① 在"高级动画"选项组中单击"动画刷"按钮。

图 5-45　"动画窗格"面板

② 直接单击需要应用与第一张图片相同动画的对象，此时显示了复制动画的效果，用此方法对其他图片进行应用。

（4）"触发"：触发器就像一个万能的开关，只要一触发这个开关，就能播放视频、音频、图像等，让演示文稿的效果更加生动。

设置触发动画效果的操作步骤如下。

① 选择要添加动画的形状或对象。

② 单击"动画"选项卡下"高级动画"选项组中的"添加动画"按钮，选择要添加的动画，为形状或对象添加动画。

③ 单击"动画"选项卡下"高级动画"选项组中的"动画窗格"按钮，打开"动画窗格"面板，在其中选择要在单击时触发播放的动态形状或者对象。

④ 在"高级动画"选项组中单击"触发"按钮，将鼠标指针指向"单击时"，然后选择对象。

当单击椭圆形按钮时，会触发图片对象的动画效果，如图 5-46 所示。

图 5-46 "触发动画"效果

### 3."计时"选项组

可以设置一个动画的开始时间并且可以调整幻灯片的播放顺序，也可以设置动画的持续时间和延迟时间，如图 5-47 所示。

图 5-47 "计时"选项组

（1）对一个对象应用多个动画效果的操作步骤如下。

① 选择幻灯片上要添加动画的对象或文本。

② 在"动画"选项卡下，单击"添加动画"按钮，然后选择动画效果。

③ 要对同一对象应用其他动画效果，选择该对象，单击"添加动画"按钮，然后选择另

一个动画效果。

（2）设置动画效果的开始时间的操作步骤如下。

① 单击"动画窗格"中的"动画效果"右侧的下拉按钮，然后选择"计时"选项，如图 5-48 所示。

② 选择"计时"选项卡，如图 5-49 所示，单击"开始"下拉按钮。如果要在单击时播放动画，选择"单击时"；如果要与上一动画效果同时播放，选择"与上一动画同时"；如果要在播放上一动画效果后播放，选择"上一动画之后"。

若要延迟开始时的动画效果，请单击"延迟"，然后选择所需的秒数，或直接输入秒数；若要更改动画效果的播放速度，设置"期间"为所需的级别；若要设置动画的重复播放方式，则设置"重复"类型；若要查看所有这些动画的运行方式，单击"动画"选项组中的"预览"按钮。

图 5-48　选择"计时"选项

图 5-49　"计时"选项卡

## 5.2.4　设置幻灯片的切换效果

幻灯片间的切换效果具体来说是指从已有幻灯片离开至新幻灯片时的切换效果，PowerPoint 2016 提供了很多切换效果，如图 5-50 所示。用户可以设计出相当精美的幻灯片切换效果。

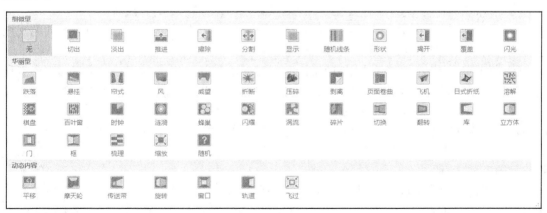

图 5-50　幻灯片的切换效果

操作步骤如下。

（1）选择要设置切换效果的幻灯片。

（2）选择"切换"选项卡下的"切换到此幻灯片"选项组，打开库选择一种切换效果，如"涟漪"效果。

（3）在"计时"选项组中设置切换的声音、持续时间及换片方式。

（4）如果要应用到所有的幻灯片，单击"全部应用"按钮即可使所有幻灯片应用此设置，如图 5-51 所示。

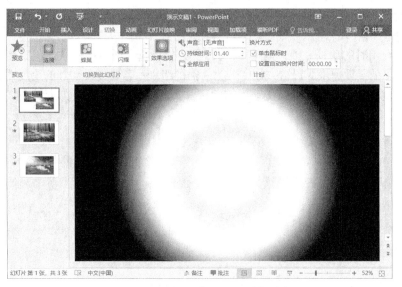

图 5-51　应用"涟漪"的幻灯片切换效果

### 5.2.5　幻灯片的放映设置

当用户把所有的幻灯片从内容到动画都制作完成后，若希望马上看到制作效果并对其进行必要的修改和完善，就需要根据实际的要求和不同的对象选择合适的幻灯片放映方式。

#### 1．放映幻灯片

（1）"从头开始"：可以使幻灯片的播放从第一张幻灯片开始。

（2）"从当前幻灯片开始"：可以使幻灯片的播放从当前选定的幻灯片开始播放。

（3）"联机演示"：允许其他人在 Web 浏览器中查看用户的幻灯片放映。

（4）"自定义幻灯片放映"：用户可以自由设置幻灯片的播放顺序，也可以为不同的观众选择不同的幻灯片进行播放，操作步骤如下。

① 单击"开始放映幻灯片"选项组中的"自定义幻灯片放映"按钮，在下拉列表中选择"自定义放映"选项，打开图 5-52 所示的"自定义放映"对话框，单击"新建"按钮。

② 在"定义自定义放映"对话框中的"幻灯片放映名称"文本框中输入"自定义放映 1"，选择需要播放的幻灯片，单击"添加"按钮，并单击"确定"按钮，如图 5-53 所示。

③ 此时在"自定义放映"对话框中出现了一个"自定义放映 1"，用同样的方法添加"自定义放映 2"。重复以上操作，可以设置多个自定义放映效果，如图 5-54 所示。

图 5-52　"自定义放映"对话框

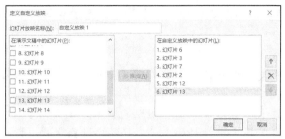

图 5-53　"定义自定义放映"对话框

图 5-54　设置多个"自定义放映"效果

（5）在 PowerPoint 2016 中放映幻灯片的方法有如下 3 种。

① 单击"幻灯片放映"选项卡下的"从头开始"按钮或者按"F5"键，从头开始播放。

② 单击演示文稿窗口右下角的 按钮或者按"Shift+F5"组合键，从当前幻灯片开始播放。

③ 单击"幻灯片放映"选项卡下的"从当前幻灯片"按钮，从当前幻灯片开始播放。

（6）定位幻灯片。在 PowerPoint 2016 的放映状态下，定位幻灯片有以下 3 种方法。

① 转到下一张幻灯片

如果按顺序向下切换幻灯片，可以单击、按"空格"键或"Enter"键，也可右击，在弹出的快捷菜单中选择"下一张"命令。

② 转到上一张幻灯片

如果按顺序向上切换幻灯片，可以按"Backspace"键或右击，在弹出的快捷菜单中选择"上一张"命令。

③ 转到指定的幻灯片

如果在放映过程中想要切换到指定的幻灯片，可在输入要切换到的幻灯片序号后，按"Enter"键。

放映状态下，定位幻灯片也可以右击，在弹出的快捷菜单中选择"上次查看过的"命令，切换至上次查看的那张幻灯片；选择"查看所有幻灯片"命令可以浏览所有幻灯片，单击要切换至的幻灯片，即可定位到这张幻灯片并开始播放。

（7）结束放映幻灯片。当幻灯片放映时，用户可通过按"Esc"键来结束放映，或者右击，在弹出的快捷菜单中选择"结束放映"命令来结束幻灯片的放映，并返回编辑窗口。

### 2. 用"设置"选项组来设置幻灯片放映方式

（1）设置幻灯片放映方式

单击"设置"选项组中的"设置幻灯片放映"按钮，弹出"设置放映方式"对话框，如图 5-55 所示，可设置幻灯片放映方式。

① 放映类型

PowerPoint 2016 提供了 3 种幻灯片的放映类型，分别为演讲者放映、观众自行浏览和在展台浏览。

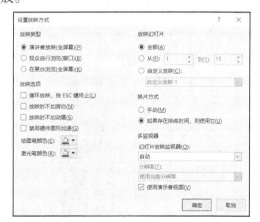

图 5-55　"设置放映方式"对话框

● 演讲者放映（全屏幕）：演讲者具有完整的控制权，可采用自动或人工方式放映，可以暂停，也可以在放映过程中播放旁白。

● 观众自行浏览（窗口）：以小型的窗口来播放演示文稿，并提供命令以便在放映时移动、编辑、复制和打印幻灯片。

- 在展台浏览（全屏幕）：如果在摊位、展台或其他地点需要进行无人管理的幻灯片放映，可以设置为这种放映类型。

② 放映选项

- 放映时不加旁白：勾选此复选框时，放映过程中不会播放添加到演示文稿中的任何声音旁白。

- 放映时不加动画：勾选此复选框时，放映过程中不会播放幻灯片的动画效果。

- 绘图笔颜色：绘图笔是在放映幻灯片时用来加注释的工具，如写字或画线，应先设好"绘图笔颜色"再进行幻灯片的放映操作；在幻灯片放映时右击，在弹出的快捷菜单中选择"指针选项"命令后选择一种绘图笔，即可在屏幕上绘制。

其他选项略。

③ 放映幻灯片

可设置需要放映的幻灯片范围是全部还是中间连续部分。

④ 换片方式

可设置幻灯片放映时的控制方式，若选择"手动"单选按钮，则由人工控制幻灯片的切换；若选择"如果存在排练时间，则使用它"单选按钮，则使用原先设定的排练时间自动控制幻灯片的切换。

⑤ 使用演示者视图

勾选"使用演示者视图"复选框，在幻灯片放映时，用户可以同时在一台计算机上查看观众视图，即无备注的演示文稿；在监视器上查看带有演讲者备注的演示文稿。

（2）隐藏幻灯片

可以隐藏掉当前的幻灯片，使其在播放的时候不显示出来。

（3）排练计时

通过对幻灯片进行排练，用户可以精确分配每张幻灯片放映的时间。使用排练计时可以在排练时控制设置幻灯片放映的时间间隔。

### 5.2.6　保护演示文稿

保护演示文稿可以限制其他人对此演示文稿所做的更改。保护演示文稿的方法有 4 种：标记为最终状态、用密码进行加密、限制访问和添加数字签名，如图 5-56 所示。

图 5-56　保护演示文稿

### 1. 标记为最终状态

将演示文稿标记为最终状态，并保存为"只读"，可以防止他人修改演示文稿。

### 2. 用密码进行加密

给演示文稿加密，要求输入正确密码才能打开此演示文稿。操作步骤如下。

① 打开要创建密码的演示文稿。

② 选择"文件"→"信息"命令，单击"保护演示文稿"右侧的下拉按钮，在下拉列表中选择"用密码进行加密"选项。

③ 在弹出的"加密文档"对话框中输入密码，单击"确定"按钮，弹出"确认密码"对话框，要求重新输入密码，输入相同密码后，单击"确定"按钮即可。

设置密码后，如果用户要打开此演示文稿，必须输入正确的密码。如果要删除演示文稿密码，可以选择"保护演示文稿"下拉列表中的"用密码进行加密"选项，在"密码"文本框中清除密码，然后单击"确定"按钮。删除演示文稿密码必须知道原始密码。

### 3. 限制访问

授予用户访问权限，同时限制其编辑、复制和打印，需要连接到权限管理服务器并获取模板。

### 4. 添加数字签名

通过不可见的数字签名来确保演示文稿的完整性。

## 课后习题

**一、选择题**

1. PowerPoint 2016 的功能是（      ）。

    A. 创建 Word 文档　　　　　　　　B. 建立数据库

    C. 创建并播放演示文稿　　　　　　D. 创建电子表格

2. 演示文稿的基本单元是（      ）。

    A. 文本框　　　　　B. 图形　　　　　C. 幻灯片　　　　　D. 占位符

3. 在普通视图的状态栏中出现了"幻灯片 2/7"的文字，表示（      ）。

    A. 共有 7 张幻灯片，目前只编辑了 2 张

    B. 共有 7 张幻灯片，目前显示的是第 2 张

    C. 共编辑了 2/7 张幻灯片

    D. 共有 9 张幻灯片，目前显示的是第 2 张

4. 在联机演示幻灯片时，播放演示文稿的所有切换在浏览器中显示都为（      ）。

    A. 淡出切换　　　　B. 推进　　　　　C. 擦除　　　　　D. 显示

5. 当一张幻灯片有多行文本时，在大纲区按（      ）键可将文本升级。

    A. Enter　　　　　B. ↓　　　　　　C. Tab　　　　　　D. Shift+Tab

6. PowerPoint 提供了幻灯片的多种视图，它们是（      ）。

    A. 普通视图、幻灯片浏览视图、备注页视图、阅读视图、幻灯片放映视图、大纲视图、母版视图

    B. 普通视图、页面视图、浏览视图、阅读视图

    C. 普通视图、大纲视图、幻灯片浏览视图、备注页视图

D. 普通视图、大纲视图、浏览视图

7. 使用（　　）视图，能在幻灯片中添加文本和图片等对象。

    A. 普通            B. 大纲           C. 幻灯片浏览    D. 幻灯片放映

8. 在 PowerPoint 2016 中的（　　）视图下，用户可以修改幻灯片的内容，并可进行编排和格式化。

    A. 普通            B. 幻灯片放映    C. 大纲           D. 幻灯片浏览

9. 在幻灯片浏览视图中，不可以进行的操作是（　　）。

    A. 插入幻灯片                       B. 删除幻灯片

    C. 改变幻灯片的顺序             D. 编辑幻灯片中的文字

10. 若想查看整个演示文稿的外观和幻灯片的排列情况，应该使用（　　）。

    A. 普通视图        B. 大纲视图        C. 幻灯片浏览视图  D. 幻灯片放映视图

11. PowerPoint 2016 建立演示文稿的方法有（　　）。

    A. 主题            B. 样本模板        C. 空演示文稿    D. 以上全部

12. 从新建演示文稿时会自动选择一种版式，该版式中为标题、文字等对象预留了位置，这些预留的位置由（　　）表示。

    A. 虚线框            B. 实线框           C. 阴影框           D. 反相显示框

13. 当幻灯片制作完成后，应将演示文稿存盘，操作方法是（　　）。

    A. 选择"文件"→"保存"命令      B. 单击快速访问工具栏中的"保存"按钮

    C. 按"Ctrl+S"组合键              D. 以上都可以

14. 在演示文稿中，用户经常将第 1 张幻灯片设为（　　）版式。

    A. 只有标题        B. 标题和文本        C. 标题幻灯片    D. 文本与对象

15. 幻灯片版式命令在（　　）选项卡下。

    A. 插入            B. 设计           C. 开始           D. 视图

16. 选择多张不连续的幻灯片时，应按住（　　）键，再逐个单击所需的幻灯片。

    A. Shift           B. Alt           C. Ctrl           D. ⎵

17. 有关 PowerPoint 2016，下面说法中错误的是（　　）。

    A. 标题、文字、图片、图表和表格等都被视为对象

    B. 对选定的对象可以进行移动、复制、删除、撤销等操作

    C. 建立空演示文稿时，该演示文稿不包含任何背景图案，但可以在其提供的多种自动版式中选择

    D. 在幻灯片中可插入所需图片、表格，但不能插入动画和声音

18. 空白幻灯片中不可以直接插入（　　）。

    A. 文本框           B. 文字           C. 艺术字           D. Word 表格

19. 在幻灯片可以插入的影音对象格式有（　　）。

    A. .mp3           B. .wav           C. .swf           D. 以上全部

20. 在幻灯片中插入 FLASH 动画，需调出（　　）。

    A. 图片           B. 控件工具箱         C. Web           D. 绘图

21. 幻灯片母版的功能是（　　）。

    A. 用于控制在幻灯片上输入的标题和文本的格式与类型

    B. 用于控制标题版式、幻灯片的格式和位置

    C. 用于添加或修改幻灯片在讲义视图中每页讲义上出现的页眉或页脚信息

D. 用于控制备注页的版式以及备注文字的格式

22. （　　）可以控制标题幻灯片的外观效果。

A. 幻灯片母版　　　B. 标题母版　　　　C. 讲义母版　　　　D. 备注母版

23. 下列关于母版的描述中，不正确的一项是（　　）。

A. 母版可以预先定义前景颜色、文本颜色、字体大小等

B. 标题母版用于为使用标题版式的幻灯片设置默认格式

C. 对幻灯片母版的修改将不影响任何一张幻灯片

D. PowerPoint 2016 通过母版来控制幻灯片中不同部分的表现形式

24. 在 PowerPoint 2016 中，一个演示文稿中的所有幻灯片在同一时刻只能采用（　　）个设计模板。

A. 1　　　　　　　　B. 2　　　　　　　　C. 3　　　　　　　　D. 4

25. PowerPoint 2016 提供的设计模板，主要用于处理幻灯片上的（　　）。

A. 文字格式　　　　B. 文字颜色　　　　C. 背景图案　　　　D. 以上全部

26. 在 PowerPoint 2016 中，设计模板的文件类型为（　　）。

A. .ppsx　　　　　 B. .pptx　　　　　　C. .ptpx　　　　　　D. .potx

27. 可以使用（　　）选项卡下的"背景"选项组改变幻灯片的背景。

A. 插入　　　　　　B. 幻灯片放映　　　C. 设计　　　　　　D. 视图

28. 幻灯片的填充背景不可以是（　　）。

A. 在调色板中选择的颜色　　　　　　B. 3 种以上颜色的过渡效果

C. 自己调制的颜色　　　　　　　　　D. 磁盘上的图片

29. 在绘制形状时，按住（　　）键可以绘制水平或竖直的直线、正多边形等标准形状。

A. Enter　　　　　　B. Ctrl　　　　　　C. Alt　　　　　　　D. Shift

30. 自定义动画时，以下不正确的说法是（　　）。

A. 各种对象均可设置动画　　　　　　B. 动画设置后，先后顺序不可改变

C. 同时还可配置声音　　　　　　　　D. 可将其设置成播放后隐藏

31. "动画"选项卡中不包含的选项是（　　）。

A. 换片方式　　　　B. 计时　　　　　　C. 动画刷　　　　　D. 预览

32. 为幻灯片设计动画效果时，能对（　　）对象进行设置。

A. 标题和文本　　　B. 图表、艺术字　　C. 剪贴画和自选图形 D. 以上全部

33. 按（　　）键可以放映幻灯片。

A. F2　　　　　　　B. F5　　　　　　　C. F1　　　　　　　D. Alt+F4

34. 如要终止幻灯片的放映，可直接按（　　）键。

A. Ctrl+C　　　　　B. Esc　　　　　　　C. End　　　　　　D. Alt+F4

35. PowerPoint 2016 提供的幻灯片放映方式是（　　）。

A. 手动　　　　　　　　　　　　　　 B. 手动、定时

C. 手动、定时、循环播放　　　　　　C. 手动、定时、循环播放和点播

36. 在展览会场上，若需要将公司的演示文稿反复向观众播放，应选用 PowerPoint 2016 提供的（　　）幻灯片放映方式。

A. 演讲者放映　　　B. 观众自行浏览　　C. 在展台浏览　　　D. 自定义放映

37. 在幻灯片间切换中，可以设置幻灯片切换的（　　）。

A. 换片方式　　　　B. 动画效果　　　　C. 播放时间　　　　D. 放映方式

38. 将不连续的幻灯片设置成连续放映的命令是（　　　）。

    A. "幻灯片放映"→"设置放映方式"　　　B. "幻灯片放映"→"自定义放映"

    C. "幻灯片放映"→"排练计时"　　　　　D. "幻灯片放映"→"联机演示"

39. 在（　　　）中，不能进行排练计时。

    A. 幻灯片放映视图　B. 母版视图　　　　C. 幻灯片浏览视图　D. 普通视图

40. 关于排练计时，以下的说法正确的是（　　　）。

    A. 必须选择"排练计时"命令来设定演示时幻灯片的播放时间长短

    B. 可以设定演示文稿中的部分幻灯片具有定时播放效果

    C. 只能通过排练计时来修改设置好的自动演示时间

    D. 可以通过"设置放映方式"对话框来更改幻灯片的自动演示时间

41. 在设置超链接时，可以使用（　　　）命令。

    A. "插入"→"超链接"　　　　　　　　B. "幻灯片放映"→"超链接"

    C. "幻灯片放映"→"动作设置"　　　　D. "幻灯片放映"→"自定义放映"

42. PowerPoint 2016 的超链接功能使得播放幻灯片时可以自由跳转到（　　　）。

    A. 演示文稿中特定的幻灯片　　　　　B. 某个因特网资源地址

    C. 某个 Word 文档　　　　　　　　　D. 以上均可以

43. 激活 PowerPoint 2016 的超链接功能的方法是（　　　）。

    A. 单击或双击对象　B. 单击或移动对象　C. 单击对象　　　　D. 双击对象

44. 设置了超链接的文本会（　　　），并且显示系统配色方案中的指定颜色。

    A. 变粗　　　　　B. 添加下画线　　　C. 添加边框　　　D. 添加底纹

45. 超链接只有在（　　　）视图中才能被激活。

    A. 普通　　　　　B. 母版　　　　　　C. 幻灯片浏览　　D. 幻灯片放映

46. 在 PowerPoint 2016 中，选定了文字或图片等对象后，可以插入超链接，超链接中所链接的目标可以是（　　　）。

    A. 计算机硬盘中的可执行文件　　　　B. 其他幻灯片文件（即其他演示文稿）

    C. 同一演示文稿中的某一张幻灯片　　D. 以上都可以

47. （　　　）不是合法的"打印内容"选项。

    A. 幻灯片　　　　B. 备注页　　　　　C. 讲义　　　　　D. 幻灯片浏览

48. 在"打印内容"中选择"讲义"，则每页最多能输出（　　　）张幻灯片。

    A. 2　　　　　　　B. 4　　　　　　　　C. 6　　　　　　　D. 8

## 二、操作题

创建一个演示文稿，至少包含 6 张幻灯片，主题自选，保存在"D:\班级\学号姓名文件夹"中，请完成以下操作。

1. 要求分别为每张幻灯片应用标题幻灯片、标题与文本、文本与图片、只有标题等版式，并输入相应内容。

2. 将标题与文本版式中的文本改为竖排。

3. 应用 Blends 设计模板。

4. 在标题母版和幻灯片母版中统一整个演示文稿的风格外观，如字体格式、背景设置等。

5. 在各张幻灯片的合适位置插入音乐和影片，以及 Flash 动画、艺术字等效果。

6. 设置幻灯片的切换方式、自定义动画、排练计时等。

7. 创建超链接。

8. 将该演示文稿文件打包保存在文件夹内。

**三、综合操作题**

操作要求如下。

选择一首歌曲，为每段歌词制作一张幻灯片，并创建配套的演示文稿。

1. 新建一个演示文稿。

2. 为第一张幻灯片应用标题幻灯片版式，如图 5-57 所示，输入歌曲名、作曲人、作词人等信息，为各段段标（"第一段"）设置超链接。

3. 分别为每段歌词制作一张幻灯片，并插入动作按钮，链接设置如图 5-58 所示。

图 5-57　标题幻灯片效果　　　　　　图 5-58　第一段效果

4. 设置每张幻灯片的切换效果、动画效果。

5. 在幻灯片母版中自行设计其文本格式及背景效果。

6. 在第一张幻灯片中插入音乐素材文件，并使音乐一直处于播放状态直至放映结束。

# 第 6 章　计算机网络

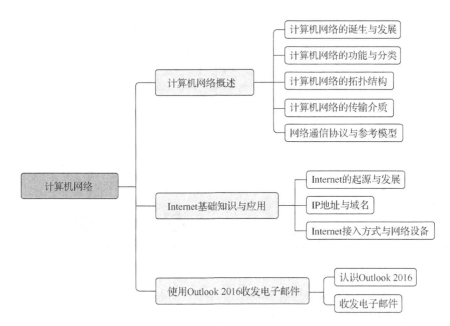

## 本章导学

　　当今时代，计算机网络无时无刻不在影响着我们的生活，各行各业的运行和发展也离不开计算机网络，例如通信、金融、教育等。计算机网络不仅使得分散在各处的计算机系统能够互相通信，而且能够让用户随时随地接入网络获得各种资源、文件及服务，极大地方便了用户完成工作和生活中的各项任务。了解和掌握计算机网络，特别是 Internet 的基本知识与应用，将为我们的学习、生活和工作带来便利。

## 学习目标

- 了解计算机网络的基本概念。
- 了解计算机网络的起源与发展。
- 熟悉网络体系结构模型。
- 熟练掌握 Internet 的基础知识。
- 熟练掌握用 Outlook 收发电子邮件的方法。

## 6.1　计算机网络概述

计算机网络已经覆盖我们生活、工作的方方面面。我们无时无刻不在通过计算机网络了解世界发生的变化。下面简要介绍计算机网络的发展历史。

### 6.1.1　计算机网络的诞生与发展

#### 1. 计算机网络的定义

计算机网络是利用通信设备和线路将地理位置不同、功能独立的多个计算机系统连接起来，利用网络协议实现信息通信和计算机软、硬件资源共享的系统。计算机网络是计算机技术与通信技术相结合的产物，它通过负载均衡、分布处理等一系列有效手段提高网络计算机系统的安全与可靠性，实现远程通信和资源共享。

#### 2. 计算机网络的诞生

通信技术要早于计算机技术，但自从有了计算机，计算机技术和通信技术就开始相互融合。计算机网络的发展可以追溯到 20 世纪 50 年代初，美国麻省理工学院设计了称为 SAGE 的半自动化地面防空系统。SAGE 系统于 1963 年建成投产使用，它被认为是通信技术与计算机技术结合的先驱。

#### 3. 计算机网络的发展

（1）面向终端的单计算机通信系统阶段

除上述 SAGE 系统外，比较具有代表性的是 20 世纪 60 年代初，美国航空公司与 IBM 公司联合研究的用于民用航空的飞机订票系统 SABRE-I。1968 年美国通用电气公司运行了最大的商用数据处理网络信息服务系统，该系统具有交互处理和批处理能力，由于地理范围广，因此可以通过时差来充分利用资源。

早期面向终端的单计算机通信系统中，为了提高通信线路的利用率并减轻主机的负担，使用了多点通信线路、终端集中器以及前端处理器等技术。这些技术对以后计算机网络的发展有着深刻的影响。

（2）通信互联的计算机网络阶段

这个阶段的计算机网络已经不再是面向终端的单计算机系统，而是由多个有独立功能的计算机通过通信线路相互连接而成，其典型代表是由美国军方筹建的 ARPANET。

20 世纪 60 年代，劳伦斯·罗伯茨开始全面负责 ARPANET 的筹建。他运用接口信号处理器技术解决了网络间计算机的兼容问题，并首次使用"分组交换"（Packet Switching）作为网络数据传输标准。这两项关键技术的结合为 ARPANET 奠定了重要技术基础，创造了一种更高效、更安全的数据传递模式。1969 年 12 月，ARPANET 正式投入运行，标志着计算机网络的兴起。ARPANET 的分组交换技术使计算机网络的概念、结构和网络设计方面都发生了根本性的变化，并为后来的计算机网络打下了坚实的基础。

（3）国际标准化的互联互通计算机网络阶段

20 世纪 70 年代末至 90 年代的第三代计算机网络是具有统一的网络体系结构并遵循国际标准的开放式和标准化的网络。ARPANET 兴起后，计算机网络迅猛发展，各大计算机公司相继推出自己的网络体系结构及实现这些结构的软、硬件产品。由于没有统一的标准，不同厂商的产品之间互联很困难，人们迫切需要一种开放性的标准化实用网络环境，这样就应运而生了两种国际通用的最重要的体系结构，即 TCP/IP 体系结构和国际标准化组织的

OSI 体系结构。

（4）高速智能计算机网络阶段

从 20 世纪 90 年代开始，计算机进入全新的高速智能发展时期，特别是以 Internet 为代表的互联网的发展。这一阶段，数字化、大容量的光纤通信网络使得政府机构、企业、大学和家庭计算机间能相互通信。1997 年中国公用计算机互联网实现了与中国金桥信息网、中国教育和科研网、中国科技网 3 个互联网络的互联互通，标志着中国互联网的真正实现。

近年来，网络购物、共享单车、网约车、短视频快速增长，超级计算机、智能网络、移动互联网、虚拟现实、人工智能、云计算、大数据和工业互联网等信息技术正引导互联网朝着智能化、精细化的方向发展。

### 6.1.2 计算机网络的功能与分类

#### 1. 计算机网络的功能

（1）数据通信

数据通信是计算机网络最主要的功能之一。数据通信是依照一定的通信协议，利用数据传输技术在两个终端之间传递数据信息的一种通信方式。它可实现计算机之间、计算机和终端以及终端与终端之间的数据信息传递，是继电报、电话业务之后的第三种最大的通信业务。数据通信中传递的信息均为二进制数据形式，数据通信的另一个特点是远程信息处理，包括科学计算、过程控制、信息检索等内容的广义的信息处理。

（2）资源共享

资源共享是人们建立计算机网络的主要目的之一。计算机资源包括硬件资源、软件资源和数据资源。硬件资源的共享可以提高设备的利用率，避免设备的重复投资，例如在局域网内共享打印机等设备；软件资源和数据资源的共享可以充分利用已有的信息资源，减少软件开发过程中的重复性工作，避免大型数据库的重复建设。

（3）集中管理

计算机网络技术的发展和应用，已使得现代的办公手段、经营管理等发生了变化。目前，已经有了许多管理信息系统、办公自动化系统等，通过这些系统人们可以实现日常工作的集中管理，提高工作效率，增加经济效益。

（4）实现分布式处理

计算机网络技术的发展，使得分布式计算成为可能。对于大型项目，可以将其分为许许多多个小任务再由不同的计算机分别完成，以提高完成项目的效率。分布式处理的应用已经涵盖了人们现实生活的方方面面，例如在 ATM 终端上取钱或利用手机 App 购买火车票等。

（5）负载均衡

负载均衡是指工作被均匀分配给网络上的各台计算机。网络控制中心负责分配和检测，当某台计算机负荷过重时，系统会自动将任务转移给网络集群中负荷较轻的计算机去处理。

#### 2. 计算机网络的分类

计算机网络通常按照其规模大小和延伸距离远近（网络的地理位置）来分类，也可按其他方法来分类。下面来介绍一些常见的分类方法。

（1）按计算机网络的地理位置分类

按网络的地理位置分类，计算机网络可分为局域网、城域网、广域网。

① 局域网（Local Area Network，LAN）所覆盖的范围较小，是最常见、应用最广的一种计算机网络。随着整个计算机网络技术的发展和普及，几乎每个企业都有自己的局域网，其

至普通家庭中都有自己的小型局域网。局域网在计算机数量配置上没有太多的限制，少则两台，多则可达几百台。一般来说，在企业局域网中，工作站的数量在几十到几百台左右。从计算机网络所涉及的地理距离上来说，可以是几米至几千米以内，局域网一般位于一个建筑物或一个企业内。其特点是：连接范围窄、用户数少、配置容易、连接速率高。电气和电子工程师协会（Institute of Electrical and Electronics Engineers，IEEE）的 802 标准委员会定义了多种主要的局域网：以太网（Ethernet）、令牌环网（TokenRing）、光纤分布式接口网络（Fiber Distributed Data Interface，FDDI）、异步传输模式网（Asynchronous Transfer Mode，ATM）以及无线局域网（Wireless Local Area Network，WLAN）。

② 城域网（Metropolitan Area Network，MAN）是在一个城市范围内建立的计算机通信网络。这种网络的连接距离可以在 10 到 100 千米内，城域网与局域网相比，其覆盖的距离更长，连接的计算机数量更多。在一个大型城市或都市地区，一个城域网通常连接着多个局域网，如连接政府机构的局域网、医院的局域网、电信的局域网、企业的局域网等。由于光纤连接的引入，因此城域网中高速的局域网互联成为可能。城域网多采用异步传输模式网做骨干网络。

③ 广域网（Wide Area Network，WAN）又称外网、公网。它所覆盖的范围比城域网（MAN）更广，一般用来实现不同城市之间的 LAN 或者 MAN 互联，地理范围可从几百千米到几千千米。它能连接多个地区、城市和国家，甚至横跨几个大洲，并能提供远距离通信，形成国际性的远程网络。但是广域网并不等于互联网。

（2）按计算机网络的拓扑结构分类

按拓扑结构来分，计算机网络可分为星形、环形、总线型、树形、网状等。

（3）按传输介质分类

按传输介质来分，计算机网络可分为有线网和无线网。

① 有线网：采用光缆、同轴电缆、双绞线来连接的计算机网络。

② 无线网：采用空气作为传输介质，用电磁波作为载体来传输数据；目前无线互联网费用较高，但由于联网方式灵活方便，因此是非常具有发展前景的联网方式。

（4）按通信方式分类

按通信方式分类，计算机网络可分为点对点传输和广播式传输。

① 点对点传输：数据以点到点的方式在计算机或通信设备中传输，星形、环形拓扑结构的网络采用这种传输方式。

② 广播式传输：数据在共用介质中传输，总线型网络属于这种类型。

## 6.1.3　计算机网络的拓扑结构

拓扑属于几何学范畴，它是研究几何图形或空间在连续改变形状后还能保持不变的一些性质的一个学科。它只考虑物体间的位置关系而不考虑它们的形状和大小。计算机网络的拓扑结构是指用传输媒介把计算机等各种设备互相连接起来的物理布局，是指互连过程中构成的几何形状，它能表示网络服务器、工作站的网络配置和它们互相之间的连接。它定义了各种站点之间的物理位置和逻辑位置。

常见计算机局域网的基本拓扑结构有 3 种：星形、总线型和环形。除此之外，还有树形、网状等更为复杂的拓扑结构。

### 1. 星形拓扑结构

星形拓扑结构的网络由中心节点和其他从节点组成，中心节点可直接与从结点通信，而从节点间的通信必须通过中心节点才能实现，如图 6-1 所示。星形网络的中心节点通常是一台高性能的集线器或交换机，其工作性能直接影响到整个计算机网络工作的效率，这种拓扑结构也是当前局域网中最为常见的联网方式。

星形拓扑结构网络的优点是便于管理，方便进行网络扩容，出现通信故障时能较快确定故障节点，易维护；缺点是对中心节点的要求很高，一旦中心节点出现故障，将会导致整个网络瘫痪。

### 2. 总线型拓扑结构

总线型拓扑结构的网络是一种比较简单的计算机网络结构，采用一种称为公共总线的传输介质，将所有节点通过硬件接口与总线连接，信息沿公共总线传输介质广播传送到所有节点，如图 6-2 所示。一般而言，总线型拓扑结构中总线通信介质为同轴电缆，所有节点共享传输链路，因此每次只能由一个节点进行通信。一般情况下，总线型网络采用载波监听多路访问/冲突检测（Carrier Sense Multiple Access with Collision Detection，CSMA/CD）协议作为冲突控制策略。

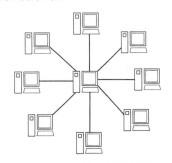

图 6-1　星形网络拓扑结构

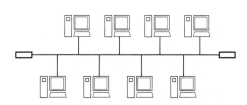

图 6-2　总线型网络拓扑结构

总线型拓扑结构网络的优点是造价相对比较便宜，方便进行网络扩容，单个节点故障不会影响到整个网络；缺点是出现通信故障时诊断困难，节点过多会导致冲突增加及通信效率下降。

### 3. 环形拓扑结构

环形拓扑结构网络是使用公共电缆组成一个封闭的环，各节点直接连到环上，信息沿着环路按一定方向从一个节点传送到另一个节点，如图 6-3 所示。环形网络中的数据按照设计主要是单向传输，也可以双向传输。由于环线公用，一个节点发出的信息必须穿越环中所有的环路接口，信息流的目的地址与环上某节点地址相符时，信息被该节点的环路接口所接收。节点通过获得令牌（Token）的方式来获得公共线路的访问控制权。令牌沿着环形总线在入网节点计算机间依次传递，节点计算机只有取得令牌后才能发送数据帧，因此不会发生介质访问冲突。由于令牌在环路上是按顺序依次传递的，因此对所有环内的计算机节点而言，访问权是公平的。

环形拓扑结构网络的优点是使用的连接线路相对较短，费用较低，令牌的方式提高了节点间通信的效率；缺点是网络扩容不方便，单个节点故障会影响到整个网络的通信。

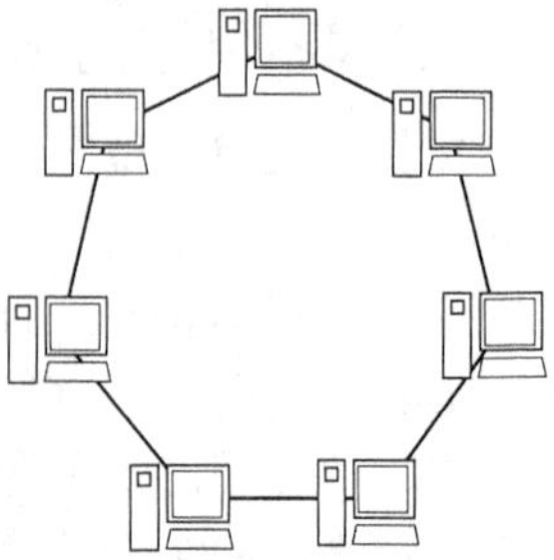

图 6-3　环形网络拓扑结构

### 4. 树形拓扑结构

树形拓扑是一种类似于总线型拓扑的局域网拓扑。树形拓扑结构网络可以包含分支，每个分支又可包含多个节点，如图 6-4 所示。

树形拓扑结构网络的优点是易于扩展，可以延伸出很多分支和子分支，容易在网络中加入新的分支或新的节点，易于隔离故障；缺点是若根节点出现故障，就会引起全网不能正常工作。

### 5. 网状拓扑结构

在网状拓扑结构中，网络中的节点之间相互连接，并且每一个节点至少与其他两个节点相连，组成一种不规则的网状形式，如图 6-5 所示。

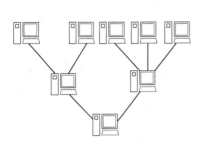

图 6-4　树形网络拓扑结构

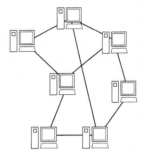

图 6-5　网状网络拓扑结构

网状拓扑结构网络的优点是网络可靠性高，可组建成各种形状，采用多种通信信道，具有多种传输速率，可改善线路的信息流量分配；缺点是组网较为复杂，组网的成本较高，不易扩容，管理起来不方便。

## 6.1.4　计算机网络的传输介质

计算机网络的传输介质是连接网络设备的中间介质，也就是信号传输的媒体，常用的传输介质有以下几种。

### 1. 双绞线

双绞线是综合布线工程中最常用的一种传输介质，由两根具有绝缘保护层的铜导线组成，如图 6-6 所示。把两根绝缘的铜导线按一定密度互相绞在一起，每一根导线在传输中辐射出来的电波都会被另一根线上发出的电波抵消，有效降低了信号干扰的程度。双绞线分为屏蔽双绞线（Shielded Twisted Pair，STP）和非屏蔽双绞线（Unshielded Twisted Pair，UTP）。非屏蔽双绞线有线缆外皮作为屏蔽层，适用于网络流量不大的情况；屏蔽双绞线具有一个金属甲套，对电磁干扰具有较强的抵抗能力，适用于网络流量较大的情况。

双绞线常见的有三类线、五类线、超五类线及六类线。现在常用的为五类非屏蔽双绞线，其最高频率带宽为 100MHz，最高传输率为 100Mbit/s，主要用于 100BASE-T 和 1000BASE-T 网络，最远网段传输距离为 100m。超五类线具有衰减小、串扰少的特点，并且具有更高的衰减与串扰的比值和信噪比、更小的时延误差，性能得到很大提高。超五类线主要用于千兆位以太网（1 000Mbit/s）。六类双绞线可工作于 200MHz 的频率带宽之上，且采用特殊设计的 RJ-45 插头。

值得注意的是，频率带宽与线缆所传输的数据的传输速率是有区别的。频率带宽衡量的是单位时间内线路传输的二进制位的数量，传输速率衡量的则是单位时间内线路中电信号的振荡次数。

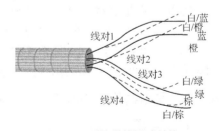

图 6-6　双绞线的组成结构

263

### 2．同轴电缆

目前广泛使用的同轴电缆有两种：一种为 $50\Omega$ 同轴电缆，用于数字信号的传输，主要作为基带同轴电缆；另一种为 $75\Omega$ 同轴电缆，用于宽带模拟信号的传输，主要作为宽带同轴电缆。

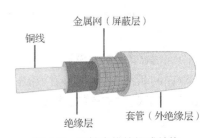

图 6-7　同轴电缆的组成结构

同轴电缆以单根铜导线为内芯，外裹一层绝缘材料，外覆密集网状导体，最外面是一层保护性塑料，如图 6-7 所示。金属屏蔽层能将磁场反射回中心导体，同时也可使中心导体免受外界干扰，故同轴电缆比双绞线具有更高的带宽和更好的噪声抑制特性。

同轴电缆的优点是可以在相对较长的线路上支持高带宽通信，最远传输距离可达 800m 至几千米。其缺点是体积大，要占用电缆管道的大量空间，而且不能承受缠结、压力和严重的弯曲，施工成本高。所以基于上述特点，同轴电缆现主要用于小区楼栋、单位建筑物接入信号的主线路。

### 3．光纤

光纤是利用线路内部光的全反射原理来传导光束的传输介质。由于光信号在光导纤维中的传导损耗比电信号在电线中的传导损耗低得多，因此光纤多被用作长距离的信息传递。光纤有单模和多模之分。单模光纤多用于通信行业，多模光纤多用于网络布线系统。

光纤为圆柱状，由 3 个同心部分组成：纤芯、包层和护套，如图 6-8 所示。一路光纤包括两根，一根用于接收，另一根用于发送。用光纤作为网络介质的 LAN 技术主要是光纤分布式数据接口（Fiberoptic Data Distributed Interface；FDDI）。与同轴电缆比较，光纤可提供更大的带宽而且信号功率损耗极小，传输距离可达几十公里甚至几百公里。因为光纤具有传输速率高、传输距离远、抗干扰性能力强等优点，所以其是构建安全性网络的理想选择，也是世界上各大洲之间通信主干道上的传输介质。

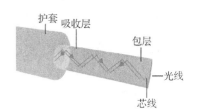

图 6-8　光纤的组成结构

### 4．无线通信技术

无线通信主要包括微波、红外线、卫星和蓝牙通信等。

（1）微波的特点是波长短，频率高，方向性好，接近于直线传播。微波的通信带宽较大，传输质量高。由于微波接近于直线传播，遇到建筑无法绕过，从而造成能量的急剧损耗。另外，由于地面曲率的因素，约 50km 需建立一个中继站。

（2）红外通信使用波长小于 $1\mu m$ 的红外线传输数据，具有较强的方向性，但易受阳光干扰。

（3）卫星通信的特点是不受地形地貌的影响。理论上只要 3 颗同步卫星，就可以覆盖整个地球。卫星作为转发的平台，将从一个地面站发来的微波或激光信号转发给另一个地面站。

（4）蓝牙通信是一种短距离无线电技术，利用蓝牙技术，能够有效地简化移动终端、计算机和穿戴设备之间的连接和通信，让人们能够方便快捷地通过各种移动设备接入因特网获取信息。

## 6.1.5　网络通信协议与参考模型

### 1．网络通信协议

嵌入网络的计算机的类型和所使用的操作系统及应用软件不尽相同，为了使网络中的计算机能够互通信息，双方预先约定好的、需要共同遵循的规程和规则称为网络通信协议。

网络通信协议的三大要素是语义、语法和时序。

（1）语义：规定通信双方"讲什么"，即确定协议元素的类型，协议元素指控制信息、执行的命令和返回的应答。

（2）语法：规定通信双方"如何讲"，即确定协议元素的格式，协议元素的格式指数据的结构和控制信息的格式。

（3）时序：对事件发生顺序的详细说明。

**2. 常见的网络参考模型**

20 世纪 70 年代，越来越多不同种类的网络因为互相连接而产生了诸多兼容的问题，行业内部开始考虑制定全球范围内的网络统一标准，以减少因差异和兼容等问题产生的不必要经济损失。

（1）OSI 参考模型

1977 年，国际标准化组织（Internet Standard Organization，ISO）制定了开放系统互连（Open System Interconnection，OSI）参考模型。该模型采用层次结构，每一层都有相应的协议、处理任务和接口标准。上一层可以调用下一层，而不与再下一层发生关系；高层调用低层提供的功能，而无须了解底层的技术细节；只要接口不变，低层功能实现方法的变更就不会影响高层执行的功能。

OSI 参考模型将网络通信协议分为 7 层，从上到下分别是应用层、表示层、会话层、传输层、网络层、数据链路层和物理层，如图 6-9 所示。

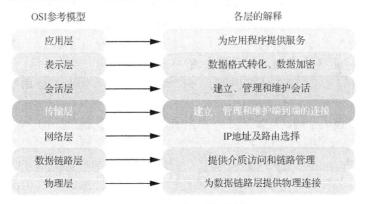

图 6-9 OSI 参考模型结构

① 物理层

物理层的主要功能是利用传输介质为数据链路层提供物理连接，以实现透明地传输比特流。物理层定义了所连接的传输线以及其他硬件的机械和电气等特性参数。

② 数据链路层

数据链路层在通信的实体间建立数据链路连接，传送以帧为单位的数据，并采用相应方法使有差错的物理线路变成无差错的数据链路。

③ 网络层

网络层的功能是路由选择、阻塞控制和网络互连等，实现主机之间分组的传输。

④ 传输层

传输层的功能是向上层提供可靠的端到端服务，确保报文无差错传输。它向高层屏蔽了下层数据通信的细节，因此是关键的一层。

⑤ 会话层

会话层的功能是建立、组织和协调两个会话进程之间的通信。它不参与具体的数据传输，而对数据传输进行管理。

⑥ 表示层

表示层主要用于处理两个通信系统中交换信息的表示方式，包括数据格式变换、数据加密、数据压缩和恢复等功能。

⑦ 应用层

应用层用于确定进程之间通信的性质，以满足用户的需要。它提供应用进程需要的信息交换和远程操作，同时还要作为应用进程的用户代理来完成一些为进行信息交换所必需的功能。

它的最大优点是将服务、接口和协议这 3 个概念明确地区分开来，服务说明某一层为上一层提供一些什么功能，接口说明上一层如何使用下层的服务，而协议涉及如何实现本层的服务。

（2）TCP/IP 模型

OSI 参考模型建立的初衷是希望能为网络通信协议的发展提供一个国际标准，事实上这一目标并未实现。TCP/IP 模型的开发先于 OSI 参考模型。由于 Internet 的飞速发展，Internet 所遵循的 TCP/IP 得到了广泛的应用，TCP/IP 已成为事实上的网络协议标准。

TCP/IP 是一个包含 100 多个协议的协议集，其中最重要的是传输控制协议（Transmission Control Protocol，TCP）与网际协议（Internet Protocol，IP），因此人们通常将 TCP/IP 协议集简称为 TCP/IP（Transmission Control Protocol/Internet Protocol）。

TCP/IP 模型分为 4 层，其中应用层与 OSI 参考模型中的应用层对应，传输层与 OSI 参考模型的传输层对应，网际层与 OSI 参考模型中的网络层对应，网络接口层与 OSI 参考模型中的物理层和数据链接层对应。TCP/IP 模型中没有 OSI 参考模型中的表示层和会话层，如图 6-10 所示。

① 应用层

应用层向用户提供常用的应用程序，如电子邮件等。应用层包括了所有的高层协议，主要有网络终端（Telent）协议，用于实现互联网中的远程登录功能；文件传输协议（File Transfer Protocol，FTP），用于实现互联网中交互式文件传输功能；简单电子邮件协议（Simple Mail Transfer Protocol，SMTP），用于实现互联网中电子邮件发送功能。

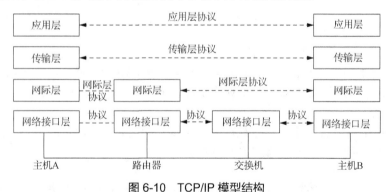

图 6-10　TCP/IP 模型结构

② 传输层

传输层又称 TCP 层，它提供可靠的点到点的数据传输，确保源节点传送的报文正确到达目标节点。传输层包含两个传输协议，即 TCP 和 UDP。

③ 网际层

网际层又称 IP 层，负责网络计算机之间的数据报传输，IP 定义了网络上 IP 地址的格式，并通过路由选择将数据报由一台计算机传送到另一台计算机。

④ 网络接口层

网络接口层的主要功能是接收 IP 数据报并通过网络发送，或者从网络上接收物理帧，抽出 IP 数据报交给 IP 层。

## 6.2  Internet 基础知识与应用

Internet 也称为因特网，是当今世界上最大的连接计算机的网络通信系统，而且是全球信息资源的公共网。该系统拥有成千上万的数据库，提供的信息包括文字、数据、图像、声音等形式，信息类型有软件、图书、报纸、杂志、档案等。其门类涉及政治、经济、科学、教育、法律、军事、物理、体育、医学等社会生活的各个领域。Internet 成为无数信息资源的总称，它是一个无级网络，不为某个人或某个组织所控制。人人都可参与，人人都可以在其中交换信息，共享网上资源。

### 6.2.1  Internet 的起源与发展

#### 1. Internet 的起源

Internet 是目前全世界最大的计算机网络，它覆盖了整个地球及外太空。Internet 起源于美国国防部高级研究计划局（Advanced Research Project Agency，ARPA）1968 年研制的用于支持军事研究的计算机网络 ARPANET。ARPANET 建立的初衷是帮助那些为美国军方工作的研究人员通过计算机交换信息，其设计与实现基于这样的一种主导思想：网络要能够经得住故障的考验并能维持正常工作，当网络的一部分因受到攻击而失去作用时，网络的其他部分仍能维持正常通信。ARPANET 不仅能提供各站点间的可靠连接，而且在部分物理部件受损的情况下，仍能保持稳定，在网络的操作中可以不费力地增删节点。当时已经投入使用的许多通信网络中的许多运行不稳定，并且只有在相同类型的计算机之间才能可靠地工作，ARPANET 则可以在不同类型的计算机间互相通信。

ARPANET 的两大贡献：第一，分组交换概念的提出；第二，促成了今天的 Internet，即促成了 Internet 最基本的通信基础——传输控制协议/Internet 协议（Transmission Control Protocol/Internet Protocol，TCP/IP）。

#### 2. Internet 的发展

1985 年，在美国国家科学基金会的支持下，美国各大学与研究机构建立了基于 ARPANET 架构的 NFSNET。它是一个拥有 15 个超级计算中心和承担全美国教育和科研工作的计算机网络。随后越来越多的大学、研究机构纷纷将自己的局域网并入 NSFNET，这使 NSFNET 在 1986 年建成后取代了 ARPANET 而成为 Internet 的主干网络。

在 20 世纪 90 年代以前，Internet 是由美国政府资助的，主要供大学和研究机构使用，但近年来该网络的商业用户数量日益增加，并逐渐从研究教育网络向商业网络过渡。商业机构的加入，也为 Internet 的发展注入了强大的推动力。

1995 年，NSFNET 正式停止运作，这标志着 Internet 彻底商业化。从 1996 年起，世界各国陆续启动下一代高速互联网络及其关键技术的研究，Internet 随之进入飞速发展的时期。

### 3．Internet 在中国的发展

1986 年，北京市计算机应用技术研究所实施的国际联网项目——中国学术网（Chinese Academic Network，CANET）启动。1990 年 11 月 28 日，钱天白教授代表中国正式在斯坦福网络信息研究中心注册登记了中国的顶级域名 CN，并从此开通了使用中国顶级域名 CN 的国际电子邮件服务。

目前，我国已初步建成国内互联网，其中 4 个主干网络是中国公用计算机互联网（ChinaNET）、中国教育与科研网（CERNET）、中国科学技术网（CSTNET）、中国金桥信息网（ChinaGBN）。

## 6.2.2 IP 地址与域名

### 1．IP 地址

（1）IP 地址的定义与作用

IP 地址（IP Address）是指互联网协议地址，又译为网际协议地址，是 IP 提供的一种统一的地址格式，它为互联网上的每一个网络和每一台主机分配一个逻辑地址，以此来减小物理地址的差异。

IP 地址就像我们的家庭住址一样，如果你网购商品，首先要知道自己收货地址并把准确地址告知商家，这样快递员才能把包裹准确地送到你的手中。计算机发送信息就好比是快递员，它必须知道唯一的"家庭地址"才不会把包裹送错。只不过我们日常生活中的地址是用文字来表示的，而网络中计算机的地址用二进制数字表示。

Internet 现行使用的主流版本是 IPv4，它使用 32 位二进制数作为 IP 地址。但是 32 位的二进制数非常不便于书写和记忆，所以在实际工作中我们会将 32 位的地址平均分成 4 份，再转换成 4 个十进制数表示。每个十进制数对应 8 位二进制数的数值，每个十进制数用"."隔开。根据进制之间的转换规则，我们可知 IP 地址的 4 个十进制数均介于 0～255 之间。

例如 IP 地址 11011010 00011110 00011001 11100100，我们将其表示为 218.30.25.228。

（2）IP 地址的分类

在 IPv4 版本中，IP 地址被划分为 A、B、C、D、E 共 5 类。另外，将 32 位的 IP 地址划分出了两个部分：网络标识和主机标识。不同类别的 IP 地址其网络标识和主机标识的位数不一样，如图 6-11 所示。

A 类 IP 地址：网络标识占 8 位，主机标识占 24 位，属于大型网络，第一个十进制数为 1～126。

B 类 IP 地址：网络标识占 16 位，主机标识占 16 位，属于中型网络，第一个十进制数为 128～191。

C 类 IP 地址：网络标识占 24 位，主机标识占 8 位，属于小型网络，第一个十进制数为 192～223。

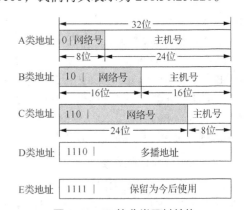

图 6-11　IP 的分类及其结构

D 类 IP 地址：是多播地址，该类 IP 地址的最前面为"1110"，所以地址的网络号取值范围为 224～239，一般用于多路广播用户。

E 类 IP 地址：是保留地址，该类 IP 地址的最前面为"1111"，所以地址的网络号取值范围为 240～255。

## 2. 域名

域名（Domain Name）又称网域，是由一串用点分隔的名字组成的 Internet 上某一台计算机或计算机组的名称，用于在数据传输时对计算机进行定位标识。

由于 IP 地址具有不方便记忆并且不能显示地址组织的名称和性质等缺点，人们设计出了域名，并通过域名系统（Domain Name System，DNS）来将域名和 IP 地址相互映射，使人们能更方便地访问互联网，而不用去记住能够被计算机直接读取的 IP 地址数串。域名与 IP 地址之间的关系是，一个域名一定对应一个 IP 地址，而一个 IP 地址可以对应多个域名。

域名使用字符串来表示提供服务计算机的位置，一般格式为"主机名.子域名.顶级域名"。

常见的域名有行业域名、国家域名等。例如，com 表示工商企业，net 表示网络提供商，org 表示非营利组织，cn 表示中国等。

## 3. 万维网

万维网（World Wide Web，WWW），也称为 Web，它是 Internet 的重要组成部分。万维网是一个由相互链接的超文本文档组成的系统，系统里每个有用的事务或信息都将成为一个资源，通过浏览器使用统一资源地址（URL）访问。该系统分为 Web 客户端和 Web 服务器端程序，人们可以使用 Web 客户端（浏览器）访问 Web 服务器上的页面。

万维网为我们提供了诸多应用，例如上网浏览新闻信息、收发电子邮件、上传分享文件等，这一切都是基于应用层的网络通信协议，如 HTTP、FTP、SMTP 等。

## 6.2.3 Internet 接入方式与网络设备

### 1. Internet 接入方式

以前一般的网络用户大都是通过调制解调器以电话拨号方式上网，即使是 56kbit/s 的 Modem，其传输速率也非常慢。随着网络技术的发展和 Internet 的普及，速度更快、更稳定的带宽上网方式已经越来越普及，能满足人们家庭娱乐、工作办公等需求。下面介绍常用的 3 种 Internet 接入方式。

（1）ISDN

综合业务数字网（Integrated Service Digital Network，ISDN）以传统电话线传输数字信号，出现在 21 世纪。其好处是可以利用两个二进制通信信道进行 Internet 数据传输，且不影响电话接听和文件传真，也被称为一线通。

ISDN 的优点是以数字信号进行通信，有不易受干扰、可以压缩、便于处理与保密等特性。对于 SOHO 办公而言是不错的选择，用户不必申请好几个电话号码就可用单一线路进行上网、传文件、通话与传真等工作，而且双向传文件时速度相当。ISDN 可以提供 128kbit/s 的基础速率服务，但若要传送高速动态图像，并达到"实时服务"的要求，这样的速率是远远不够的。

（2）DSL

各类数字用户线路（Digital Subscriber Lines，DSL）可以利用目前的双绞线电话线将带宽提高到 6Mbit/s 或 8Mbit/s，使用方式和软、硬件需求与 ISDN 相似，速率却可达 ISDN 的数十倍以上，是 21 世纪初家庭宽带用户的主流选择。

DSL 依据不同的技术可将双绞线的频宽提升到不同的程度，主要分为 3 种：ADSL、HDSL、VDSL。

ADSL 叫作非对称数字用户环路，它利用现有的电话线路加上 ADSL 专用调制解调器，将数字信号的传输速率提升到下行速率为 1.5～9Mbit/s、上行速率达 64～640kbit/s 的程度，其间的差异依据其采用的调制解调器、传输方式和传输距离而定。此种上、下行速率的不对称即为非对称。

HDSL 即高速率数字用户线路，它利用两条绞线进行数字资料的传输，不过上、下行速率相等，这是 HDSL 与 ADSL 最大的不同点。在一条双绞线的情况下，HDSL 速率可达 784～1 040kbit/s，如果以两条双绞线传输，则可将速率提高到 1.544Mbit/s 或 2.048Mbit/s。

VDSL 即超高速数字用户线路，是 XDSL 技术系列中速度最快的传输方式，仅利用一条双绞线，最大速率可达 55Mbit/s。速度的变化主要依据线路长短不同而定，而且是双向等速的对称传输。

（3）FTTH

光纤到户（Fiber To TheHome，FTTH）是现今为止，全业务、高带宽的接入需求最好、最快的模式。FTTH 不但能提供更大的带宽，而且增强了网络对数据格式、速率、波长和协议的透明性，放宽了对环境条件和供电等方面的要求，简化了维护和安装。

FTTH 给普通用户带来了前所未有的高速 Internet 接入体验。用户可以直接在计算机上观看高清甚至 4K 电影、下载大型文件、开展多人在线视频会议等。

### 2. 常见的网络设备

（1）网卡

网络接口卡（Network Interface Card，NIC）简称网卡，又称网络适配器，是计算机与网络相连的接口。网卡的功能主要有两个：一是将发送方的数据报封装为帧，并通过传输介质将数据发送到网络上；二是接收从网络上传来的帧，并将其重新组合成数据报。

每个网卡在制造时都有一个物理地址（MAC 地址）。制造商们已对地址范围达成协议，每个制造商只能使用许可的地址，这样可保证不重复使用地址。地址是用 12 个十六进制数表示的，例如 00 0B 2F 15 0A D0。地址分为 6 个部分，前 3 个部分由国际统一分发，后 3 个部分由厂家自定。

（2）集线器

集线器（HUB）在 OSI 参考模型中属于数据链路层。价格低是它最大的优势，但由于集线器属于共享型设备，在繁重的网络中，其效率变得十分低下，因此我们在中、大型的网络中看不到集线器的身影。如今的集线器普遍采用全双工模式，市场上常见的集线器传输速率普遍都为 100Mbit/s。

（3）交换机

交换（Switching）是指按照通信两端传输信息的需要，用人工或设备自动完成的方法把要传输的信息送到符合要求的相应路由上的技术统称。广义的交换机（Switch）就是一种在通信系统中完成信息交换功能的设备。

在计算机网络系统中，交换概念的提出是对共享工作模式的改进。HUB 就是一种共享设备，HUB 本身不能识别目的地址，当同一局域网内的 A 主机给 B 主机传输数据时，数据包在以 HUB 为架构的网络上是以广播方式传输的，由每一台终端通过验证数据包的地址信息来确定是否接收。也就是说，在这种工作方式下，同一时刻网络上只能进行一组数据帧的通信。这种方式就是共享网络带宽。交换机拥有一条带宽很高的外部总线和内部交换矩阵。交换机的所有端口都挂接在这条外部总线上，控制电路收到数据包以后，处理端口会查找内存中的地址对照表以确定目的 MAC 地址（网卡的硬件地址）的网卡挂接在哪个端口上，通过内部交换矩阵迅速将数据包传送到目的端口；目的 MAC 地址若不存在，才广播到所有的端口，接收端口回应后交换机会记录新的地址，并把它添加到内部地址表中。常见的商用交换机如图 6-12 所示。

图 6-12  常见的商用交换机

使用交换机也可以把网络分段，通过地址对照表，交换机只允许必要的网络流量通过交换机。通过交换机的过滤和转发，可以有效隔离广播风暴，减少误包和错包的出现，避免冲突。

（4）路由器

路由器（Router）是一种连接多个网络或网段的网络设备，能将不同网络或网段之间的数据信息进行寻址转发，以使它们能够相互传递对方发送和接收的数据，从而构成一个更大的网络。

路由器是互联网络的枢纽，具有两大典型功能，即数据通道功能和控制功能。数据通道功能包括转发决定、输出链路调度等，一般由特定的硬件来完成；控制功能一般用软件来实现，包括与相邻路由器之间的信息交换、系统配置、系统管理等。

路由器与交换机在概念上有一定重叠但也有不同：交换机泛指工作于任何网络层次的数据中继设备，而路由器工作在 OSI 参考模型的第三层，即网络层。路由器通过路由决定数据的转发。为了能路由数据包，路由器之间会通过路由协议进行通信并创建和维护各自的路由表。路由表存储了去往某一网络的最佳路径、该路径的"路由度量值"及下一跳路由器。当收到一个 IP 数据包时就到路由表里去查，根据 IP 数据包的目的 IP 地址查对应表项，可以查到一个出接口，再将数据包重新封装后从该接口转发至目的地。

无线路由器（Wireless Router）好比将单纯性无线 AP 和宽带路由器合二为一的扩展型产品。它不仅具备单纯性无线 AP 所有功能，如支持 DHCP 客户端、支持 VPN、防火墙、支持 WEP 加密等，而且还包括了网络地址转换（NAT）功能，可支持局域网用户的网络连接共享，可实现家庭无线网络中的 Internet 连接共享和 ADSL 等小区宽带的无线共享接入，如图 6-13 所示。

图 6-13  常用的家用无线路由器

## 6.3  使用 Outlook 2016 收发电子邮件

Outlook 2016 是 Office 2016 套装软件中的电子邮件收发软件。它可以帮助我们更好地管理电子邮件和联系人等信息，其简单易用的特性与功能能够在很大程度上提高人们的工作效率。

### 6.3.1  认识 Outlook 2016

#### 1. 基础知识

Outlook 2016 的主要功能如下。

（1）收发电子邮件

通过链接到邮件服务器，用户可以轻松地使用 Outlook 2016 来收发其他邮箱或其他互联网电子邮件运营商的邮件。

（2）备份电子邮件、联系人等信息

使用 Outlook 2016 可以把收件箱中的邮件备份出来，保存到计算机硬盘中。使用 Outlook 2016 保存的邮件无须考虑容量限制的问题，只要硬盘剩余空间足够即可。

（3）日程管理

日程管理是 Outlook 2016 中的另一个重要功能。用户可以使用日程管理来提醒自己待办的各种会议、约会等事项，还可以利用"日历"功能合理高效地管理时间，甚至可以通过邮件的方式与他人共享自己的日历。

**2．操作步骤**

（1）创建 Outlook 账户

① 第一次运行 Outlook 2016 时，软件会弹出启动配置向导界面，如图 6-14 所示。

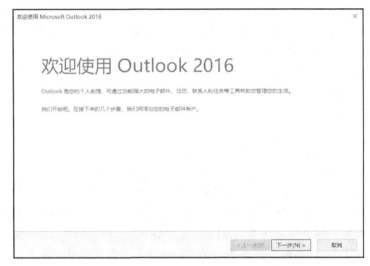

图 6-14　Outlook 2016 的启动配置向导界面

② 单击"下一步"按钮进入"添加电子邮件账户"界面，选择"是"单选按钮，单击"下一步"按钮，将其与已有的电子邮件账户进行绑定，如图 6-15 所示。

图 6-15　选择是否绑定电子邮件账户

③ 进入"自动账户设置"界面后，输入我们已有的账户信息，包括电子邮件地址、登录密码等，如图 6-16 所示。单击"下一步"按钮可以验证该邮件账户信息。

图 6-16　邮件账户配置界面

④ 进入"正在搜索您的邮件服务器设置"界面后，系统会提示与邮件服务器建立连接，如图 6-17 所示。勾选"登录到邮件服务器"，则表示已经将该账户与 Outlook 2016 成功绑定。

图 6-17　连接邮件服务器

⑤ 账户绑定成功后，Outlook 2016 进入邮件自动接收界面，会将该账户邮件服务器上的邮件转存至本地计算机中，如图 6-18 所示。

（2）创建联系人

① 单击主界面左下角"联系人"图标，进入"联系人"界面，如图 6-19 所示。

② 选择"开始"→"新建联系人"命令，输入对应的基本信息，选择"保存并新建"命令即可完成新联系人的创建，如图 6-20 所示。

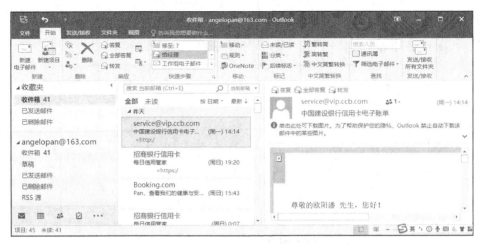

图 6-18　账户绑定成功并登录后的界面

图 6-19　"联系人"界面

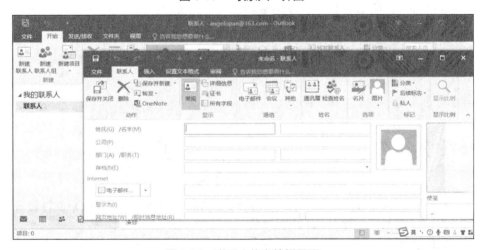

图 6-20　联系人信息编辑界面

（3）导入与导出联系人

Outlook 2016 不仅可以方便地新建联系人，还可以将联系人信息进行批量的导入与导出，操作步骤如下。

① 选择"文件"→"选项"命令，打开"Outlook 选项"对话框，如图 6-21 所示。

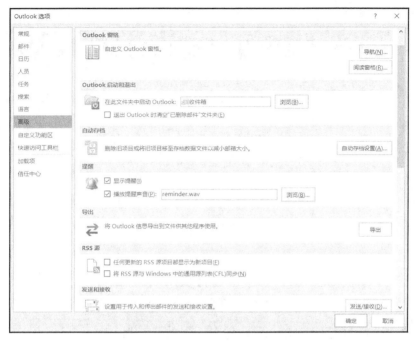

**图 6-21 "Outlook 选项"对话框**

② 选择"高级"→"导出"命令，单击"导出"按钮，弹出"导入和导出向导"对话框，如图 6-22 所示。选择"从另一程序或文件导入"，单击"下一步"按钮。

③ 进入"导入文件"对话框，根据准备的数据文件选择文件类型，单击"下一步"按钮选择文件即可完成导入联系人的操作，如图 6-23 所示。

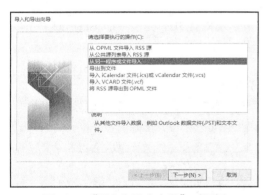

**图 6-22 "导入和导出向导"对话框**

**图 6-23 "导入文件"对话框**

## 6.3.2 收发电子邮件

收发电子邮件的操作步骤如下。

（1）进入 Outlook 2016 主界面，单击左下角的"邮件"按钮，进入邮件窗口。

（2）选择左侧列表中的"收件箱"，如有新邮件，则"收件箱"旁边会有数字提醒未读新邮件的数量。Outlook 2016 会定时自动到服务器下载收件箱中的邮件，检查是否有新邮件并给出新邮件提示。

（3）创建并发送一份新邮件。选择"开始"→"新建电子邮件"命令，打开创建新邮件的界面，如图 6-24 所示。

图 6-24　创建新邮件界面

（4）在创建新邮件的界面中输入"收件人""主题""邮件内容"等信息，单击"发送"按钮即可完成一封新邮件的发送。

## 课后习题

以下选择题皆为单选题。

1. 最早出现的计算机网络是（　　）。
   A. Internet　　　　B. Bitnet　　　　C. ARPANET　　　D. Ethernet

2. 计算机网络是计算机与（　　）结合的产物。
   A. 电话　　　　　B. 通信技术　　　C. 线路　　　　　D. 各种协议

3. 常用的通信有线介质包括双绞线、（　　）和光纤。
   A. 电话线　　　　B. 红外线　　　　C. 同轴电缆　　　D. 蓝牙

4. 计算机网络中的所谓"资源"是指硬件、软件和（　　）资源。
   A. 通信　　　　　B. 系统　　　　　C. 数据　　　　　D. 资金

5. 在计算机网络中，MAN 指的是（　　）。
   A. 城域网　　　　B. 广域网　　　　C. 局域网　　　　D. 以太网

6. 按拓扑结构划分，常见的局域网拓扑结构有（　　）。
   A. 总线型、环形、星形　　　　　　　B. 星形、逻辑型、层次型
   C. 网状、环形、层次型　　　　　　　D. 总线型、逻辑型、关系型

7. HTTP 是（　　）的英文缩写。
   A. 网页制作语言　B. 超文本传输协议　C. 超文本标记语言　D. 文件传输协议

8. 下列传输介质中，抗干扰能力最强的是（　　）。
   A. 红外线　　　　B. 同轴电缆　　　C. 微波　　　　　D. 光纤

9. 光纤是利用（　　　）原理来实现光信号的长距离传输的。

　　A. 光的折射　　　　B. 光的反射　　　　C. 光的衍射　　　　D. 光的全反射

10. 下列哪项不是星形拓扑结构网络的优点？（　　　）

　　A. 扩容简单　　　　B. 便于管理　　　　C. 排除故障方便　　D. 中心节点要求低

11. 下列哪项是总线型拓扑结构网络的缺点？（　　　）

　　A. 扩容不方便　　　B. 网络造价高　　　C. 通信效率不高　　D. 排除故障不方便

12. 用来保障环形拓扑结构网络介质访问公平性的机制是（　　　）。

　　A. CSMA/CD　　　　B. 数据帧　　　　　C. 令牌　　　　　　D. 广播

13. 双绞线在不接任何外置设备的情况下，能够传输信号的最远距离是（　　　）。

　　A. 800m　　　　　　B. 50m　　　　　　 C. 2km　　　　　　 D. 100m

14. 下列哪个网络速度不是五类双绞线能够支持的？（　　　）

　　A. 10MB/s　　　　　B. 10Mbit/s　　　　 C. 1 000Mbit/s　　　D. 100Mbit/s

15. Router 的中文译名是（　　　）。

　　A. 调制解调器　　　B. 交换机　　　　　C. 集线器　　　　　D. 路由器储器

16. 广域网相对于局域网来说，（　　　）。

　　A. 覆盖的地理范围更大　　　　　　　　 B. 数据更安全

　　C. 传输的速率更快　　　　　　　　　　 D. 以上都是

17. 简单邮件传输协议是（　　　）。

　　A. IMAP　　　　　　B. POP3　　　　　　C. SMTP　　　　　 D. SAMP

18. OSI 参考模型中的最底层是（　　　）。

　　A. 数据链路层　　　B. 物理层　　　　　C. 应用层　　　　　D. 网络层

19. OSI 参考模型中负责用数据帧的形式传送通信数据的是（　　　）。

　　A. 数据链路层　　　B. 物理层　　　　　C. 应用层　　　　　D. 网络层

20. OSI 参考模型中的最顶层是（　　　）。

　　A. 数据链路层　　　B. 物理层　　　　　C. 应用层　　　　　D. 网络层

21. TCP/IP 模型共有（　　　）层。

　　A. 4　　　　　　　 B. 5　　　　　　　　C. 6　　　　　　　 D. 7

22. TCP/IP 模型中的网际层对应 OSI 参考模型中的（　　　）。

　　A. 数据链路层　　　B. 传输层　　　　　C. 会话层　　　　　D. 网络层

23. TCP 是工作在 TCP/IP 模型中的（　　　）。

　　A. 网际层　　　　　B. 传输层　　　　　C. 网络接口层　　　D. 应用层

24. 网卡的物理地址也被称为 MAC 地址，它是由（　　　）个十六进制数组成的。

　　A. 8　　　　　　　 B. 12　　　　　　　 C. 24　　　　　　　D. 32

25. IPv4 中的 IP 地址一共由（　　　）位二进制数组成。

　　A. 8　　　　　　　 B. 12　　　　　　　 C. 24　　　　　　　D. 32

26. 下列哪一个是正确的 IP 地址？（　　　）

　　A. 218.0.256.1　　 B. 127.0.0.1　　　　 C. 256.256.256.256 D. 0.254.13.256

27. 下列哪个 IP 地址属于 A 类网络？（　　　）

　　A. 128.5.23.2　　　B. 218.87.30.224　　C. 15.152.0.1　　　 D. 129.0.0.1

28. 下列哪个 IP 地址属于 B 类网络？（　　　）

　　A. 129.10.0.1　　　B. 127.0.0.1　　　　C. 255.255.0.1　　　D. 225.225.225.225

29. 下列哪个 IP 地址属于 C 类网络？（    ）

    A. 225.30.25.254    B. 218.87.30.228    C. 121.0.125.1    D. 245.25.0.1

30. 下列哪个 IP 地址属于 D 类网络？（    ）

    A. 252.255.0.1    B. 127.0.0.1    C. 239.254.0.1    D. 255.255.0.1

31. 在 Internet 中，常用的商业机构域名是（    ）。

    A. gov    B. cn    C. com    D. edu

32. 在 Internet 中，用来表示政府组织机构的域名是（    ）。

    A. gov    B. cn    C. com    D. edu

33. 关于 IP 地址与域名的关系，下列描述正确的是（    ）。

    A. 一个 IP 地址对应多个域名    B. 一个域名对应多个 IP 地址

    C. 一个 IP 地址对应一个域名    D. 以上说法都不对

34. WWW 是（    ）的缩写。

    A. World Width Web    B. Wide World Web    C. Web Wide World    D. World Wide Web

35. 在 DSL 系列技术中，速度最快的是（    ）。

    A. ADSL    B. VDSL    C. HDSL    D. XDSL

36. 下列哪项是合法的电子邮件地址？（    ）

    A. hello-world.com.cn    B. world-hello.com.cn

    C. hello@world.com.cn    D. world-hello@cn.com

37. Office 套装软件中可用来收发电子邮件的软件是（    ）。

    A. Word    B. Excel    C. Outlook    D. PowerPoint

38. 域名系统的作用是（    ）。

    A. 为 Web 站点提供域名    B. 负责 IP 地址与域名之间的解析

    C. 为用户上网提供网址    D. 为 Web 站点的域名提供 IP 地址

39. UDP 是 TCP/IP 模型中的一个非常重要的协议，中文叫（    ）。

    A. 超文本传输协议    B. 用户数据报协议    C. 传输控制协议    D. 文件传输协议